燃气轮机发电机组控制系统典型故障分析处理与预控

中国自动化学会发电自动化专业委员会/组编

主编/朱达　主审/尹峰

中国电力出版社
CHINA ELECTRIC POWER PRESS

内 容 提 要

本书由中国自动化学会发电自动化专业委员会组织，杭州华电下沙热电有限公司主持编写，内容包括火力发电设备与控制系统可靠性统计分析；电源系统故障分析与处理；控制系统硬件、软件故障分析与处理；系统干扰故障案例分析与处理；就地设备异常引发机组故障案例分析与处理；运行、检修、维护不当故障案例分析与预控；燃气轮机发电机组热控系统可靠性优化与预控技术措施等多方面。

本书由国内长期从事火电机组热控专业调试、生产、监督、科研的技术工作者精心编撰而成。它以近 10 年来全国各发电企业基建与生产过程中发生的燃气轮机控制系统典型故障案例为基础，系统介绍了燃气轮机控制系统故障分析处理过程与防范措施，并从提高燃气轮机控制系统可靠性的角度，提出控制系统的可靠性配置要求与故障的预防与控制措施，以帮助读者快速了解各类燃气轮机典型控制系统故障的现象、成因与预控，并学会针对性的故障分析方法，以指导发电生产实际中的控制系统设计、检修、运行、维护与管理等全过程的可靠性提升工作。

本书适合于从事火电厂设计、安装调试、运行维护技术人员学习，可作为发电厂热控专业的培训教材，也可用作高职高专的热能动力工程和热工自动化专业辅助教材。

图书在版编目（CIP）数据

燃气轮机发电机组控制系统典型故障分析处理与预控/朱达主编；中国自动化学会发电自动化专业委员会组编 . —北京：中国电力出版社，2019.1
ISBN 978-7-5198-2949-0

Ⅰ.①燃…　Ⅱ.①朱…　②中…　Ⅲ.①火力发电—发电设备—内燃机—控制系统—故障诊断
Ⅳ.①TM711.2

中国版本图书馆 CIP 数据核字（2019）第 024957 号

出版发行：中国电力出版社
地　　址：北京市东城区北京站西街 19 号（邮政编码 100005）
网　　址：http://www.cepp.sgcc.com.cn
责任编辑：娄雪芳（010—63412375）　马雪倩　柳　璐
责任校对：王小鹏
装帧设计：王红柳
责任印制：吴　迪

印　　刷：三河市百盛印装有限公司
版　　次：2019 年 3 月第一版
印　　次：2019 年 3 月北京第一次印刷
开　　本：787 毫米×1092 毫米　16 开本
印　　张：17.5
字　　数：429 千字
印　　数：0001—2000 册
定　　价：69.00 元

作　者　简　介

朱达：主编

朱达，1960 年生，浙江杭州人，教授级高级工程师，原为杭州华电下沙热电有限公司总经理。浙江大学毕业后，长期从事发电厂专业技术工作，参与或负责了我国首台 9FA 燃气-蒸汽联合循环发电工程项目和首套 206F 级燃气-蒸汽联合循环热电联产机组基建工程、调试、运行和管理工作。现为全国燃气轮机标准化技术委员会（SAC/TC259）委员、中国华电集团公司第一届汽轮机和燃气轮机专业委员会副主任委员、民进浙江省委员会科技经济委员会委员、浙江电力学会燃气轮机专委会委员。曾获中国电力科技进步三等奖 2 项和中国华电集团公司科技进步奖一等奖 3 项。主持或参与多项国家标准及 10 多项行业标准的编制或审查工作。主持中国华电集团公司大型燃气-蒸汽联合循环发电技术丛书中控制系统分册、设备及系统分册的编制或担任主审工作。

苏烨：副主编

苏烨，1979 年出生，湖南冷水江人，硕士，高级工程师，现为国网浙江电科院热工技术室副主任，中国自动化学会发电自动化专业委员会委员。2005 年进入国网浙江省电力有限公司电力科学研究院工作，先后从事大型火电机组调试、设计、科研、生产服务、技术监督与专业管理工作，负责过多台燃气轮机联合循环机组的调试和改造工作。曾获得省部级科技奖 2 项，主要参与制定和修订行业标准 5 部，发表论文 20 余篇。

俞军：副主编

俞军，1968 年出生，浙江杭州人，本科，高级工程师，现为华电浙江龙游热电有限公司执行董事。1986 年进入中国华电半山发电公司工作，长期从事大型火电机组、燃气-蒸汽联合循环机组的控制系统检修、调试、技改工作。曾负责浙江省内首台 125MW 机组 DCS 系统改造工作，曾获得省部级科技奖 2 项，发表论文 10 余篇。

陈海文：副主编

陈海文，1979 年出生，浙江杭州人，本科，工程师，现为华电浙江龙游热电有限公司副总经理。从事多年生产、工程管理、科技管理工作；主持及参与多项煤机、燃气机组检修技改、科技项目，获得省部级科技、管理创新类奖项 3 项、浙江电力科技奖 2 项，取得专利 1 项；作为主要编写人员完成著作、行业及团体标准 3 部，发表论文 3 篇。

孙长生：副主编

孙长生，1954 年 7 月出生，安徽桐城人，硕士，高级工程师；1972 年进入浙江省火电建设公司工作，1987 年调入浙江省电力试验研究所（现为国网浙江省电力公司电力科学研究院）工作至今。现为中国自动化学会理事兼发电自动化专业委员会秘书长，电力行业热工自动化与信息标准化技术委员会、中国能源研究会智能发电专业委员会、中国仪器仪表学会产品信息委员会副秘书长。

曾获省部级科技奖和浙江省电力科技奖各 4 项。中国自动化学会"2012 年中国自动化领域年度人物"；建立《电厂热工自动化》网站；主持制定或主要编制国家标准 2 部、电力行业标准 5 部、完成编写 IEEE 标准 3 册；主编或组织专业书编写出版 30 余本。

《燃气轮机发电机组控制系统典型故障分析处理与预控》

编 写 单 位

杭州华电下沙热电有限公司、国网浙江省电力有限公司电力科学研究院、中国华电集团浙江公司、中国华电集团公司、南京工程学院、华电江苏戚墅堰发电有限公司、京能高安屯燃机发电有限责任公司、浙江能源集团技术研究院、浙江大唐国际江山新城热电有限责任公司、江苏国信淮安燃气发电有限责任公司

编 审 人 员

主　　编： 朱　达

副主编： 苏　烨　俞　军　陈海文　孙长生

参　　编： 丁智华　金向阳　王凤明　胡建根　丁俊宏　方建勇
　　　　　　陈　昊　梁华锋　刘晓亮　齐桐悦　章　禔　胡伯勇
　　　　　　张中林　吉　杰　张瑞臣　周屹民　周晓宇　俞立凡
　　　　　　吴龙剑　孙坚栋　王　蕙　黄　荣　邹　健

主　　审： 尹　峰

前　　言

在中国自动化学会发电自动化专业委员会的组织下，杭州华电下沙热电有限公司主持了本书的编写工作，成立了《燃气轮机发电机组控制系统典型故障分析处理与预控》编写组。编写组经过仔细斟酌，多次讨论，决定将写作重点放在全国范围内的燃气轮机机组热控故障案例收集分析、控制系统可靠性配置以及故障的预防与控制方面。另外，考虑到当前数据利用领域的快速发展，利用机组在线运行数据对机组控制系统进行故障诊断与预警将是一个重要的发展方向，在书中对部分案例也做了简要介绍，供电力行业热控同行参考借鉴。

本书项目组在收集整理中国自动化学会发电自动化专业委员会组织的历次热控故障分析研讨会资料以及全国燃气轮机各发电企业热控故障典型案例分析材料的基础上，结合近年来编写组成员开展的相关科研与技术工作成果，组织编撰完成。为了帮助读者更好地理解燃气轮机机组控制系统可靠性提升与故障预控技术措施，本书的第一章简要介绍了可靠性的基础知识、电站热控系统可靠性的分析与管理，以及火电厂控制系统故障的分类与分级；第二章至第六章根据电站热控系统典型故障的成因，从电源系统故障、控制系统硬件与软件故障、系统干扰故障、就地设备异常故障及运行、检修、维护不当引发的机组故障等5个大的方面对控制系统的典型故障案例进行了系统全面的分析，并对故障处理与预防控制的技术措施做了针对性的介绍；第七章主要从系统配置与技术管理角度介绍了提高控制系统可靠性的重点配置与完善要求，控制系统故障应急预案的编制要求，以及基本控制功能与性能的可靠性评估方法。

本书介绍的各类典型故障案例均是自各类型进口与国产DCS产品在各等级与类型火电机组上应用实践的第一手资料，在编写整理中，除对一些案例进行实际核对发现错误而进行修改外，尽量对故障分析查找的过程描述保持原汁原味，尽可能多地保留故障处理过程的原始信息，以供读者更好地还原与借鉴，因此在文字表达上可能会不够统一或不尽完美，且鉴于编者水平所限，书中尚有表达不当之处，请读者见谅。

本书由朱达、苏烨、俞军、孙长生、陈海文总体统筹协调参编单位与人员的编写任务，负责书稿的组织编排及技术把关。全书共分七章，第一章由朱达、周晓宇、齐桐悦编写；第二章由俞军、陈海文、周屹民、孙坚栋编写；第三章由苏烨、金向阳、邹健编写；第四章由刘晓亮、章褆、陈昊编写；第五章由丁俊宏、梁华锋、俞立凡、王蕙、黄荣编写；第六章由胡建根、丁智华、王凤明、吉杰编写；第七章由胡伯勇、方建勇、张瑞臣、吴龙剑编写。此外，苏烨、孙长生负责了全书的编排，张中林、陈海文、丁俊宏、孙坚栋负责了全书技术内容的平衡和修改完善；朱达、王凤明、丁智华、孙长生主持了全书结构框架、各章节内容的讨论、审查和确认。本书由教授级高级工程师尹峰主审。

本书编写过程得到了各参编单位领导的大力支持，参考了大量的技术资料、学术论文、研究成果、规程规范和网上素材，中国自动化学会发电自动化专业委员会专家们在审查中提出了许多宝贵意见，在此一并表示感谢。

最后，感谢参与本书策划人员和幕后工作人员！存有不足之处，恳请广大读者不吝赐教。

《燃气轮机发电机组控制系统典型故障分析处理与预控》编写组

目　　录

第一章　火力发电设备与控制系统可靠性统计分析

随着能源结构优化、环境保护以及电网调峰需要，燃气轮机机组得到了快速发展，但同时也伴随着各式各样问题出现。这些问题涉及各专业和天然气质量等方方面面，尤其是热控系统可靠性，对燃气发电机组的安全稳定运行影响很大，一旦热控系统发生故障，就有可能引发燃气机组跳闸事件，造成电厂的经济损失和不良社会影响。

近年来，虽然发电机组安全生产总体情况较为平稳，但安全生产形势依然不容乐观，特别是环保技改工程和企业转型的深入，发电机组调峰任务日趋严峻，发电企业已进入"弱开机、低负荷、强备用、长调停、深调峰"新常态，由此导致燃气轮机机组热控系统故障时有发生，影响了机组安全运行。虽然因素很多，但主要与各类人员自身安全意识淡薄、检修维护工作不严谨、运行巡检不到位、验收把关不严等有关。因此，如何通过对热控系统典型故障案例的统计分析，及早发现设备缺陷和潜在隐患，并有效加以预控，避免事态的进一步发展扩大，提高热控系统的健康状态，是摆在热控专业面前的一项艰巨的任务。

本章通过 2017 年火力发电总体形势和火电机组可靠性概要情况介绍，对 2017 年火力发电机组与设备可靠性进行了分析。在调研、收集全国近年来燃气轮机机组热控专业原因引起的控制系统故障、处理经验与教训的基础上，进行了燃气轮机机组控制系统与设备可靠性分析，提出反事故措施。

第一节　2017 年火力发电机组与设备可靠性分析

电力可靠性是国民建设与生产的保证。为加强电力可靠性监督管理，提高电力系统和电力设备可靠性水平，保障电力系统安全稳定运行和电力可靠供应，国家能源局实施《电力可靠性监督管理办法》，每年统一发布年度全国电力可靠性指标和电力可靠性评价结果。2017年电力可靠性指标发布会，由国家能源局和中国电力企业联合会联合在北京召开，会议要求加强可靠性数据准确性等基础工作，深化拓展电力可靠性工作。

目前，我国仍以火力发电机组为主，因此火力发电机组与设备的可靠性，直接影响着电力可靠性。为此本节根据中国电力联合会统计数据，对 2017 年火力发电机组与设备可靠性分析，供电厂有关人员参考。

一、2017 年火力发电总体形势

2017 年，全国发电量 64179 亿 kWh（同比增长 6.5%），其中，火电 45513 亿 kWh（同比增长 5.2%）；水电 11945 亿 kWh（同比增长 1.7%）；核电 2483 亿 kWh（同比增长 16.5%）；风电 3057 亿 kWh（同比增长 26.3%）；太阳能发电 1182 亿 kWh（同比增长 75.4%）。

2017 年，全国发电装机容量为 177708 亿 kW，比同增长 7.7%，其中，火电为 110495

万 kW, 同比增长 4.2％（其中煤电 98130 万 kW, 同比增长 3.7％）；水电为 34358 万 kW, 同比增长 3.5％（其中抽水蓄能 2869 万 kW, 同比增长 7.5％）；核电为 3582 万 kW（同比增长 6.5％）；风电为 16325 万 kW（同比增长 10.7％）；太阳能发电为 12942 万 kW, 同比增长 69.6％（其中分布式光伏发电 2966 万 kW）。

如果概括性总结一下 2017 年火力发电的总体形势, 应该看到, 由于受电源结构持续优化调整、节能减排政策和国内部分地区产能过剩的影响、发电运营成本控制压力的影响以及非化石能源发展的快速增长的影响, 尽管电力生产增速较快, 但结构性调整明显, 新能源发电增量贡献明显, 利用小时数同比增幅较大；火电机组的利用小时数同比有所回升, 图 1-1 为发电设备历年平均利用小时数, 2017 年全国 6000kW 及以上发电设备利用小时完成 3790h, 同比增加 5h；全国火电设备利用小时数为 4219h, 同比增加 54h。图 1-2 历年火电发电利用小时数（6MW 以上）。

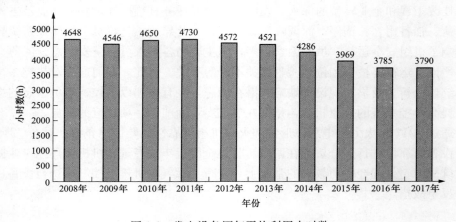

图 1-1　发电设备历年平均利用小时数

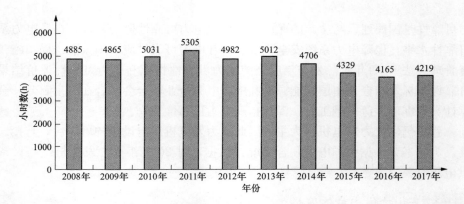

图 1-2　历年火电发电利用小时数（6MW 以上）

2017 年全国总体发电设备发电情况为：

（1）火电装机容量占比逐年降低, 2017 年火电装机占总装机容量的 62.18％, 相比 2016 年增长 4.15％, 连续 4 年增长比例降低。火电发电利用小时数增速远低于净增装机容量, 2017 年火电发电利用小时数同比仅增加 1.05％。

（2）水电装机容量达到 34358 万 kW，同比增长 3.5%，完成"十三五"规划目标的 36%。发电量完成 11931 亿 kWh，同比增长 1.6%。水电消纳问题有所缓解，但四川、云南两省弃水电量仍较高。

（3）风电三年来首次实现弃风电量和弃风率"双降"。全国弃风电量 419 亿 kWh，同比减少 78 亿 kWh；弃风率 12%，同比下降 5.2 个百分点。宁夏和辽宁地区弃风率降至 10% 以下。

（4）太阳能装机容量达 1.3 亿 kW，超出"十三五"规划目标 30%；太阳能发电工程造价大幅降低 26%，光伏"领跑者"基地中标价最低已达到 0.31 元/kWh。

（5）核电装机容量占发电总装机容量比例较上一年度降低 0.02 个百分点，连续两年没有核准新的核电项目（除示范快堆项目外），核电投资规模也连续两年下降，2017 年核电净增容量仅 218 万 kW。

火电机组发电权重及利用小时数增速下降，一方面是仍然反映了装机过剩的现状，另一方面也反映了原来煤电行业以 5500 利用小时数作为盈亏平衡点测算的边界因素也在悄然发生变化，因而应当重新审视机组利用小时数对发电行业盈利能力权重评估的影响。因为，随着"十三五"期间经济结构和电力生产结构的深入调整，未来水电、风电、光伏等非化石能源装机规模和发电量将不断增加，煤电利用小时数将进一步做政策性缩减，为实现风光消纳，煤电机组将逐步由提供电力、电量的主体性电源向提供可靠电力、调峰调频能力的基础性电源转变。另外，火电未来的盈利方向也会从电量转向"电量＋容量"并重，通过为电力市场提供高效低成本的调频、调峰服务来获取额外收益，届时机组利用小时数低可能就不代表整体盈利水平低。但无论怎样，目前的电力市场和电源供给形势迫使所有的发电公司仍然必须以保证发电设备稳定运行多接带负荷、争取提高机组对电网调峰调频适应能力来提升和保证企业盈利能力，因而强化设备维护治理、及时消除设备缺陷、减少机组非计划停运次数仍是发电企业的一项非常重要的工作。

热工自动化专业工作质量对保证火电机组安全稳定经济运行至关重要，特别是在实现火电机组安全稳定经济运行、机组深度调峰、机组灵活性提升、超低排放以及节能改造等关键技术措施落实方面，其作用十分重要。在当前发电运营模式与形势下，增强机组调峰能力、缩短机组启停时间、提升机组爬坡速度，增强燃料灵活性、实现热电解耦运行及解决新能源消纳难题、减少不合理弃风弃光弃水等方面仍是热控专业需要探讨与研究的重要课题，许多关键技术亟待突破，特别是在如何提高热控设备与系统可靠性方面，还有许多工作要做，因为这是直接关系到能否有效拓展火电机组运行经营绩效的基础保证问题。

二、2017 年火电机组可靠性概要情况

根据国家能源局和中国电力企业联合会发布的数据统计，2017 年纳入可靠性管理的燃煤机组 1756 台，燃气机组 167 台；纳入可靠性统计的 1000MW 容量机组 91 台，600MW 容量等级机组 489 台，300MW 等级机组 825 台，200MW 容量等级机组 163 台，100MW 容量等级机组 168 台。装机容量占比见图 1-3。

（1）火电 1000MW 以上容量机组为 91 台，同比增加 11 台，等效可用系数 92.7%，同比增加 1.11 个百分点；台平均利用小时数 5007.4h，同比增加 154.8h；强迫停运次数 0.42 次/台年，同比增加 0.09 次/台年。

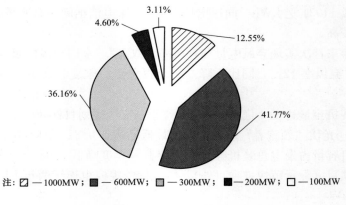

注：▨—1000MW；■—600MW；▨—300MW；■—200MW；□—100MW

图 1-3　装机容量占比

（2）火电 600MW 以上容量机组 489 台，同比增加 15 台，等效可用系数 92.5％，同比增加 0.7 个百分点（主要是计划停运多）。

（3）火电 300MW 以上容量机组 825 台，同比增加 6 台，等效可用系数 93.16％，同比降低 0.7 个百分点；非计划停运和等效强迫停运率与去年同期比增长趋势明显，非计划停运时间同比增加 29.2h/台年。

2017 年，燃煤机组共发生非计划停运 1124 次，非计划停运总时间为 95925.67h，台年平均分别为 0.65 次和 52.59h，同比分别增加 0.3 次、34.87h。其中持续时间超过 300h 的非计划停运共 58 次，非计划停运时间 37333.35h，占全部燃煤机组非计划停运总时间的 38.92％。2017 年全国火电机组非计划停运及同比见表 1-1。

表 1-1　　　　　　　　　　2017 年全国火电机组非计划停运及同比

年度	非停台次 （次）	非停时间 （h）	平均非停台次 （次/台年）	平均非停时间 （h/台年）
2017 年	1124	95925.67	0.65	52.59
2016 年	605	34983.32	0.35	17.72
同比	519	60942.35	0.3	34.87

从 2017 年机组可靠性可以看出，2017 年火电机组利用小时同比增加了 1.05％，非计划停运次数同比增加 519 次，随着火电装机容量增加以及季节性发电形势差异，火电机组可靠性呈下降趋势。

2017 年，前三类非计划停运即强迫停运发生 972 次，强迫停运总时间 70148.8h，占全部燃煤机组非计划停运总时间的 73.13％。强迫停运平均 0.57 次/台年和 35.59h/台年。

三大主设备引发非计划停运的比重见表 1-2。由表 1-2 可见，在三大主设备中，锅炉引起的非计划停运台年平均为 0.22 次和 23.71h，占全部燃煤机组非计划停运总时间的 43.4％，为主要的非计划停运的部件。锅炉、汽轮机、发电机三大主设备引发的非计划停运占非计划停运总时间的 57.36％。

表 1-2   三大主设备引发非计划停运的比重

序号	主设备	停运次数（次/台年）	停运时间（h/台年）	百分比（%）①
1	锅炉	0.22	23.71	43.4
2	汽轮机	0.09	5.33	9.75
3	发电机	0.05	2.30	4.21

① 百分比：占机组非计划停运时间的百分比。

按照造成发电机组非计划停运的责任原因分析，产品质量不良为最主要因素，占总非计划停运时间的 24.91%，其次为设备老化，占总非计划停运时间的 20.76%，前五位主要责任原因造成的非计划停运时间占总数的 82.2%，见表 1-3。

表 1-3   非计划停运的前五位责任原因

序号	责任原因	停运次数（次/台年）	停运时间（h/台年）	百分比（%）
1	产品质量不良	0.18	13.61	24.91
2	设备老化	0.08	11.34	20.76
3	检修质量不良	0.09	7.56	13.84
4	燃料影响	0.06	7.48	13.69
5	施工安装不良	0.06	4.92	9.00

2017 年按照燃煤机组非计划停运事件持续时间长短划分为五类，停运次数最多的是小于 10h 的非计划停运事件，并且大部分是强迫停运事件，占燃煤机组总非计划停运次数的 36.92%，其次在 10~100h 的区间内，占燃煤机组总非计划停运次数的 36.83%，表 1-4 给出了非计划停运事件按持续时间划分表。

表 1-4   非计划停运事件按持续时间划分表

火电机组非计划停运时间（h）	停运总次数（次）	占停运次数百分比（%）
<10	215	36.92
10~100	214	36.83
100~500	268	23.84
500~1000	19	1.69
1000	8	0.71

注　各分级数值范围中，下限值包含，上限值为不包含。

2013~2017 年 200MW 及以上容量火电机组主要辅助设备（磨煤机、给水泵组、送风机、引风机和高压加热器）运行可靠性情况见表 1-5。

表 1-5   近五年火电机组主要辅机设备运行可靠性指标分布

辅助设备分类		统计台数（台）	运行系数（%）	可用系数（%）	计划停运系数（%）	非计划停运系数（%）	非计划停运率（%）
磨煤机	2013 年	5242	65.10	92.45	7.41	0.13	0.20
	2014 年	5509	60.61	92.68	7.78	0.02	0.13
	2015 年	5830	56.11	93.71	6.23	0.05	0.09
	2016 年	6211	53.73	92.94	7.01	0.05	0.09
	2017 年	6700	55.15	93.73	6.23	0.05	0.09

续表

辅助设备分类		统计台数（台）	运行系数（%）	可用系数（%）	计划停运系数（%）	非计划停运系数（%）	非计划停运率（%）
给水泵组	2013 年	3036	53.25	93.23	6.71	0.06	0.12
	2014 年	3110	51.62	93.29	6.36	0.02	0.09
	2015 年	3332	48.14	94.29	5.68	0.03	0.06
	2016 年	3495	46.31	93.99	5.97	0.04	0.08
	2017 年	3727	46.42	94.29	5.67	0.03	0.07
送风机	2013 年	2184	79.16	93.14	6.85	0.01	0.01
	2014 年	2244	75.23	93.22	6.60	0.01	0.01
	2015 年	2388	70.71	94.10	5.89	0.01	0.01
	2016 年	2511	66.69	93.50	6.50	0.00	0.00
	2017 年	2669	67.72	94.18	5.82	0.00	0.01
引风机	2012 年	2112	78.91	94.86	5.10	0.03	0.03
	2013 年	2174	78.86	93.17	6.80	0.03	0.03
	2014 年	2257	75.12	93.17	6.54	0.01	0.05
	2015 年	2418	70.20	94.30	5.93	0.03	0.00
	2016 年	2556	66.73	93.60	6.39	0.02	0.04
	2017 年	2734	67.58	94.06	5.92	0.03	0.14
高压加热器	2013 年	3278	78.95	93.16	6.73	0.11	0.14
	2014 年	2423	75.17	93.13	6.81	0.17	0.10
	2015 年	3626	69.97	94.22	5.73	0.05	0.07
	2016 年	3854	66.37	93.82	6.13	0.05	0.07
	2017 年	4121	67.44	94.13	5.83	0.04	0.06

2013～2017 年五种辅助设备的可用系数见图 1-4。

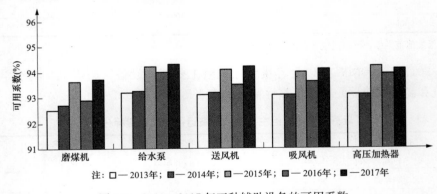

图 1-4　2013～2017 年五种辅助设备的可用系数

图 1-4 反映出 2017 年五种辅助设备的可用系数与同期比有所提高，设备可靠性能得到控制。但五大设备平均可靠性指标均低于 95%，且五大设备之间的可靠性指标差异较大，其中磨

煤机的可用系数指标最不理想，只达到了93.7%，是五种辅机中可用系数最低的附属设备，发生故障概率较大，停运时间也较多。说明主要辅机的管理与维护仍存在一定的问题。

2013～2017年五种辅助设备的运行系数见图1-5。

图1-5反映出近几年来五种辅助设备中，引风机、送风机及高压加热器的运行系数呈下降态势，在2017年达到最低值；磨煤机和给水泵的运行系数同比有所升高，但与历史最优值之间仍存在较大差距。

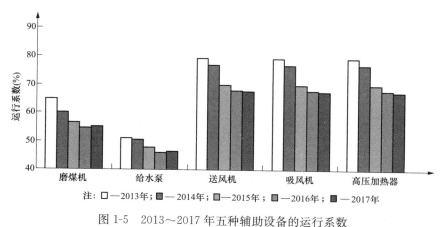

图1-5　2013～2017年五种辅助设备的运行系数

2013～2017年五种辅助设备的非计划停运率见图1-6。

图1-6反映出五种辅助设备中，引风机、给水泵和高压加热器的非停率逐年降低。近年来虽然磨煤机发生非计划停运率高于其他辅机，但2015年以来总体趋势持平；2017年引风机的非计划停运率较同期比升高0.04个百分点。给水泵和高压加热器的非计划停运率与同期比呈下降趋势。

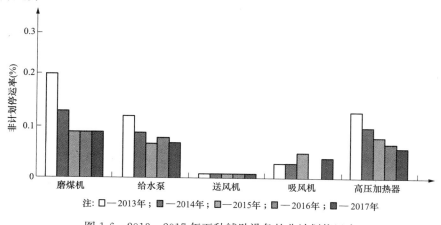

图1-6　2013～2017年五种辅助设备的非计划停运率

2017年磨煤机非计划停运的主要技术原因排在前五位的分别是漏粉、堵塞、磨损（机械磨损）、振动大和损坏（设备零件破损）。造成设备频繁故障的主要设备部件前五位的是双进双出低速钢球磨、磨煤机电动机冷却器、双进双出低速钢球磨本体螺旋筒、辊-环式（PMS）中速磨本体、辊-碗式（HP）中速磨本体出口管。主要责任原因是设备老化、燃料影响、产品质量不良、检修质量不良及管理不当等。

2017年给水泵非计划停运的主要技术原因排在前五位的分别是漏水、断裂、模式（机械磨损）、振动大和脱落。统计数据显示，造成设备频繁故障的主要设备部件前五位的是给水泵本体尾盖故障、给水泵本体叶轮损坏、给水泵电动机风扇、给水泵液力耦合器泵轮及给水泵本体损坏。主要责任原因是设备老化、产品质量不良、检修不良、运行不当和管理不当等。

2017年送风机非计划停运的主要技术原因排在前五位的是断裂、松动、磨损（机械磨损）、保护停用和漏水。统计数据显示，造成设备频繁故障的主要设备部件前五位的是动叶可调轴流送风机本体轴承、动叶调节油站故障、离心式风机本体入口风箱、动叶可调轴流冷却水系统以及送风机电动机保护装置等。主要责任原因是设备老化、产品质量、规划、设计不周、检修质量不良和管理不当等。

2017年引风机非计划停运的主要技术原因排在前五位的分别是松动、失灵、卡涩、断裂以及裂纹（开裂）。统计数据显示，造成设备频繁故障的主要设备部件前五位的是离心引风机本体轴承、动叶调节轴流引风机本体动叶片、静叶调节轴流引风机本体故障、静叶调节轴流引风机本体调节机构和动叶调节轴流引风机本体轴承座等。主要责任原因是产品质量不良、运行不当、设备老化、规划、设计不周、检修质量不良等。

2017年高压加热器非计划停运的主要技术原因排在前五位的分别是漏水、腐蚀、磨损爆（泄）漏、漏汽和开焊。统计数据显示，造成设备频繁故障的主要设备部件前五位的是高压加热器U形管、高压加热器管板、疏水管道、高压加热器筒体以及高压加热器汽侧安全门阀体等。主要责任原因是设备老化、产品质量不良、管理不当、检修质量不良、施工安装不良等。

2017年火电机组热控设备可靠性情况可以从中国自动化学会发电自动化专业委员会组织收集到的涉及国内各主要发电集团热控相关故障案例调查中做出定性分析。2017年全国火电机组由于热控设备（系统）原因导致机组非计划停运（根据调查统计148起典型案例）的主要原因分布是：测量执行系统故障（52起，占35.1%）、控制系统软硬件故障（44起，占29.7%）、电源系统故障（19起，占12.8%）、运行检修维护不当（19起，12.8%）、线缆管路故障（14起，占9.5%）。其中，测量执行系统故障种类排位由高到低是测量表计（20起，38.5%）、独立仪表（16起，31%）、执行机构（6起，11.5%）、取样部件（5起，9.6%）、干扰（5起，9.6%）；控制系统软硬件故障种类排位由高到低是组态软件（18起，40.9%）、各类模件（12起，27.3%）、设计配置（8起，18.2%）、网络通信（6起，13.6%）；电源系统故障种类排位由高到低是失电（7起，36.8%）、UPS电源故障（5起，26.3%）、ETS、PLC电源模件故障（5起，26.3%）、DCS电源模件故障（2起，10.5%）；运行检修维护不当故障种类排位由高到低是维护消缺（9起47.4%）、运行操作（6起，31.6%）、检修实验（3起，15.8%）、安装不当（1起，5.3%）；线缆管路故障种类排位由高到低是取压管路冻堵（4起，28.6%）、接线松动（3起，21.4%）、信号线缆烫坏、破损（3起，21.4%）、密封圈泄漏（2起，14.3%）、管路与阀门裂纹（2起，14.3%）。

第二节　燃气轮机机组控制系统与设备可靠性分析

燃气轮机及其联合循环的控制系统都是采用计算机和微处理机的自动控制系统。它们由计算机和微处理机的电子硬件、软件、网络及现场测量与控制仪表构成，具有一定的寿命周期和质量周期，使用方法和维护方法常常存在各自的要求。因此，燃气轮机机组控制系统与设备可靠性也就涉及其构成部分的方方面面：

（1）燃气轮机控制系统的设计、制造、配套、运行中均可能出现某些缺陷或者不完善之处，运行维护方面或多或少存在一些需要逐步熟悉的过程。不可避免会发生各种各样的故障，有些故障极具偶然且具有不可重复性。此外，燃气-蒸汽联合循环电厂存在多家多种自动控制产品共存现状，接口众多、路径复杂、技术平台各异，网络结构和通信协议复杂，用户使用和管理烦琐等。这些均成为燃气轮机电厂潜在故障起因。

（2）现代燃气轮机电厂任何一个事故的出现，事故分析需要调用控制系统的历史追忆数据，作为故障分析和事故处理的依据。控制系统还承担燃气轮机电厂的生产管理数据和故障诊断中心所需要数据的收集、报警及历史数据的管理等任务，因此配置的合理性对于整个电厂而言是至关重要的。

（3）由于控制系统和就地测量仪表以及各种自动装置的故障，会造成机组运行异常，发生跳闸或者停运的事故。如何去分析判断故障原因，提出预防和迅速排除故障的措施，从故障源头处消除缺陷，避免类似故障再次发生，也是任何一个电厂安全生产运营的关键。

（4）工作人员素质也是机组可靠性的一个重要因素。随着减人增效深入，热控试验与维护工作松懈或流于形式，使不少热控设备存在着严重的安全隐患，同时也因人员培训重视程度不足，使得人员的安全与检修维护规范性意识欠缺，导致人员原因引起的故障时而发生。

本节内容对收集的全国发电企业燃气轮机联合循环机组，因热控原因引起或与热控相关的机组故障案例近130例，进行了分类统计和分析，从中总结提出了提高发电厂热控系统可靠性预控措施，以供专业人员通过这些典型案例的分析、提炼和总结，去积累故障分析查找工作经验，拓展案例分析处理技术和优化完善控制逻辑预控措施制定时参考。

因此在平时的基础上，进一步启动了各集团燃气轮机联合循环机组热控系统运行可靠性、故障原因分析及处理案例的调研与收集。在各发电集团、电力科学研究院和相关电厂的支持下，共收集了150多起，从中筛选涉及系统设计配置、安装、检修维护及运行操作等方面的95起典型案例，进行了整理、汇编和统计分析。

一、热控系统故障原因统计分析

燃气轮机机组控制系统可靠性涉及设计、制造、监造、安装、调试、运行、维护、检修和管理。本节对收集的95起热控系统典型故障引起机组异常事件的原因分类统计，见图1-7。

由图1-7可见，就地设备异常排第一位，运行检修维护故障排第二位，其次是控制系统硬件和软件故障。

1. 控制系统硬件软件故障统计分析

收集统计的控制系统硬件软件故障20起，分类见图1-8。

由图1-8可见，网络通信故障是影响控制系统安全运行的重要因素，其次是设计配置和模块故障。

（1）8起网络通信故障详细分类见表1-6。

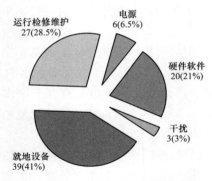

图 1-7　热控系统故障分类

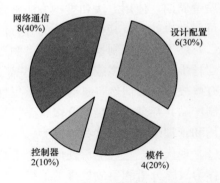

图 1-8　控制系统硬件软件故障分类

表 1-6 　　　　　　　　　　　　　　**8 起网络通信故障分类**

序　号	故障原因	次　数	备　注
1	交换机	3	
2	通信参数设置不合理	1	
3	通信模件	2	
4	网络柜电源	1	
5	信号传输衰减	1	

（2）6 起设计配置不当原因分类见表 1-7。

表 1-7 　　　　　　　　　　　　　　**6 起设计配置不当原因分类**

序　号	故障原因	次　数	备　注
1	燃机逻辑设计	4	
2	画面设计	1	
3	软硬件匹配不当	1	

　　从设计配置不当原因看主要是燃气轮机控制组态逻辑设计不完善引起的故障。

　　（3）4 起模件故障主要原因为 I/O 模件或控制板卡和模件故障。

　　（4）2 起控制器故障原因是控制柜内温度高导致控制器故障、控制器切换故障。

　　在 20 起硬件软件故障中，除硬件具有突发性故障防范手段有限外，其他 9 起（占 45%）故障如能加强组态验收、验证和维护把关是可以有效避免的。

　　2. 就地设备异常故障

　　39 起就地设备异常故障分类见图 1-9。

　　（1）14 起测量表计故障分类见表 1-8。

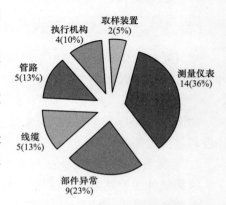

图 1-9　39 起就地设备异常故障分类

表 1-8　　　　　　　　　　　　　14 起测量表计故障分类

序　号	故障原因	次　数	备　注
1	压力开关	1	
2	转速探头	2	
3	反馈开关	1	
4	热电偶	3	
5	振动探头	1	
6	感温探头	1	
7	危险气体探头	2	
8	火焰检测探头或点火装置	3	

（2）9 起部件异常故障分类见表 1-9。

表 1-9　　　　　　　　　　　　　9 起部件异常故障分类

序　号	故障原因	次　数	备　注
1	调压站	1	
2	油系统	2	
3	压气机进气滤芯	3	
4	IGV 系统	2	
5	透平冷却系统	1	

（3）5 起线缆故障分类见表 1-10。

表 1-10　　　　　　　　　　　　　5 起线缆故障分类

序　号	故障原因	次　数	备　注
1	绝缘	2	
2	接线端子受潮短路	1	
3	接线松动	2	

（4）5 起管路故障分类见表 1-11。

表 1-11　　　　　　　　　　　　　5 起管路故障分类

序　号	故障原因	次　数	备　注
1	管路泄漏	2	
2	测量设计不合理	2	
3	仪表管断裂	1	

（5）4 起执行机构故障原因为：IGV 油动机传动机构松动、锁片失效，电磁阀故障，IBH 气动执行器故障，汽包水位调节阀开关速度过快引起水位波动。

（6）2 起测量取样装置与部件故障原因：热工测量元件接线松动，清吹阀反馈信号异常。

在 39 起就地设备异常故障中，部分属于突发性故障，但线缆故障、管路故障等如果维护检查得当，也能有效地加以预控。

3. 检修维护运行故障

27 起检修维护运行引起的异常故障分类见图 1-10。

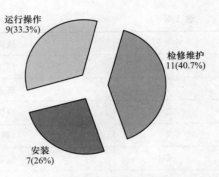

图 1-10　检修维护运行引起的异常故障分类

由 1-10 图可见，维护消缺过程中操作、隔离以及不规范等因素引起故障排第一位，其次是安装中存在的隐患。

（1）11 起维护消缺失误引起故障原因见表 1-12。

表 1-12　　　　　　　　　　　　　11 起维护消缺引起故障分类

序　号	故障原因	次　数	备　注
1	气源质量	2	
2	伺服阀卡涩	1	
3	燃烧调整不当	2	
4	参数设置不合理	3	
5	油质	1	
6	保护投撤不规范	2	

（2）7 起安装不当引起故障原因见表 1-13。

表 1-13　　　　　　　　　　　　　7 起安装不当引起故障分类

序　号	故障原因	次　数	备　注
1	安装泄漏	1	
2	组态下装出错	1	
3	伺服阀卡故障	1	
4	测量管道阀门误动或未全开	2	
5	流量开关滞延	1	
6	开关进水	1	

（3）9 起运行操作不当引起故障原有：运行操作不当误操作主蒸汽隔离阀导致汽轮机跳闸 1 次、系统投运操作不当引起机组调整 8 次，大部分为系统投运不当或不满足运行要求引起的故障。

在这 27 起故障中，如能加强各类技术人员的责任心和运行人员的操作水平，定期分析、及时处理缺陷，绝大部分是可以避免的。

4. 电源系统故障

6 起电源系统故障原因分类见表 1-14。

表 1-14 6 起电源系统故障原因分类

序 号	故障原因	次 数	备 注
1	维护检修不当	2	
2	设计配置不合理	1	
3	电源装置故障	3	

（1）2 起检修维护不当引起电源故障原因为：测点分配不均使得燃气轮机控制系统电源和控制器可靠性降低；交换机散热不好引起 LCI 监控画面变黑无显示。

（2）1 起设计配置不合理原因为：高温、潮湿、振动引起燃气轮机就地设备发生 125VDC 接地故障。

（3）3 起电源装置故障原因分别为：DEH 控制器电源烧坏机组跳闸；高压旁路控制柜电源故障导致燃气轮机跳闸；燃气轮机控制系统 5VDC 母线供电柱接触不良引起控制电源故障。

在 6 起电源故障中，除 2 起电源装置本体突发性故障外，其余的 4 起故障如维护不当、配置不合理，如果加强技术监督与检修管理措施均能避免。

上述故障统计表明，热控系统的控制逻辑、测量和执行设备、电缆电线、电源、热控设备的外部环境，以及设计、安装调试、运行检修维护、技术与监督管理人员的素质等，其中任一环节出现问题，都会引发火力发电机组热工保护系统的误动或机组跳闸，影响机组的安全、经济运行。因此，做好热控系统从设计、基建安装、调试，到运行、检修、维修的全过程质量监督与可靠性评估，从而提高热控系统与设备运行可靠性，已发展成为电力建设和电力生产中至关重要的工作。

二、针对燃气轮机联合循环机组热控系统故障原因的思考

通过对近年来因热控因素导致机组故障案例原因统计分析的总结与思考，可以发现热控系统的一些共性问题。针对这些共性问题展开探讨，研究工作中应注意的事项，制定相应的措施并落实，可有效提高热控系统可靠性。

1. 电源回路故障预控

电源系统是保持热控系统长期、稳定工作的基础，在整个机组生产周期过程，不但需要连续运行，而且还要经受环境条件变化的考验（如供电、负载、雷电浪涌等冲击）。一旦控制系统发生失电故障，就可能中断机组的运行，引发电网波动或主、辅设备损坏的严重事故。这一切都使得电源系统的可靠性、电源故障的处理和预防变得十分重要。

鉴于电源设计问题对机组运行可靠性影响大，很多规程都有专门的要求。但在机组运行中，因为电源问题引发故障的案例仍时有发生，这其中一部分原因与标准执行不力相关，因此在设计、检修和维护中，严格执行标准很重要，其中需特别注意关于电源的如下几个规程：

（1）DL/T 5044—2014《电力工程直流电源系统设计技术规程》。

（2）DL/T 5455—2012《火力发电厂热工电源及气源系统设计技术规程》。

（3）DL/T 5428—2009《火力发电厂热工保护系统设计技术规定》。

《电力工程直流系统设计技术规程》《火力发电厂热工电源和气源系统设计技术规程》

中，均对热控用直流电源的应用提出具体要求，即两路直流电源不允许在直流负荷侧并列运行。

《火力发电厂热工保护系统设计规定》规定热工保护电源可以为交流或直流，但应取之可靠的两路电源。

此外，《防止电力生产事故的二十五项重点要求》以及火力发电厂热工保护设计规定中，对电源的配置均有原则性的要求，在工作中应予以遵守。

电源设备故障主要表现在设计配置不合理、电源维护不当以及电源装置故障等方面，在设计配置故障方面主要表现在几个设备的控制电源均来自同一电源柜或同一段 MCC，失电后几个设备同时跳闸，造成机组误动。有的设备由于维护不当造成接线端子长时间运行之后形成过热氧化层，接触不良，备用电源切换时间过长，造成设备误动。DCS 系统控制器电源不稳，造成设备状态发生变化，引起误动。

以上种种电源故障，暴露出的主要问题有电源未实现独立冗余或分散配置，设备老化，电源切换时间不满足要求且未试验验证等。

2. 控制系统软硬件故障预控

DCS 系统和 TCS 系统目前已经成为机组控制系统的主要方式，高度的自动化带来了高的控制精度，也带来了高的安全风险，一旦控制系统出现故障或有逻辑隐患，常常会导致主要辅机和机组的非停。

目前 DCS 系统和 TCS 系统的问题主要表现在电源、硬件、通信、逻辑和人员操作不当或误操作问题，因此要求检修维护人员做好 DCS 系统和 TCS 系统的日常维护、检修与可靠性评估工作，尽可能早的发现存在的隐患，DL/T 261《火力发电厂热工自动化系统可靠性评估技术导则》中，对各系统检查评估项目内容都有详细的要求，热控专业可以以此为依据，深入地做好评估工作，并对评估的问题及时采取相应的处理措施，这是热控专业预防事故的重要方法之一（如控制系统的定期检查、定期维护、定期试验、人员管理等）。

在本书收集的案例中可以看出，有许多案例是由于人员强制保护、逻辑修改、逻辑检查验收等人为责任事故，这需要专业部门在工作中加强管理，切实地提高人员技能水平和责任意识。而控制系统故障，主要表现在硬件故障和软件故障两个方面。在硬件故障方面，主要有通信故障、控制器之间切换故障等方面，硬件故障原因与控制系统运行年限、环境条件、日常维护检查有关。有的通信交换机异常造成通信中断；有的控制器通信模件内部异常造成通信中断，机组跳闸；也有主辅控制器切换过程中误发信号造成机组停机。这类问题偶然性较大，而且大多为硬件本身原因，预防和控制起来有一定的难度。软件故障问题有些是可以预防的，如系统升级后，软硬件版本存在匹配问题造成软件逻辑运算错误。逻辑和画面操作设计错误，在一定的条件下误发信号造成机组停机。还有的是 TCS 逻辑设计时考虑不周全，或存在缺陷。这类问题其实通过加强逻辑设计时的论证，修改后进行必要的回路功能模拟测试去尽可能早的发现（例如案例中的交换机故障、通信模件和 I/O 模件故障、燃气轮机 TCS 控制逻辑中 FSR 复位逻辑不合理、调压站压力调节系统切自动逻辑设计不合理、燃气轮机防喘放气阀控制回路逻辑设计不合理、燃气轮机燃烧监测保护设计缺陷等）。

3. 系统干扰故障预控

目前，分散控制系统、可编程控制系统等在电厂生产过程中得到广泛的应用，各种就地设备安装位置比较分散，有的安装在生产现场和各电动机设备上，它们大多安装在强电电路和强电设备所形成的恶劣电磁环境中。要提高控制系统的可靠性，一方面要求生产厂家提高设备的抗干扰能力，另一方面要求在工程设计、安装施工和使用维护中引起高度重视，增强系统的抗干扰能力。

干扰问题在生产现场普遍存在，发生问题后查找和处理都有很大的难度，要求在工作中要高度重视，认真对待。

本次收集的多个案例中，都出现过由于干扰造成误发信号的非停事件，这类故障原因主要是测量回路中线缆、模件抗干扰能力较弱，屏蔽接地系统存在隐患，容易受到外界因素干扰造成的。例如模件多次遭到雷击损坏，保护信号干扰，接线松动绝缘不良等。

4. 就地设备故障预控

热工自动化系统就地设备种类多、数量大，发生故障概率高，单纯的就地设备故障一般不会影响机组的安全运行，但一旦耦合一些设计因素（逻辑设计、热力系统设计不当等）、管理因素（巡检不到位，发现问题未及时处理）、环境因素（干扰、结冰、漏水、灰堵等）、人员因素（安全意识、专业知识、操作水平等）就极易共同作用下导致事故发生或扩大。

通过本书的案例可以看出，一些就地设备的故障具有偶然性和不可预见性，但另有一些故障原因往往与我们违反反措要求、不正确的设计、配置和检修维护有关，如执行设备故障中的天然气辅助截止阀电磁阀故障、IBH 系统中清吹阀定位器故障、中压汽包水位调节阀失灵引起汽包水位高等导致机组停运，仪表故障中的转速传感器不稳定或故障、危险气体检测探头故障、排气热电偶故障引发的机组跳闸，电接接线中的电缆敷设不合理、防护措施不到位、接线松动、错接等原因，引发的机组跳闸，都与检修维护不规范、缺少定期测试相关。因此在预防就地设备故障引起的控制系统可靠性问题，应加强规程的学习，建议可着重参考以下几个规程：

（1）《防止电力生产重大事故的二十五项重点要求》。

（2）GB 4830《工业自动化仪表气源压力范围和质量》。

（3）DL/T 261《火力发电厂热工自动化系统可靠性评估技术导则》。

（4）DL/T 774《火力发电厂热工自动化系统检修运行维护规程》。

（5）DL/T 1056《发电厂热工仪表及控制系统技术监督导则》。

（6）DL/T 1340《火电发电厂控分散制系统故障应急处理导则》。

（7）DL 5000《火力发电厂设计技术规程》。

（8）DL/T 5175《火力发电厂热工控制系统设计技术规定》。

（9）DL/T 5182《火力发电厂热工自动化就地设备安装、管路、电缆设计技术规定》。

（10）DL/T 5190.4《电力建设施工及验收技术规范　第 4 部分：热工仪表及控制装置》。

上述规程对就地设备的安装、配备、电缆敷设的要求等都有详细的规定，关键是在工作中如何落实。

5. 运行、检修、维护不当故障预控

人是生产现场最不可控的因素，往往与专业技术能力、工作状态、思想意识等多方面有关，防止人员误操作有许多的规程、制度、奖惩手段等多种方法，需要结合实际综合使用。人也是现场最关键的因素，杜绝人的不安全行为是防止人为事故最根本的保证。在这方面需要管理人员多思考如何加强管控。在投运系统前，需要对投运的系统进行详细的检查和分析系统状态，是否满足机组的安全运行要求。

　　无论是煤机还是燃气轮机，从发电自动化专业委员会每年收集到的人为故障导致的机组非停或异常案例比较多，如案例中燃气轮机人为误动停机事件，热控专业人员未履行工作票程序，无工作内容、操作和安全措施记录，未进行危险点分析，工作疏忽误将运行中的 2 号燃气轮机 PM4 清吹阀关闭，2 号燃气轮机 PM4 清吹阀故障报警，保护动作跳 2 号燃气轮机联跳 3 号汽轮机。热控专业管理松懈，未严格工程师站管理制度，检修人员在无监护的情况下单人操作，是本次故障的管理原因。这类问题主要与人员的技术能力和素质、企业管理等因素有关，是可以预防和控制的，这类问题在生产中要尽量杜绝发生。

第二章　电源系统故障分析与处理

　　燃气轮机电源系统是保持热控系统长期、稳定工作的基础。近年来，火电机组由于控制系统失电故障引起机组运行异常的案例虽有所减少，但仍屡有发生。本章收集的燃气轮机发电厂发生的部分电源典型故障案例（包括电源系统设计与装置硬件故障案例、检修维护不当引起电源故障案例），表明了火电机组控制系统电源在设计配置、安装、维护和检修中都还存在或多或少的安全隐患，希望借助这些案例的分析、探讨、总结和提炼，得出主动完善、优化电源系统的有效策略和相应的预控措施，通过落实和一系列技术改进，消除电源系统存在的隐患，提高电源系统运行可靠性，为控制系统与机组的安全运行保驾护航。

第一节　电源系统设计与装置硬件故障案例

　　本节收集了电源系统设计与装置硬件原因引起的故障案例 4 起，分别为：某燃气轮机控制系统 125VDC 接地事件、DCS 系统 DEH 控制器电源烧坏机组跳闸事件、西门子 F 级机组高压旁路控制柜电源故障导致燃气轮机跳闸事件、直流转直流的电源模块故障。

　　通过对这 4 起跳闸案例的统计分析，可以得出两条基本的结论：在机组设计和安装阶段，应足够重视电源装置的可靠性；同时在运行维护中，应定期进行电源设备（系统）可靠性的评估、检修与试验。

一、某燃气轮机控制系统 125VDC 接地事件

1. 事件过程

　　某电厂燃气轮机机组为 PG9171E 型燃气轮机，运行期间 MARK V 控制系统频繁发生 125VDC 接地故障，经统计共发生 125VDC 接地故障 20 次，经分析，确认燃气轮机就地设备发生 125VDC 接地的主要原因是高温、潮湿、振动引起，见表 2-1。

表 2-1　　　　　　　　　　　燃气轮机 125VDC 接地故障报警频率

序号	设　　备	接地原因	次数	所占百分比（%）
1	防喘阀位置开关	高温、振动	8	40
2	负荷联轴间温度开关	高温、潮湿振动	3	15
3	透平间温度开关	高温、振动	3	15
4	框架风机压力开关	高温、潮湿	2	10
5	顶轴油压力开关	潮湿	2	10
6	发电机侧液位开关	潮湿	2	10
总计	所有设备	高温、振动、潮湿	20	100

　　该机组开关量信号检测系统采用正负 62.5VDC 电源。由于其设计上分路电源与总电源

没有采用隔离，控制系统仅对总电源上的电压进行检测，当外回路出现接地现象时，除了总的一个接地报警外，其他无任何异常，这给接地故障快速有效地查找带来一定的困难。

2. 事件原因查找与分析

（1）燃气轮机开关量信号采样及监测回路原理。燃气轮机开关量信号采样输入电路见图2-1。107、108分别为MARK V端子板的正负62.5VDC端，AB间为就地开关触点。开关量信号电压的变化通过C点经过采样电阻R、滞回比较器及光电耦合二极管后，在D点产生高或低电平信号后送MARK V，显示0或1两种状态。由于MARK V是三冗余的，因此在C点分三路分别去＜R＞、＜S＞、＜T＞模块进行三选二表决。

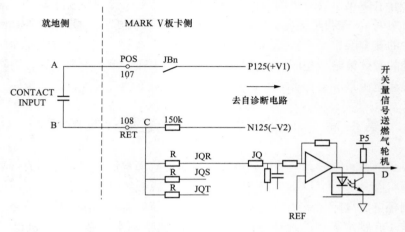

图2-1　开关量输入信号电路图

由图2-1可见，就地设备接地时，控制系统仍能正确采集到开关信号的动作情况，能够确保机组安全正常运行，并且当就地设备接地时，由于电源对地不构成回路，不会造成烧模件或影响系统电源，确保了设备接地故障状态时热工自动与保护正常投入。

（2）燃气轮机MARK V 125VDC接地故障报警电路原理图见图2-2。

125VDC母线接地故障报警定值（0～65VDC）：31.24VDC，是允许的在正负极母线上所存在的最低电压绝对值，分别测出它们的对地电压，就可产生自诊断报警。如图2-2所示的V1或V2的绝对值若小于31.24VDC，则燃气轮机的MARK V的

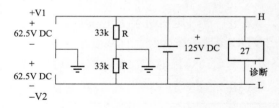

图2-2　燃气轮机MARK V 125VDC接地
故障报警电路原理图

125VDC直流接地自诊断报警回路，通过动作低电压继电器27，就会在MARK V人机界面上显示"L64D_P(_N)BATTERY DC 125V GROUND"。蓄电池正极接地或负极接地，提醒直流系统内设备接地，须及时予以确认。

3. 事件处理与防范

（1）防高温设备改造。防喘阀位置开关原来安装于密闭的透平间内，由于中封面泄漏及附近靠近缸体，环境温度约高达200℃，中间接线盒内的接线排由于高温碎裂而使电缆搭壳接地。为此，将接线排更换为耐高温的磁接头；将接线盒到位置开关的电缆，换用耐高温电

缆且耐高温的金属软管。由于透平间的恶劣环境得不到改善，将防喘阀从透平间移位至燃气轮机箱体外，使高温造成位置开关接地的隐患彻底消除。

负荷联轴间温度开关安装于排气框架附近，由于排气框架处漏气严重，高温烘烤温度开关的控制电缆而使其酥软接地。在排气框架增装了防护衬板，电缆进行了改道敷设。并将负荷联轴间内电缆更换为耐 500℃ 高温的控制电缆，提高了设备的健康状态。

透平间温度开关铝制接线盒改为铜接线盒，防止热胀冷缩后接线盒打不开而将其螺纹破坏，而使高温烟气进入接线盒烫伤电缆接地。风机压力开关的电缆经过排气框架，也曾因高温而烧坏电缆接地，移位改道处理。

（2）防潮湿设备改造。负荷联轴间温度开关位于露天易积水处，遇暴雨天气容易受潮接地，将其移位并安装于新的防水不锈钢接线箱内。框架风机压力开关、发电机侧液位开关在暴雨天气容易受潮接地，对其接线盒用玻璃胶密封防水处理。顶轴油压力开关的接线为插头式，由于下雨，插头内受潮接地，将压力开关改型为 SOR 公司的防潮压力开关。

（3）防振动设备改造。防喘阀位置开关、透平间温度开关、负荷联轴间温度开关电缆的穿线管曾被振松脱落而使电缆被镀锌管磨破接地，通过增加花角铁和抱攀固定改造后，4 年未发生一起 125VDC 接地故障报警。

二、DCS 系统 DEH 控制器电源烧坏机组跳闸事件

1. 事件经过

某燃气轮机机组 6 月 25 日负荷 440MW，主蒸汽压力 15.47MPa，主蒸汽温度 540℃，机组 AGC 方式运行。18:48 汽轮机 DEH 系统 A、B 主跳闸电磁阀动作，高压主汽门和中压主汽门关闭，机组跳闸，首次故障信号牌显示"汽轮机跳闸"。

2. 事件原因查找与分析

经检查发现 DEH 系统 18 号控制柜一路电源模件烧坏，I/O 继电器的 24VDC 供电电源消失，造成 2 个主跳闸继电器失电（常带电），导致 A、B 主跳闸电磁阀失电，汽轮机跳闸。

经过对电源模件彻底解体检查，发现电源电路板背面严重烧损，且在电源电路板背面与外壳后背之间，存在已经被严重烧黑的螺钉 1 颗，该螺钉为二极管散热片的固定螺钉，经与厂家技术人员共同确认，该螺钉脱落是造成电源短路的直接原因。

经过对电源电路板硬件回路检查证实，螺钉造成电源短路的部位为电源模件中直流隔离二极管后，连接出线插头的 +24V 母线处（与另一冗余电源 24V 母线属完全并联关系），该母线的短路，造成 I/O 继电器 24V 总电源失去。

该事件暴露出该设备厂家生产的 DCS 系统设计上存在以下问题：

（1）电源模块中，固定二极管的散热片选用自攻螺丝，安装后没有防松动措施，存在事故隐患。

（2）冗余电源系统隔离二极管安装在电源模块内部，而未安装在电源分配模块内，这种方式容易引起 24V 电源母线短路，造成单个电源模块损坏影响另一电源模块的正常工作。

在事件的原因查找过程，反映出专业人员对 DCS 电源系统的工作原理掌握不够熟练，事故情况下分析问题的能力不强。

3. 事件处理与防范

更换新的电源模件后，进行了两路电源切换试验和汽轮机保护传动试验，系统正常。

8h 后机组并网。

针对该事件反映的该设备制造厂生产的 DCS 电源部件安装位置设计不合理，电厂专业人员对 DCS 电源系统的工作原理掌握不够熟练的问题，电厂采取了以下防范措施：

（1）电厂各机组 DCS 系统均采用该型号电源模件，联系设备生产厂家派技术人员，对各台机组 DCS 系统的电源装置进行检查，对 DCS 系统电源模件进行剖析和改进，提出可靠的电源报警监视方案、增强电源装置合理性和安全性的处理意见及解决方案，避免今后发生类似事件。

（2）联系设备生产厂家提供电源模件的工作原理图，便于用户进行电源装置的维护和事故分析。

（3）设备部联系汽轮机厂、电科院等单位，共同讨论汽轮机主保护继电器采用常带电方式的可行性，以保证机组保护控制系统既不误动，又不拒动。

（4）加强技术培训，提高维护人员掌握控制设备原理、操作技能的程度，和在事故情况下分析问题和解决问题的能力。

三、西门子 F 级机组高压旁路控制柜电源故障导致燃气轮机跳闸事件

1. 事件经过

某燃气轮机机组 8 月 13 日单循环运行，负荷 100MW，高压旁路开度 77%，运行中突然高压旁路控制阀阀位反馈、高压旁路减温水控制阀阀位反馈失去，高压旁路控制阀控制器及高压旁路减温水控制阀控制器故障，同时高压旁路控制油站报警，随即机组跳闸。

2. 事件原因查找与分析

分析高压旁路系统跳机逻辑，当下述（1）～（4）任意一个条件满足，且（5）、（6）任意一个条件满足，延时 2s，高压旁路保护动作跳余热锅炉，然后跳燃气轮机。

（1）高压旁路控制阀阀位大于 2%，延时 5s。

（2）高压旁路控制阀指令大于 20%。

（3）高压旁路危急遮断阀未动作。

（4）高压过热蒸汽电动阀关。

（5）高压旁路指令反馈偏差大于 30%，且高压旁路供油控制柜报警，延时 15s。

（6）高压旁路后温度 1 值大于 430℃。

就地检查发现高压旁路控制油站油泵停运，高压旁路控制柜门上各指示灯不亮，打开高压旁路控制柜门时，控制柜门上"油压低""紧急跳闸"指示灯亮；在开关柜门时，几次出现控制柜门上的报警灯熄灭现象，控制柜内没有发现其他异常现象。对高压旁路控制柜两路电源（机岛 EMCC、UPS）及油泵电动机电源进行检查无异常。调看 DCS 中 SOE 记录、历史曲线和监控录像，并根据事故现象检查情况，分析认为可能的跳机原因为高压旁路控制柜电源回路接线松动或接触不良，导致电源失去后引起高压旁路控制阀阀位反馈、高压旁路减温水控制阀阀位反馈信号消失引起。

在对回路进行检查和紧固后，再次启动机组并网。燃气轮机单循环运行在 80MW 负荷时再次发生跳机，检查高压旁路控制油站发现高压旁路控制柜内的电源模块有异常声响，并且该电源模块上的过载报警灯亮。更换电源新模块后，燃气轮机并网，机组恢复正常运行。

对拆下的高压旁路控制柜电源模块进行测试，通电 30h 后电源模块温度达 30℃，有异

声发出，负载电流达到 19.5A 左右，异声增大；空载通电 1.25h 后，模块"过载"报警灯亮，且输出电压时有时无，由此确认电源模块损坏是造成本次跳闸的直接原因。

该事件暴露出该直流 24V 电源模块配置上存在设计问题，没有对这种保护回路的电源系统进行冗余配置，同时机柜冷却效果不佳也易加速电子元器件失效或故障。

3. 事件处理与防范

针对该事件及暴露出的问题，专业人员采取了以下处理与防范措施：

（1）更换电源模块。电源模块更换后，4 号燃气轮机启动并网，运行正常。

（2）为提高这种保护回路的电源系统可靠性，在高压旁路控制柜内增加一个 24VDC 电源模块，实现冗余配置。

（3）第一次机组跳闸事件分析，反映专业人员事件处理能力有待提高，需收集同行机组故障案例，加强专业人员的技术培训，提高故障处理技能。

四、直流转直流的电源模块故障

1. 事件经过

某燃气轮机运行时出现"汽轮机 MARK Ⅵ<R>控制器温度高"报警。检查发现该控制器顶部风扇停止运行，该机架的电源故障红灯常亮。机架见图 2-3。

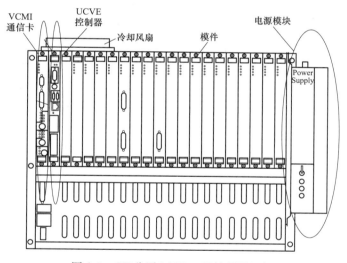

图 2-3　GE 公司 MARK Ⅵ控制器机架

2. 事件原因查找与分析

检查控制系统有<R>、<S>、<T>三重冗余的控制器，每个控制器都有一个对应的机架，每个机架由一个电源模块供电。如图 2-3，右侧的电源模块就是机架的供电电源，其输入由 PDM 来的 110VDC。输出多路不同电压等级的直流电源，包含＋5V、±12V、±15V、±28V 等。分别供给控制器、机架、I/O 控制模件、风扇等。

经查看与测量，一路给风扇供电的电源 28VDC 没有电压，证实至少到控制器机架有一路 28VDC 存在故障。通过 M6B 文件检查控制器电源状态，有一路 28VDC 电源为 0V。由此确定电源故障。由于其他几路电源工作正常，因此没有影响控制器的正常工作。

21

3. 事件处理与防范

停机后，通过控制机架左下角的电源测试柱测量，进行了通/断电试验检查，发现又有两路电源失去，说明该电源模块已经很不稳定。检查拆下的电源模块，发现其中多个直流转直流（DC-DC）元件已经损坏。

分析，电源模块的 DC-DC 元件为原装进口。对输入电压的稳定性要求比较高，如果 110VDC 供电电源电压不稳定、干扰频繁等，将会大大降低下一级电源使用寿命。考虑更换进口 110VDC 电源费用高、供货周期长等因素，采用了国内某军工电源产品，选用适应性更加强大的 DC-DC 模块，更换在 MARK Ⅵ 机架上，运行至今未见异常。

第二节　检修维护不当引起电源故障案例

本节收集了检修维护不当引起电源故障案例 2 起，分别为：燃气轮机控制系统 5VDC 母线供电柱接触不良引起控制器电源故障事件、控制电源监视信号通信故障导致机组跳闸。

一、燃气轮机控制系统 5VDC 母线供电柱接触不良引起控制器电源故障事件

1. 事件经过

某电厂燃气轮机在停运状态下，运行人员突然发现操作员站画面上交流油泵 B 停用，但交流油泵 A 和直流油泵都没有自启动。同时注意到润滑油压、密封油压跌至零，但盘车仍处于运行状态。运行人员立即手动在计算机上启动交流油泵 A，随后却发现两台交流油泵同时在运行状态，而且所有故障信号恢复正常，运行人员再次用手动停用交流油泵 A。

2. 事件原因查找与分析

通过对控制系统报警清单检查，发现有 46s 时间<R>控制模块发出了 125VDC 直流低电压报警（<90VDC），与此同时<R>控制模块的 VCMI 通信模块出现故障报警，导致通信中断，从而<R>机架上的信号丢失。由于部分信号没有采用冗余配置，因此运行人员不能看到油泵的运行状态和油压信号，但是根据 DCS 系统上的油泵电流信号记录，交流油泵 B 当时一直在运行，所以备用油泵没有通过硬接线回路联锁启动。

由于运行人员看不到这些信号，误以为润滑油泵 B 停止而备用的油泵却没有启动，因此立即在运行画面上起动交流油泵 A。而该指令信号通过三重冗余的控制器<R>、<S>、<T>同时发给 TRLY 继电器输出模件，此时<R>、<S>、<T>工作正常，因此交流油泵 A 立即启动。两台交流油泵的运行状态反馈信号（非三重冗余信号）仅送到<R>模块。因此，运行人员仍然无法看到油泵的运行状态，误以为两台交流油泵都没有运行，实际上两台油泵同时在运行。46s 以后随着 125VDC 低电压报警的消失。<R>模块的 VCMI 通信模件故障报警等信号恢复正常，<R>模块上的信号也先后的恢复正常。之后，运行人员又发现两台油泵都处于运行状态，而且先前其他异常报警情况也都恢复正常。

该电源系统有三路电源输入：一路 125VDC 直流电、两路 220VAC 交流电。两路 220VAC 交流电进入控制柜，通过降压、整流、滤波处理后，也转换为两路 125VDC 直流电。最终三路 125VDC 直流电通过二极管回路，表决出电压最高的一路作为系统供电。异常发生时<S>、<T>机架工作正常，怀疑出现问题的地方是只给<R>机架供电的 Power Supply 电源模块。

检查通信模件 VCMI，该模件负责 UCVE 控制器与下游的 I/O 模件的通信管理，同时负责<R>、<S>、<T>三重冗余通信，和<P>保护模块进行通信，使得三重冗余的信号能够在控制器中进行三取二表决运算。如果该通信模件出现问题，会导致该控制器与下游 I/O 模件以及周边其他的控制器脱离，引起部分信号的丢失。

检查<R>控制器的 UCVE 模件，该模件为<R>模块上的 CPU 处理模件，如果出现故障可能会导致运算中断，信号堵塞丢失，误报警等现象。

停机后，更换了<R>的 UCVE 控制器模件，但是该异常情况仍然不定期的出现，每次发生故障现象后，又会在较短时间恢复正常。更换了 VCMI 通信模件进行跟踪观察。一周后，机组再次发生这类异常情况，而且机组负荷从 390MW 的预选负荷自动增加到基本负荷大约 400MW。由于燃料量控制自动进入温控模式，而画面上仍然投用的是预选负荷模式，因此运行人员无法通过预选方式控制机组负荷。最后，运行人员采取应急措施，通过手动方式逐步降低 FSR 燃料量指令减负荷，最终通过手动按钮拉开发电机出口断路器 52G，进行解列，确保了机组安全稳定的停机。

由于<R>模块异常后，故障没有立即消除，通过现场逻辑追踪异常信号源头，分析出机组在<R>模块异常后发生负荷失控的故障机理：

（1）汽轮机控制系统<R>模块异常后，→<R>模块中的模拟量输出信号失去，→汽轮机控制系统发给燃机控制系统的应力计算速率信号变为 0mA，→由于应力计算速率信号为 4～20mA 对应 0～10%负荷/min，0mA 对应−2.5%负荷/min。此时，由于电网周波波动，使得调频功能启动，燃气轮机调节系统发出 L70L 减负荷的调节指令。但是此时减负荷的速率为−2.5%负荷/min，程序在运算时按照负负得正的数学规律，指令减负值得到一个更大的指令，→由此机组负荷不降反升，实际负荷比目标负荷高，程序将继续发减负荷的指令 L70L，由于速率为负值，负荷指令进一步增长。如此恶性循环，导致机组负荷指令超过了温控指令，→直至主控系统温控指令起作用才避免燃气轮机超温，机组最终运行在基本负荷模式。

（2）燃气轮机负荷指令 TNR 恶性循环，导致运行人员虽然试图降低负荷指令。但是负荷却由于异常的负下降速率而一路升高，最终企图达到 107%的最大值，使得运行人员以为燃气轮机控制系统失控，无法操作。其实不然，此时燃气轮机控制系统本身的运行正常，只是接受了一个来自汽轮机控制系统的异常信号，而导致运算结果与实际需求相反的情况。

分析出了机组负荷失控的故障机理，防止了机组负荷再次失控。但是故障源头没有找到。为此，更换了<R>机架供电电源模块，很快故障现象又出现了。

此时，分析出<R>机架底板可能存在问题。因为该机架上所有的模件都是底板上电源母线供电进行工作的，而且相互之间的数据交换，也是通过底板上的通信总线来实现的。如果底板出现问题，模件的供电受到影响，工作状态就会不稳定，或者控制器与通信卡件和 I/O 模件之间的通信工作不稳定而中断。

拆查底板，发现底板的背部是密封安装在金属外壳中，基本不会受到环境、灰尘的影响。拆除了底板背部的金属罩壳，外观检查发现整个背板整洁干净，没有元器件烧损的痕迹，见图 2-4。

在检查底板各电源母接线棒时，发现 5VDC 直流电源总线，在 UCVE 控制器模件背面的供电柱上少一个紧固螺钉，见图 2-4。其他周边模件供电柱上都有紧固螺钉，使得该

图 2-4 控制器机架底板背部照片，5VDC 电源母线缺少一个螺钉

位置即使不安装紧固螺钉，也会使 5VDC 直流电源母线棒压在接线柱上，使得 UCVE 模件能够正常工作。但久而久之，线棒与供电柱接触面上会逐渐形成氧化层，由于热胀冷缩的关系，两者之间的接触间隙变大，从而使得接触电阻增大。使得 UCVE 模件上 5VDC 电压会下降到临界值，即使±12VDC 电源工作正常，模件状态灯显示处于运行状态。但 5VDC 电压瞬间降低，将使得部分芯片不能正常工作，从而导致模件自诊断以及其他一些功能的异常。

3. 事件处理与防范

为 5VDC 直流电源总线在 UCVE 模件背面的供电柱上补上一颗紧固螺钉，系统上电以后进行固件和软件重新下装。重新启动<R>、<S>、<T>控制器和<X>、<Y>、<Z>保护模块，所有控制器都恢复正常，故障现象彻底消除。

该事件说明，控制系统的一个隐患可能会隐藏多年后爆发，一旦发现应一查到底；此外当某个控制器发生故障，该控制器管理的非冗余信号也会出现异常而导致机组运行失常。为此应采取以下防范措施：

（1）电源部分出厂验收检测方法很重要，研究与完善相应的验收检测方法，尽可能将问题在出厂前消除。

（2）联系设备生产厂家研究和完善控制系统对电源的自检、故障诊断和报警功能，方便故障的分析查找。

二、控制电源监视信号通信故障导致机组跳闸

6月29日，某燃气轮机电厂 2 号机组（3 号燃气轮机、4 号汽轮机）正常运行中，因控制盘内网络交换机发生软故障，造成 PPDA 电源卡电源监测与 MARK Ⅵe 控制盘之间通信故障，引发非计划停机事件。

1. 事件过程

2017 年 6 月 29 日 2 号机组停机前，AGC 投入，其中 3 号燃气轮机负荷 100MW，排气温度 550℃，4 号汽轮机负荷 42MW，抽汽供热流量 69t/h。

12 时 24 分 31 秒，3 号燃气轮机直流电压低（L27DZ_ALM）触发自动停机（L94BLN_ALM）等报警，同时 3 号燃气轮机自动停机程序异常触发，3 号燃气轮机开始降负荷，同

时报警界面发出模件通信故障（L30COMM ＿ IOIO PACK COMMUNICATIONS FAULT）。

12 时 25 分 25 秒，3 号燃气轮机发变组有功到 0，3 号燃气轮机发变组解列。

12 时 26 分 17 秒，4 号汽轮机打闸，发变组解列停机。

12 时 33 分 21 秒，3 号燃气轮机熄火。

2. 事件原因查找与分析

（1）直接原因分析。经检查报警列表信息和相关控制逻辑发现：触发 3 号燃机自动停机程序的直接原因是直流电压低触发了自动停机信号（L94BLN ＿ ALM）。

3 号燃气轮机自动停机逻辑中的一条设计为："当 MARK Ⅵe 控制盘 125VDC 电压低于 90VDC 时，触发 L27DZ ＿ ALM 信号报警，延时 3s 触发 L94BLN ＿ ALM 信号报警的同时触发自动停机程序"。

经查阅历史曲线（见图 2-5），发现燃气轮机 MARK Ⅵe 控制盘电压在 12 时 24 分 31 秒开始下降，12 时 24 分 37 秒恢复正常，持续时间 6.2s，期间电压值最低下降至 0VDC。

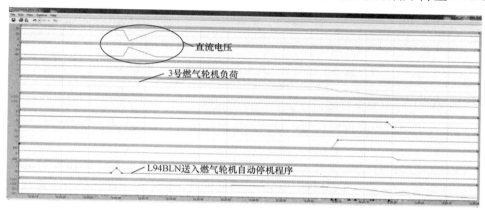

图 2-5　直流电压降低曲线

（2）根本原因分析。经过对 MARK Ⅵe 控制盘报警信息、PPDA 电源模件报警日志、现场控制设备的检查和停机后相关验证性试验分析，认为是 3 号燃气轮机的 PPDA 电源模件电源监测与 MARK Ⅵe 控制盘之间通信出现故障，导致了 3 号燃气轮机机组自动停机，从五个方面具体分析如下：

1）由直流供电的现场设备动作情况分析。依据电气侧直流电源接地报警信息、停机过程中由直流供电的现场设备动作情况的分析，判断此次直流电压降低并非为真实信号。因为停机后检查 MARK Ⅵe 控制盘电源电气直流屏，并未发生直流电压低报警，因此排除直流接地引起的可能。

从停机过程分析，若直流电压真实降低，则相应直流供电的电磁阀（如速比阀电磁阀、燃料阀电磁阀等）应立即失电动作，在此情况下直流电压降低的同时应导致燃气轮机立即切断燃料熄火。而由图 2-6 所示的历史曲线可知，从直流电压降低到燃气轮机实际熄火共计 8 分 50 秒，负荷变化和转速变化均属于自动停机过程，与直流电压的真实降低不符。

2）报警信号分析。从 MARK Ⅵe 控制盘报警列表看，自动停机前按照时间先后顺序的报警信息分别为：

12 时 24 分 31 秒 MARK Ⅵe 控制盘 IO 卡通信故障报警（L30COMM_IO）；

12 时 24 分 31 秒 MARK Ⅵe 控制盘直流电压低报警（L27DC_ALM）；

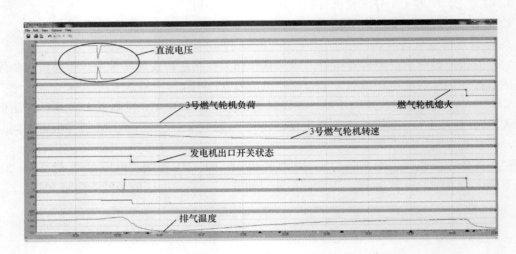

图 2-6　3 号燃气轮机自动停机降负荷曲线

12 时 24 分 34 秒控制盘直流电压低自动停机报警。

由上可见发生通信故障报警在前，自动停机信号在后，且同时有多块模件也发出通信故障报警。

（3）PPDA 电源模件的报警日志文件分析。查看 PPDA 电源模件的报警日志文件，发现在发出模件通信故障（L30COMM_IO）报警的同时，PPDA 电源模件发生离线报警，持续时间为 6.2s，检查发现其他有诊断报警的控制模件也曾发生离线，且离线时间与 PPDA 离线时间相同。

（4）网线热插拔试验分析。1 号机组停机后，对 1 号燃气轮机 PPDA 电源模件进行网线热插拔试验，模拟 PPDA 电源模件通信故障状态，发现 MARK Ⅵe 控制盘直流电压直接变为 0VDC，并显示电压坏质量，且 MARK Ⅵe 控制盘报警信息、电源模件报警日志信息与 3 号燃气轮机自动停机前触发的报警完全一致。

（5）网络连接情况分析。现场检查发生通信故障报警的 19 块模件的网络连接情况，发现 PPDA 电源模件等发生报警的 13 块模件均连接至 R-SW2 网络交换机，PAIC 等 6 块模件连接至 R-SW3 网络交换机，而 R-SW3 是先连接至 R-SW2，由 R-SW2 连接至 R-SW1，最后由 R-SW1 连接至控制器，因此认为发生网络故障的交换机可能性最大的为 R-SW2。

综合以上情况，判断导致本次故障的原因为：控制盘内网络交换机发生软故障，引发 L30COMM_IO 模件通信故障，导致 3 号燃气轮机的 PPDA 电源模件电源监测与 MARK Ⅵe 控制盘之间通信故障，控制器内接收到的直流电压信号变为 0VDC 且时间超过 3s，触发 L94BLN_ALM 信号报警，使 3 号燃气轮机执行自动停机程序。

3. 事件处理与防范

本次非计划停机事件，暴露出以下问题：

（1）PPDA 电源模件网络为单网络运行，没有实现双重冗余。

（2）对 MARK Ⅵe 控制盘内交换机的设备性能劣化情况和潜在缺陷了解不充分，对可能出现的异常状况处理手段不足。

针对问题，采取了以下处理与防范措施：

（1）燃气轮机停机后，再次对 PPDA 模件网络冗余可靠性进行试验。

（2）燃气轮机停机后，检查确认出现故障的交换机位置并予以更换。

（3）针对 PPDA 模件的通信未做到冗余配置的问题，联系厂家进行处理。

第三章 控制系统硬件、软件故障分析与处理

机组控制系统的可靠性程度，直接影响了机组运行稳定性以及发电效率。与专业人员维护工作相关的软件有：控制系统系统管理软件、上位机图形组态软件、下位机逻辑组态软件、历史站数据及报表软件、SOE软件、报警系统软件；硬件系统有控制器组件、I/O模件和网络通信设备等。按照功能设置可划分为 DCS 系统、DEH 系统、ETS 系统和外围辅助控制系统等。总体来说，控制系统的配置、组态合理性和控制参数整定的品质是影响可靠性的主要因素。

近年来由于控制系统故障和设置不合理带来的机组故障停机事件屡有发生，本章节从控制系统软件本身设置故障、模件控制器及通信设备故障、逻辑组态不合理、控制参数整定不完全等方面发生的系统异常案例进行介绍。希望借助本章节案例的分析、探讨、总结和提炼，供专业人员在提高机组控制系统设计、组态、运行和维护过程中的安全控制能力作参考。

第一节 控制系统设计配置不当引起机组故障案例

本节收集了控制系统设计配置不当引起机组故障案例 7 起，分别为：燃气轮机逻辑设计缺陷事件；调压站压力调节系统切自动逻辑设计不合理导致机组跳闸事件；燃气轮机防喘放气阀控制回路引起机组跳闸事件；某燃气轮机画面误操作导致机组跳闸事件；燃气轮机燃烧器烧灼事件；逻辑设计不完善，防喘放气阀故障导致机组跳闸；系统软硬件匹配不当导致机组公用系统信号大面积坏点报警案例。这些案例，有的是由于 DCS 系统软件参数配置不当，有的是由于控制逻辑不够完善引起。再一次说明，在控制系统的设计、调试、检修、维护过程中，规范的设置控制参数、完整的考虑控制逻辑是提高控制系统可靠性的基本保证。

一、燃气轮机逻辑设计缺陷事件

1. 事件经过

某燃气轮机并网后，出现天然气供气压力低（门站供气阀未开启）。导致负荷急剧下降至 2MW 以下。待汇报气调后，门站将供气阀开启天然气供气压力逐渐恢复，在加负荷过程中，发现机组 FSR 受限于 30% 负荷未上升，值长令主复位后，由于 FSR 值快速上升，造成负荷急剧上窜，排气温度高跳机。

2. 事件原因查找与分析

从逻辑分析是 GE 公司对单轴联合循环机组的逻辑设计缺陷。机组运行时出现 FSR 受限情况，应立即进行主复位，如错过复位时机（备选 FSR 超过 30% 时），必须降低机组负荷，在 FSR 小于 30% 时进行主复位操作。

3. 事件处理与防范

（1）修订运行规程，使与实际控制相符。

（2）组织运行人员进行运行规程学习。

二、调压站压力调节系统切自动逻辑设计不合理导致机组跳闸事件

某燃气轮机电厂机组因排气温度分散度大跳机事件相当频繁。排气温度分散度大的原因较多，除了燃气轮机喷嘴烧穿、火焰筒或过渡段、导流套壳体裂纹、烧穿，燃烧喷嘴堵塞、燃烧方式切换失去火焰等故障之外，燃气轮机排气温度测量计算方法、热电偶故障、接线屏蔽等，源于排气温度测量导致排气温度分散度大的故障，也屡见不鲜。

1. 事件经过

某燃气轮机机组 320MW 运行时，发生天然气调压站异常。运行人员将天然气压力自动调节切为手动调整，天然气压力从正常压力 3.3MPa 下降到 2.0MPa。P2 燃烧室进气压力从正常值 3.0MPa 下降到 2.2MPa，引起燃气轮机快速减负荷，过程中因燃气轮机排气温度分散度大（设定值 150℃）跳机。

2. 事件原因查找与分析

该燃气轮机机组有 2 套（A、B）供气管线，正常时"一用一备"。故障发生前，A 路供气管线运行且自动调节燃气轮机进气压力。运行人员发现调压站故障后，将 A、B 管线上的压力调节门均切手动进行调整。过后再将压力调整门切回自动，切换过程压力调节门开度瞬间关闭后再进行压力自动调节，导致天然气压力出现较大波动。天然气压力从正常的 3.3MPa 下降到 2.0MPa。机组负荷从 320MW 快速减到 270MW。此时，燃气轮机出现燃烧不稳现象，燃气轮机排气温度的分散度快速增大，最终达 150℃导致分散度高保护动作，机组跳闸。

经检查，31 支用于测量燃气轮机排气温度的一次元件正常，保护动作正确。燃气轮机快速减负荷的功能是燃气轮机控制系统固有的一项保护功能，由美国 GE 公司设计。当燃气轮机负荷发生快速变化时，燃烧检测保护是退出的，燃气轮机排气温度分散度大保护就成为保障机组安全的后续屏障。该事件暴露出以下问题：

（1）一段时间以来，1 号燃气轮机燃烧不太稳定，分散度一直偏大，机组在快速变负荷时，抗干扰能力较差，极易导致燃气轮机分散度升高。目前，机组运行时已经达 50℃左右（当分散度达 50℃，通常要分析和找出原因）。

（2）燃气轮机燃烧器喷嘴污染较为严重，积聚垃圾较多，不利于正常燃烧。

（3）调压站压力自动调节系统设计不合理。当压力自动调节切为手动后，运行人员可以进行手动调整。但是当再切回自动调节控制时，压力调整门先关闭再进行自动调整，导致压力调节产生较大波动，影响机组安全运行。

3. 事件处理与防范措施

（1）对燃烧器进行清理和更换，重新进行 DLN 调整试验，提高燃气轮机燃烧的稳定性，减小燃气轮机排气温度的分散度，增强燃气轮机抗扰动的能力。

（2）对燃气压力自动调节系统的控制逻辑进行重新审核，增加手自动跟踪功能，修改逻辑实现手自动无扰切换。

三、燃气轮机防喘放气阀控制回路引起机组跳闸事件

1. 事件经过

某天然气燃气轮机联合发电机组，因防喘放气阀误开，引起燃烧不稳，燃气轮机加速度

变大，造成 2 次燃气轮机跳闸事件：

（1）4 号燃气轮机联合循环运行，负荷 380MW，机组跳闸，首次故障信号"ACC＞MAX3（8g）"，SOE 事件记录显示 12：58：52，4 号机组天然气控制系统发出跳闸信号。

（2）3 号机组联合循环运行，负荷 345MW，燃气轮机 IGV 开度为 73%，压气机出口压力为 1.0MPa；天然气 ESV 前、后压力分别为 2.843、2.77MPa；天然气预混调节阀开度为 35.9%，值班气调节阀开度 47.3%。ACC1 和 ACC2 分别为 0.8、0.9g，HUM1 和 HUM2 分别为 14.9、12.9hPa。SOE 事件记录显示 09：00：03，天然气控制系统跳闸，机组遮断。

2. 事件原因查找与分析

（1）事件原因查找。

1）查找 4 号机组 WIN-TS 的数据分析：

a. 12：58：51 燃气轮机 5 级底部防喘放气阀打开。

b. 12：58：51 天然气预混阀开度为 36.7%，天然气值班阀开度为 46.4%，压气机出口压力为 1.67MPa，两个加速度分别是 0.7、0.8g，此时燃气轮机运行正常。

c. 12：58：52 天然气预混阀及天然气值班阀开度不变的情况下，压气机出口压力变为 1.63MPa，两个加速度分别是 10.1、10.9g，达到跳机值，机组遮断。

由于在天然气控制系统跳闸前出现过 4 号燃气轮机 5 级底部防喘放气阀打开的信号，因此判断是由于 4 号燃气轮机 5 级底部防喘放气阀误打开，造成压气机出口压力降低，同时天然气预混阀及值班阀开度保持不变，使得燃烧不稳，加速度变大而跳机。

2）检查 3 号机 WIN-TS 的数据分析：

a. 09：00：03，3 号燃气轮机五级顶部、底部防喘放气阀打开。

b. 09：00：03，天然气控制系统跳闸，机组遮断。

检查中发现，现场远程机柜（30CPA22）内 F5 熔丝断路，使控制 3 号燃气轮机五级底部防喘放气阀（30MBA41AA051）、五级顶部防喘放气阀（30MBA42AA051）的 30CPA22.BA5 模件失去电源。因此判断是由于 30CPA22.F5 熔丝断路，导致 3 号燃气轮机五级底部、顶部防喘放气阀打开，使得 3 号燃气轮机燃烧不稳，加速度变大而跳机。

（2）防喘放气阀控制回路不安全性分析。

1）防喘放气阀供电回路分析。燃气轮机五级底部防喘放气阀（30MBA41AA051），五级顶部防喘放气阀（30MBA42AA051），盘车 1 号啮合电磁阀（30MBV35AA001），盘车进油切断电磁阀（30MBV35AA003）这 4 个阀门的控制模件（30CPA22.BA5），五级底部防喘放气阀（30MBA41AA051），五级顶部防喘放气阀（30MBA42AA051）开到位、关到位反馈信号的 24VDC 供电电源来自同一个熔丝 30CPA22.F5（1A），见图 3-1。如果该熔丝下挂设备的其中一个回路出现接地或者短路现象，很有可能会引起熔丝 CPA22.F5 熔断，从而使五级底部防喘放气阀、五级顶部防喘放气阀在运行时打开，造成燃气轮机燃烧不稳而引起 ACC 大跳燃气轮机。

3 号燃气轮机九级防喘放气阀（30MBA43AA051）、盘车 2 号啮合电磁阀（30MBV35AA002）这 2 个阀门的控制模件（30CPA22.CA5），九级防喘放气阀（30MBA43AA051）开到位、关到位反馈信号的 24VDC 供电电源来自同一个熔丝 30CPA22.F10（1A），见图 3-2。如果该熔丝下挂设备的其中一个回路出现接地或者短路现象，很有可能会引起熔丝 CPA22.F10 熔断，从而使九级底部防喘放气阀在运行时打开，造成燃气轮机燃烧不稳而引起 ACC 大而跳燃气轮机。

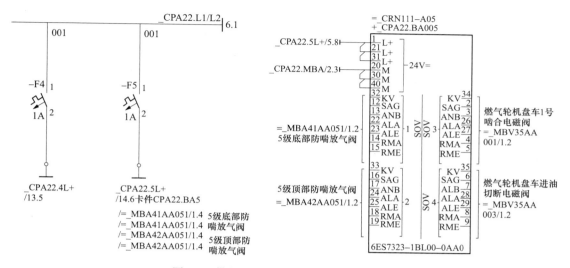

图 3-1　供电电源与 30CPA22.F5 熔丝配置

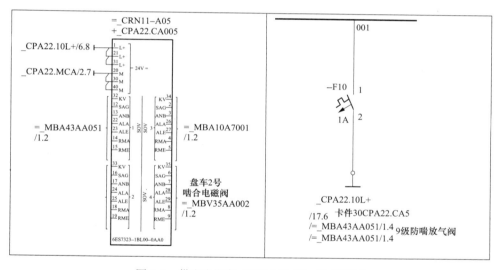

图 3-2　供电电源与 30CPA22.F10 熔丝配置

2）燃气轮机防喘放气阀逻辑分析。防喘放气阀正常处于关闭状态时，由于阀门在 TXP 系统中标准功能块 DCM 的固有特点，当开到位信号和关到位信号同时触发"1"时，DCM 逻辑功能块优先会将防喘放气阀开启。存在着防喘放气阀误开，造成燃气轮机燃烧不稳而引起 ACC 大而跳燃气轮机的安全隐患。

五级顶部（底部）防喘放气阀、九级防喘放气阀只有一个关到位接近开关信号，机组运行中如果该关到位信号消失超过 2s，燃气轮机将顺停，该单点信号保护易导致机组误停。

根据上述分析可见，为提高燃气轮机机组运行可靠性，防喘放气阀控制回路须进行整改。

3. 事件处理与防范

上述分析和建议发传真至德国西门子股份公司，回复意见说这是他们的标准设计，首先不建议修改，其次是如果一定要修改的话，难度会很大。

为了确保电厂燃气轮机安全可靠的运行，集团安生部和电试院专家汇同论证后，认为有必要整改，在西门子不响应的情况下，决定依靠自身能力进行防喘放气阀控制回路整改。

（1）防喘放气阀电源回路改进。将防喘放气阀接近开关与其他控制系统的 24VDC 供电回路彻底分开，防止其他设备的故障导致其供电熔丝断路的故障发生，以提高模件下挂设备运行的可靠性。此外为消除各组信号供电造成干扰，提高设备运行的可靠性，防喘放气阀每一组接近开关均设置单独的供电熔丝：

1）从熔丝开关 CPA22.F5 下挂设备中取消五级底部防喘放气阀开到位接近开关 1（MBA41AA051.XB01），关到位接近开关 1（MBA41AA051.XB02），五级顶部防喘放气阀开到位接近开关 1（MBA42AA051.XB01），关到位接近开关 1（MBA42AA051.XB02）。

2）从熔丝开关 30CPA22.F10 下挂设备中取消九级防喘放气阀开到位接近开关 1（MBA43AA051.XB01），关到位接近开关 1（MBA43AA051.XB02）。

3）将五级底部防喘放气阀开到位接近开关 1（MBA41AA051.XB01），关到位接近开关 1（MBA41AA051.XB02）的 24VDC 电源接入熔丝开关 CPA22.F33，熔丝容量 1A。

4）将五级底部防喘放气阀开到位接近开关 2（MBA41CG051J.XG01）的 24VDC 电源接入熔丝开关 CPA22.F36，熔丝容量 1A。

5）将五级顶部防喘放气阀开到位接近开关 1（MBA42AA051.XB01），关到位接近开关 1（MBA42AA051.XB02）的 24VDC 电源接入熔丝开关 30CPA22.F37，熔丝容量 1A。

6）将五级顶部防喘放气阀开到位接近开关 2（MBA42CG051J.XG01）的 24VDC 电源接入熔丝开关 CPA22.F38，熔丝容量 1A。

7）将九级防喘放气阀开到位接近开关 1（MBA43AA051.XB01），关到位接近开关 1（MBA43AA051.XB02）24VDC 的电源接入熔丝开关 CPA22.F39，熔丝容量 1A。

8）将九级防喘放气阀开到位接近开关 2（MBA43CG051J.XG01）的 24VDC 电源接入熔丝开关 CPA22.F25，熔丝容量 1A。

9）在五级底部防喘放气阀上增加一个关到位接近开关 2，该接近开关的 24VDC 电源接入熔丝开关 CPA22.F36，信号接到模件 CPA22.DA009.3，DCS 系统上增加该反馈信号的逻辑 MBA41CG051J.XG02。

10）在五级顶部防喘放气阀上增加一个关到位接近开关 2，该接近开关的 24VDC 电源接入熔丝开关 CPA22.F38，信号接到模件 CPA22.DA009.4，DCS 系统上增加该反馈信号的逻辑 MBA42CG051J.XG02。

11）在九级防喘放气阀上增加一个关到位接近开关 2，该接近开关的 24VDC 电源接入熔丝开关 CPA22.F25，信号接到模件 CPA22.DA009.5，DCS 系统上增加该反馈信号的逻辑 MBA43CG051J.XG02。

（2）控制逻辑修改。

1）在防喘放气阀的关位置上增加一个关到位的接近开关，将任意一个防喘放气阀的关到位信号消失延时 2s 顺停燃气轮机保护逻辑修改为三取二，修改后燃气轮机顺停逻辑见图 3-3。

2）防喘放气阀处于关闭状态时，开到位信号和关到位信号同时触发"1"时，会导致阀门开启。为了避免这种情况的发生同时又不影响保护指令和自动指令对阀门的实际控制，修

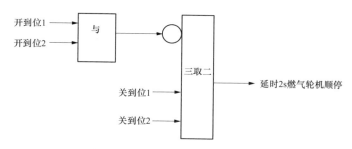

图 3-3　修改后燃气轮机顺停逻辑

改防喘放气阀控制 DCM 模块参数 WRBHAAZ 由 BLOCK 修改为 NOT BLOCK，参数 WRBSAZ 由 BLOCK 修改为 NOT BLOCK。

西门子 1S. V94.3A 型燃气轮机防喘放气阀，对整个燃气轮机的安全运行起着至关重要的作用，通过改进措施的实施，起到以下作用：

1）通过防喘放气阀控制回路的改进，提高其控制回路可靠性，降低燃气轮机加速度保护动作的风险及燃气轮机顺停的概率，改进运行后，未再出现因防喘放气阀误开而导致的跳机事件，从而保证了整个联合循环机组的稳定运行。

2）通过防喘放气阀控制回路的改进，为下一步全面掌握燃气轮机控制技术和今后局部的技术改进奠定了基础，同时提高了热控人员的检修水平。

四、某燃气轮机画面误操作导致机组跳闸事件

1. 事件经过

某电厂 7、8 号燃气轮机和 9 号汽轮机机组运行，9 号机处于滑压运行状态。8 号锅炉主蒸汽压力 52Bar 正常运行中，突然主蒸汽隔离阀 FV058 关闭。随着 8 号锅炉主蒸汽隔离阀 FV058 关闭，主蒸汽压力开始快速下降至最低点 34.25bar。9 号汽轮机调门由于主蒸汽压力低保护动作（低于 35bar）开始关闭，7 号锅炉汽包水位由于主蒸汽压力下降过快而汽化，产生虚假水位，其水位迅速升高。2s 后 7 号锅炉汽包水位三高发讯，直接跳 9 号汽轮机。在确认 7 号锅炉及 9 号汽轮机正常后，9 号汽轮机再次并网。之后根据调度命令停下 8 号燃气轮机和 8 号锅炉。

2. 事件原因查找与分析

经过过程报警及曲线分析，8 号锅炉主蒸汽隔离阀 FV058 运行中关闭，是引起本起事件的首发原因。检查操作记录发现锅炉主蒸汽隔离阀 FV058 系人为操作关闭。当时，一只汽轮机本体疏水阀正在检修，该阀需要做关闭操作，由运行人员点击操作关闭。检查发现在该疏水画面中，疏水阀旁紧靠着锅炉主蒸汽隔离阀 FV058 弹出框，当运行人员点击该阀门时，弹出了 8 号锅炉主蒸汽隔离阀 FV058 操作面板，导致误操作关闭该阀。随后主蒸汽压力开始下降，2min 后，正在运行的 7 号锅炉汽包水位三高动作，9 号汽轮机跳闸。

另外，由于 9 号汽轮机控制系统在主蒸汽压力突降的情况下，没有自动控制压力功能，是造成本次事件进一步扩大，导致 9 号汽轮机跳闸的又一个原因。8 号锅炉主蒸汽隔离阀 FV058 打开和关闭反馈设置为 4 级报警，运行人员 2min 内未及时发现和处置。

3. 事件处理与防范

事件后，对控制画面及逻辑进行了修改，新增加对锅炉烟气挡板、进汽隔离阀、蒸汽旁

路阀、主蒸汽压力下降速率和时间限制，以及相应的保护逻辑：

（1）主蒸汽压力下降速率超过0.15bar/s保护动作，下降速率低于0.02bar/s保护复位，延时5s后投入定压方式，压力设定值为当前的压力值。

（2）保护动作后退出滑压控制和定压控制方式，以每秒5%流量的速率关下调门，保证主蒸汽压力下降速率不至于过大。

（3）对报警设置进行修改，对2台锅炉的报警重新分级设置。

处理后进行试验，通过燃气轮机60%负荷和燃气轮机100%满负荷，单炉运行和两炉运行四种典型工况下，通过打开旁路阀和关闭蒸汽进汽隔离阀的不同扰动试验，试验结果统计见表3-1。

表 3-1 试验结果统计表

序号	工况	试验前机组负荷	扰动试验	汽轮机调门开度（%）	9号机负荷（MW）	汽包水位变化（mm）
1	8号燃气轮机运行	8号燃气轮机63.7MW；9号汽轮机39.8MW	打开8号炉蒸汽旁路阀50%，然后关闭	−9	−32.3	8号炉+105
2	8号燃气轮机运行	8号燃气轮机107MW；9号汽轮机48.3MW	打开8号炉蒸汽旁路阀50%，然后关闭	−11.2	−40.1	8号炉+88
3	2台燃气轮机运行	2台燃气轮机56MW；9号汽轮机65.4MW	打开7号炉蒸汽旁路阀50%，然后关闭	−67	−24.1	7号炉+39 8号炉+38
4	2台燃气轮机运行	2台燃气轮机57MW；9号气轮机66.4MW	关闭7号炉进汽隔离阀，7号炉停运	−85.1	−36.1	8号炉+38
5	2台燃气轮机运行	2台燃气轮机100MW；9号汽轮机95MW	打开7号炉蒸汽旁路阀30%，再50%，然后关闭	−80	−50	7号炉+27 8号炉+17
6	2台燃气轮机运行	2台燃气轮机100MW；9号汽轮机96MW	关闭8号炉进汽隔离阀，8号炉停运	−84.8	−35.9	8号炉+17

上述试验数据显示，试验过程汽包水位控制正常，水位波动在可控范围内，表明逻辑修改正确，有效。

五、燃气轮机燃烧器烧灼事件

1. 事件经过

事故当日23:45，因电气原因，1号燃气轮机满负荷跳机。在其后重新启动过程中，因机务、控制等各方面原因历经了4次高速清吹、点火，直至次日03:28并列。03:52机组负荷80MW，排气分散度（通常默认是第一分散度）26.7℃。22:54负荷100MW，排气分散度升至38.3℃，约1h后升至50℃，减负荷至90MW，第2日00:54分散度升至59℃，运行人员再次减负荷至85MW，排气分散度降至40℃，此后机组一直维持该负荷运行，排气分散度基本稳定在40.5℃。6:20运行人员巡回检查时发现烟囱冒黑烟，立即停运机组。检查情况如下：

（1）7~9间联焰管严重损坏，其中联焰管烧穿，管身因高温严重变形，靠7、9号火焰筒一侧的联焰管头部烧灼情况稍轻，其余燃烧单元的联焰管正常。

（2）8号火焰筒严重损坏，筒体尾部全部熔化，密封裙环全部丧失，筒体除顶部颜色基本正常外，其余大部分颜色变黑，筒身部分冷却气孔被熔化的金属重新凝固后堵塞，见图3-4。

图 3-4　8 号火焰筒烧灼

（3）2、7、12 号过渡段正常，3、4、6 号过渡段内部表面（气流转弯处）有不同程度的斑坑，但未穿透。其余 7 只过渡段内有大小和范围不同的穿孔，未穿透的斑坑内部及其他部位有明显结垢。8 号过渡段烧灼，见图 3-5。

（4）8 号过渡段对应的 3 片静叶凹弧表面有黑烟，其中 1 片静叶进气边上附着较多金属溶渣，其余燃烧单元对应的静叶正常。

（5）所有导流衬套没有烧伤、变形的痕迹，全部可用。经查，燃烧室和燃烧缸、透平缸、排气框架等底部排污通道全部畅通，14 只燃油止回阀经校验台校验基本正常，动叶未做检查。

图 3-5　8 号过渡段烧灼

2. 事件原因查找与分析

（1）结构原因分析。影响燃烧单元热负荷变化的因素很多，如燃料分配的均匀程度、燃料的雾化、冷却空气的均匀，通流部分叶片的结垢程度、局部焓降差别、局部漏气等，排气分散度是所有这些因素的综合反应。在稳定的工况下，即使火焰筒、过渡段等部位发生局部过热，只要不穿透、不改变冷却流场分布，分散度仍将维持原先的水平。

从燃气轮机燃烧系统的工作情况看，压气机出口约 1/3 的空气流量作为一次助燃空气从火焰筒端部鱼鳞孔进入，其余 2/3 空气量从火焰筒筒体冷却孔进入，在火焰筒内表面形成气膜以阻止高温燃气的表面接触。就温度分布情况看，在接近燃尽阶段的断面上混合气体平均温度最高，负荷越高，这个断面越接近尾部，满负荷大约就在筒身的 2/3 处，这是因为作为二次冷却的空气大部分从燃尽阶段的冷却孔内流入。由于火焰筒有良好的几何形状，本身具有完善的冷却条件，表面金属温度并不高，而过渡段外表面仅存在有限的对流冷却，内壁承受的是燃气轮机的进口初温，是燃气轮机温度最高的金属部件。大部分过渡段被烧穿而火焰筒相对完好也说明了这一点。

燃油中含有一定金属添加剂，燃烧后产生的颗粒对输送通道产生磨损。过渡段承受的是高温且高速流动的燃气，当流动方向改变时产生的磨损最严重。过渡段被穿透后冷却空气从穿透处进入过渡段，导致过渡段压力升高，也使火焰筒内压力增加，火焰筒内燃烧的高温燃气通过联焰管流向二侧燃烧筒的流量增大，高温燃气直接接触火焰筒内壁而迅速烧坏火焰筒。在这一过程中，相对应的过渡段因局部磨穿而使冷却空气量增加，从而改变了整个燃烧系统冷却空气量的分配。

从上述分析来看，虽然分管回流式燃烧系统有诸多优点，但所有的燃烧单元不可能做到热负荷均匀一致，微小的误差随时间的积累终归会使薄弱环节遭到损坏，从结构上看这些薄弱环节就在过渡段的气流拐弯处。

因此，1号机在燃烧事件发生前相对较长的时间内已存在自然磨损，在电力短缺期间，机组连续满负荷运行，水洗周期成倍延长，过渡段已达到当量时间而未进行燃烧检查，一旦穿透便在较短时间内扩散并演变成燃烧事故。

（2）燃气轮机燃烧监测保护设计缺陷。事实证明，燃气轮机燃烧检测保护存在严重缺陷。根据多年的运行经验，如果燃烧设备发生突发性的严重偏离设计工况的情况，燃烧检测保护应能发出报警和保护动作、切断燃料。但对于一些因长期积累引起的燃烧部件缓慢损耗的事故却无法及时报警，主要原因有以下几个方面。

1）燃烧监测将排气温度作为唯一计算量，把排气温度分布作为燃烧部件及通流部件是否正常的唯一判据，虽然理论上是可行的，但实际运行中却不能完全保护设备，根本原因是没有对温度变化历史趋势进行分析。排烟温度偏差在正常范围时，初温特别是局部初温不一定正常。因此不能仅以排烟温度来判定初温是否正常、燃烧是否正常。

2）燃气轮机进气容积流量太大，反映设备状况的温度、压力等流动参数的偏差不足以反映排气端温度分布的较大变化。即使对平均值来说，也仅当透平运行正常且工况稳定时，进口和出口参数才具有对应关系。

3）燃气轮机设置的保护定值不是很合理。例如在基本工况下，通过计算其分散度大致在68℃左右，而实际运行中超过33℃的概率不大；变工况下的监测保护定值是在原稳态基础上增加111℃，工况稳定后以一定速率衰减至稳态值，而实际的情况是工况变化时排气分散度很少超过44℃。因此，这样的分散度变化不可能引起保护装置动作。

3. 事件处理与防范

日常维护应制定防止燃烧单元热偏差的技术措施，定期进行燃烧检查。对于燃用液体燃料特别是重油的燃气轮机，每隔200h的停机水洗为日常维护提供了条件。

（1）将燃料供给系统中易发生问题，作为日常维护的主要对象：

1）双螺杆泵是供油系统中的主要增压设备，转子外表涂有比较坚硬但比较脆的涂层，用于减少动静部分间隙，提高泵的效率。实际运行中多次发生涂层剥落，这些剥落的碎片很容易卡住燃油管路上的单向阀、燃油喷嘴等，导致燃油流量不均匀，也造成多次燃烧监测保护动作。

2）流量分配器的主要问题是磨损。磨损导致流量分配不均匀，测速齿轮的固定螺丝脱落和测量间隙的变化，运行中主要反应在流量显示有偏差和波动，影响了调节品质，造成机组负荷摆动大。因此应充分利用机组水洗机会定期测量测速齿轮的间隙和紧固螺丝的紧力。

3）每一燃烧单元的燃油喷嘴入口均设有单向阀，目的是当供油系统进行管线清洗时防止清洗的柴油进入通流部分。单向阀的特性（启闭压力）对燃油流量影响较大，要保证14个单向阀特性一致确有困难。可定期将单向阀放到自制的压力校验台上进行启闭压力的校验，将启闭压力相对均匀一致的单向阀集中使用。

4）燃油喷嘴的性能对燃烧系统的影响非常大。现场无法进行流量和雾化试验，但可进行严密性试验，目的是防止燃油、雾化空气互相串通。流量的偏差通过单向阀前的压力进行监视。

（2）定期进行燃烧检查。

1）目视检查。利用机组水洗后的干燥期间，对角拆卸1组或2组燃油喷嘴，对联焰管、火焰筒、过渡段和一级喷嘴进行目视宏观检查，尽早发现早期缺陷。

2）孔窥仪检查。通流部分的检查是目视检查的盲区。孔窥仪检查通常是在目视检查没有发现明显缺陷，而机组仍然存在原因不明的问题，需要对通流部分特别是一、二级喷嘴的冷却部分进行的检查。

3）按燃机标准进行检查，即计划小修。这种检查方式较为彻底，也有足够的时间进行一些简单的处理，但要事先申请。

六、逻辑设计不完善，防喘放气阀故障导致机组跳闸

某电厂为 9F 燃气轮机联合循环发电机组，2017 年 2 月 16 日，11 号机组启动组并网后，因防喘放气阀故障导致机组跳闸。

1. 事件过程

当时 11 号机组正常启动，5 时 42 分并网。6 时 02 分高压进汽；

6 时 10 分 29 秒报 "CBV BLD VLV-CONFIRMED FALURE TO CLOSE" 故障，1、2 号防喘放气阀开启；机组负荷由 88.9MW 逐渐开始下降；

6 时 45 分维护人员检查确认 1、2 号防喘放气阀控制电磁阀故障，需更换处理；

6 时 49 分运行人员手动点击 "11 号汽轮机 AUTO STOP"；

6 时 51 分 11 号机组解列至全速空载。

2. 事件原因查找与分析

热控人员检查燃气轮机保护逻辑，原有以下保护：当机组并网运行后，有一个或一个以上防喘阀未关闭，则机组自动降负荷，直至逆功率动作，发电机开关分闸。由于 6 时 10 分 29 秒 11 号机组的 1、2 号防喘放气阀控制电磁阀故障，导致保护成立，机组自动降负荷。

此次机组降负荷速率缓慢，在较长时间内（约 10min），机组负荷维持在 16～17MW，燃气轮机 FSR 最小指令为 16%，IGV 开度为 47.5°，汽轮机调节阀开度为 33%，汽轮机进汽压力约 2.758MPa（400PSI），进汽温度约 371.1（700°F）状态下，逆功率（小于 -4.8MW）动作条件一直不满足而未动作，导致汽轮机气温过低，应力加大，影响汽轮机设备安全，因此运行人员及时进行了手动干预。

因此本次事件原因，是电磁阀故障引起机组自动降负荷。但因逻辑设计不完善，自动降负荷过程导致汽轮机气温过低，应力加大引起。

3. 事件处理与防范

针对本次事件，联系厂家就逻辑优化问题进行讨论，并实施以下防范措施：

（1）在逻辑优化前，确定类似情况下，由运行人员通过手动点击 "汽轮机 AUTO STOP" 操作按钮，确保机组设备安全。

（2）9F 燃气轮机 11、12 号机组防喘放气阀控制电磁阀投运时间较长，在新采购的备件到货后，予以全部更换。

（3）做好 9F 燃气轮机防喘放气阀、清吹阀等的停机试验工作，以便及早发现、及时处理阀门故障。

七、系统软硬件匹配不当导致机组公用系统信号大面积坏点报警事件

1. 事件经过

某发电厂 5 号机组为一套西门子公司生产的 SGT5-4000F（6）型燃气-蒸汽联合循环发

电机组，机组于 2012 年 8 月 6 日完成 168h 满负荷试运行。机组采用的 DCS 系统为西门子公司基于 windows7 的 SPPA-T3000 操作系统。从机组调试阶段到 168h 试运行，到正式投入商业运营，DCS 公用系统中信号测点大面积的坏点故障报警现象始终时有发生。

公用系统信号测点发生坏点故障报警时，LCD 画面显示翻红，同时显示"B"故障（坏点故障），测点数值保持坏点发生前的正常值。从历史曲线上看，就是在发生坏点时曲线由实线变为虚线。发生故障的测点信号众多，但不是所有公用系统的测点都发生故障，通过进一步的检查，发现所有发生故障的点都分配在 AP01 控制器下，而 AP02 控制器下的测点都正常。在机组投运初期，每个故障点不一定同时变坏点，但往往比较接近同时恢复正常值，发生频率不定，但一般一周左右会发生一次故障。投运初期测点故障曲线见图 3-6。

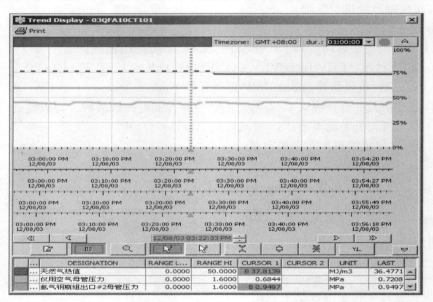

图 3-6　投运初期测点故障曲线图

到 2014 年初时，故障发生频率大为增加，一般间隔最长 15min 发生一次，且各个信号点发生故障的起止时间不确定，由于坏点发生过于频繁，发生故障时相关设备无法远程操作，严重影响了运行人员对公用系统设备的监视和操作，威胁了机组的安全稳定生产。图 3-7 是 2014 年 7 月测点故障的历史曲线图。

2. 事件原因查找与分析

（1）网线接口故障。由于所报故障类型为"B"报警，导致该报警发生的原因通常是信号测点的接线断开。如果是某一个信号发生了"B"报警，检修人员的处理方法一般是先检查该信号测点的接线是否存在问题。由于每次都是大量的测点发生"B"报警，因此不太可能是信号测点接线问题。想到的首先是通信电缆连接头故障的可能性较大。检查发现，从 AP 到服务器的网络连接为：AP—SCALANCE（下层网）—服务器，通过以太网双绞线连接。西门子公司在调试安装时所有的双绞线接线头都是现场制作，因此这是一个可疑的故障发生点。为此，重新制作了 AP01 A 侧、B 侧至 SCALANCE P01 的双绞线两端的插头，AP02 A 侧、B 侧至 SCALANCE P02 的双绞线两端的插头（当时还未发现所有故障点均来

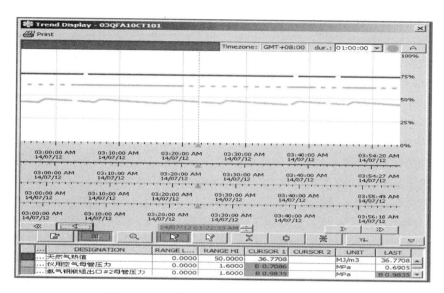

图 3-7 2014 年 7 月测点故障的历史曲线图

自 AP01)，SCALANCE P01 至公用服务器 A 层、SCALANCE P02 至公用服务器 B 层的双绞线两端的插头。通过观察，故障未消除，说明不是通信电缆的原因。

（2）信号干扰问题。排除了通信电缆接线问题，根据故障的现象，分析的第二个可能原因是信号干扰，这与德国西门子股份公司方面针对此问题给出的建议相同。

通过仔细核对，发现所有发生故障的点都分配在 AP01 控制器下，而 AP02 控制器下的测点都正常。由于 AP01 下面不仅是 03CPC01 机柜，还连着 03CPC12 机柜和调压站就地机柜通信过来的信号测点，因此首先怀疑远程机柜的信号干扰问题。但是通过西门子工程师的检查发现，在发生信号坏点故障的时候，AP01 里面的数据是完好的，所以可以排除远程机柜过来的信号存在干扰问题。因为 SCALANCE P01 和服务器之间的双绞线很短且不存在干扰可能，所以唯一存在干扰的可能部分就是 AP01 至 SCALANCE P01 之间的双绞线。AP01 所在的机柜 03CPC01 在电子室，SCALANCE P01 在 5 号机工程师站的 03CRY81 机柜，由于两者距离不是很远，大概 20m，重新敷设了一根双绞线，为避免信号干扰问题，敷设电缆时我们绕开了所有电缆桥架。通过观察，故障仍未消除，说明不是信号干扰的原因。

（3）服务器的硬件故障。既然在发生信号坏点故障时 AP01 里面的数据完好，且排除 AP01 至 SCALANCE P01 之间的通信电缆存在干扰问题，那故障的原因确定在服务器里面。通过西门子工程师进一步的检查发现，发生坏点故障时，画面显示 "B" 报警，在服务器里查询可以发现故障的原因是缓存溢出，就是内存不够用。登陆服务器，可以检查硬件的健康状况。检查后发现服务器硬件均正常，其中内存共 8GB 分两条，每条 4GB，状态显示均正常。咨询德国西门子股份公司后，答复服务器硬件故障的可能性较小，且检测状态均正常，暂时不考虑该原因。但是缓存溢出的故障原因无法解释，因为内存状态正常，且容量有 8GB，一般不存在溢出的可能。德国西门子股份公司方面给出的建议是重启服务器试试看。重启服务器后观察，故障仍会发生，重启服务器没有效果。

（4）T3000 里软件配置的问题。既然暂时先排除了服务器硬件的故障可能性，分析是否是 T3000 对 AP01 的软件配置出了什么问题。为此主要采取了以下措施：

1）AP 清除代码。将 AP01 的代码清除后重新下载离线代码，没有效果。

2）通过德国西门子股份公司工程师对比 AP01 和 AP02 的参数设置后发现，两者的 runtime container 中的一个通信方式 rtc_cm001 的选项设置不同，AP01 在该选项设置了勾选，而 AP02 为未勾选此项。因此将 AP01 的勾选去除，保存设置后，没有效果。

3）将 AP01 的 ID 号由"1"改为"4"，检测是否是程序问题，没有效果。

4）查看报警记录，逐个检查报坏点故障的信号测点，筛选出报错频率较高的测点。针对每一个筛选出的测点，检查其逻辑，在保证不影响运算的前提下，尽量延长其扫描周期，以降低程序对内存的要求。修改一遍后没有效果。

5）检查 T3000 操作系统。5 号机 DCS 系统所使用的 SPPA-T3000 系统的版本号为 04.34.00，同时使用的硬件为德国西门子股份公司生产的 S7 框架。经查询，针对硬件为 SPPA-T3000S7 框架，软件为 SPPA-T3000 04.34.00 版本的系统，德国西门子股份公司工程师专门写过一篇文章《SPPA-T3000 系统 04.34.00 版本中 S7 框架高事件率问题》（原文《High S7 event rate in SPPA-T3000 Version 04.34.00》），阐述了 04.34.00 版本的 T3000 系统可能存在的问题：在 S7 框架的硬件中安装了 04.34.00 版本的 T3000 系统后，由于存储器整数端口的问题，在 S7 的控制器中的事件率可能会增加。而控制器事件率的增加会导致服务器中内存的大量消耗，最终报出缓存溢出的故障。所以，服务器中报缓存溢出的故障是真实的，故障时 8GB 的内存真的被消耗完了。根据文章中给出的解决方案，南京西门子电力自动化有限公司工程师在原 T3000 系统上重新覆盖了一个新的 T3k_std.zip 文件，并重新下装程序。操作完成后，故障消除。

3. 事件处理与防范

通过对 5 号机公用系统信号测点大面积坏点报警故障的原因分析及处理过程的叙述，主要得到以下两点经验，可以为同类型机组的类似故障提供借鉴：

（1）针对常见的大面积信号测点报警或信号质量时好时坏的故障，通常人们考虑故障原因是通信方面问题（如通信电缆接头、信号转换器等故障）、接地不良引起的信号电缆干扰问题，而本案例中故障原因是软硬件的匹配问题，即软件的配置也可能导致类似的故障现象，这是以后再遇到类似问题需要拓展思维的一个方面。

（2）对于国外引进的设备和技术，在消化吸收方面有待进一步加强。虽然由于外国大公司的技术垄断或其他原因，无法得到完整的、系统的培训，但是对相关软硬件知识的掌握也可以通过其他的途径获得。如本案例，德国西门子股份公司工程师在 2011 年 7 月就发表了相关的文章，说明他们在此之前已经发现过了类似问题，由于其内部缺乏交流机制和及时向用户通报机制，5 号机事件从 2012 年 8 月投产到 2014 年 8 月才找到真正原因得到彻底解决，时间跨度长达两年，这是德国西门子股份公司和用户都应该吸取的重大教训。

第二节 模件通道故障引发机组故障案例

本节收集了因控制系统模件通道故障引起机组异常事件 4 起，分别为：I/O 模块故障事件、SLCC 模件故障引起多个信号<R>处理器预表决不匹配报警事件、燃气轮机模块通道过载导致压缩机变频器故障跳闸停机事件、燃气轮机 TBCA 模块坏自动停机事件。

这些案例中有些是控制系统模件自身硬件故障、有些则是外部原因导致的控制系统模件损坏。控制系统模件故障，尤其是关键系统的模件故障极易引发机组跳闸事故，应给予足够的重视。

一、I/O 模块故障事件

1. 事件经过

某燃气轮机电厂 1 号机组正常运行中，燃气轮机控制系统发 "L30COMM _ ALM"（与任一个 IO 支架通信失败），"L30COMM _ IO"（IO 支架通信故障）报警，机组未出现其他异常。

2. 事件原因查找与分析

分析报警原因有两个可能：I/O NET 模块的通信网络出现断路或某个 I/O 模块硬件故障。针对这两种可能的原因，查看各个件模块的网线接口未发现松动，查看 LINK 灯闪烁及 MARK 盘内所有 I/O 模块信号灯的颜色和状态过程，发现模件 1E4A 中 PackR（JR1）异常，导致其与控制器产生通信故障。

3. 事件处理与防范

事件后，进行了以下操作处理：

（1）断开 I/O 模块"小黑盒"电源线，重启 I/O 模块。稍等片刻检查发现未能同步。

（2）查看该模件的诊断报警，双击诊断报警号，根据解决方法提示进行操作，故障现象未能消除。注意：打开控制器诊断窗口，从 ToolboxST，打开 MARK Ⅵe Component Editor（部件编辑程序）。从 VIew 菜单上，选择 Controller Diagnostics。表决器不一致诊断当配置为 TMR 并且其任何输入与该输入的表决数值不一致超过所配置的量时，每个 I/O 组件就产生诊断报警。这个特点使用户能够发现和固定被控制系统的冗余所掩模的潜在问题。

（3）下装该模件下的所有内容，包括硬件 Firmware 等（下装时即使没有要求的项也打勾），下装完毕后仍有问题，进行模件重启，问题仍未解决。

（4）将发生故障的 I/O 模块和没有故障的模块对调，发现 I/O 模块故障，更换硬件后恢复正常。

二、SLCC 模件故障引起多个信号＜R＞处理器预表决不匹配报警事件

1. 事件经过

某发电公司 300MW 联合循环机组，燃气轮机为 2 台美国 GE 公司生产的 PG9171E 型，控制系统采用 MARK Ⅴ（TMR）。机组正常运行中，控制 SLCC 模件发生故障，曾出现多个信号＜R＞处理器预表决不匹配诊断报警现象；停机时，通过对＜R＞模块复位，可以消除这些诊断报警。但机组再次运行时，这些诊断报警又会重新出现，虽不影响机组的正常运行，但给运行人员带来潜在威胁感。

2. 事件原因查找与分析

对＜R＞处理器预表决不匹配诊断报警信号进行分类，见表 3-2。

41

表 3-2 报警信号的分类

信号逻辑名	信号输入模块和端子板	信号类别
L63WC、L63ET1H、L63EAH L63TF2AH、L63TF1H、L63QAL	<QD1>模块、DTBA	数字量输入
L45FTX1、L63QT2A、L27BN L30RHFLT、L27MC2N、L4CT	<QD1>模块、DTBB	数字量输入
L28FDA、B、C、D	<P>模块、PTBA	频率信号
SVL、DV	<P>模块、PTBA	模拟量信号
L4ETR2、L12L_P、L12H_P	<P>模块、TCEA	由<P>模块硬表决处理后产生的报警（数字量）

如表 3-2 所示，这些报警信号主要分成 3 类：①数字量输入信号；②输入<P>模块的输入信号（频率信号和模拟量信号）；③由<P>模块硬表决后产生的报警。按 MARK V（TMR）控制系统中对这 3 类信号的处理流程进行故障分析。

（1）数字量输入信号。由<QDn>数字量输入/输出模块对数字量输入/输出信号进行处理。<QDn>数字量输入信号处理流程图见图 3-8。

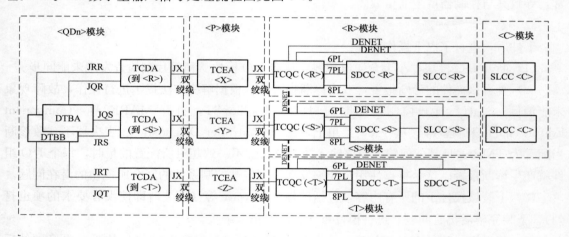

图 3-8 〈QDn〉数字量输入信号处理流程图

每一个数字量输入信号通过 DTBA/DTBB 端子板进行采样，再通过三组连接电缆（JQR、JRR/JQS、JRS/JQT、JRT）将采样值分别传送到位于<QDn>模块中的<R>、<S>、<T>模块各自的 TCDA 模件。TCDA 模件的处理器对数字量输入信号进行处理，处理后数据通过 IONET 网络连接电缆（JX）传送到由<QDn>模块 TCDA 模件、<P>模块 TCEA 模件和<Q>模块的 TCQC 模件及 SDCC 模件组成的 IONET 网络。TCDA 模件与 TCEA 模件的 IONET 连接电缆为双绞线，<Q>模块的 SDCC 模件与 TCQC 模件之间的 IONET 网络通过连接电缆（6PL/7PL/8PL）连接。SDCC 模件从 IONET 网络读取输入信号，并独立进行处理和存储。未表决信号通过连接电缆（3PL）将信号输出到 SLCC 模件，信号在 SLCC 模件中进行独立表决处理，并将表决结果传送回 SDCC 模件；同时将未表决信号输出到 DENET（数据交换网络），<C>模块通过 DENET 网络对<Q>模块的预表决前数据进行读取，任何一个<Q>模块（<R>、<S>、<T>总称）预表决数据不匹配都将被<C>模块的SDCC模件处理，并出此信号诊断报警。

（2）输入<P>模块的输入信号。输入<P>模块的输入信号分成2类：

1）电气输入信号。保护发电机线电压（DV）、发电机线电流（SLV）、发电机功率（DWATT）等输入到PTBA端子板，通过连接电缆JV将信号传送到TCEB模件，在此模件中进行信号降压、转换成三路信号，再由连接电缆JKX、JKY、JKZ分别传送到<R>、<S>、<T>各自对应的TCEA模件；同时将此三路信号通过连接电缆JJR、JJS、JJT传送到<Q>模块的TCQC模件。

2）火焰探头信号（频率信号）。输入到PTBA端子板的火焰探头信号，通过连接电缆JVA、JU与<P>模块的TCEB模件相连接，而TCEB模件再通过三组连接电缆JWX、JKX/JWY、JKY/JWZ、JKZ分别从TCEA模件（<X>、<Y>、<Z>）获取火焰探测器激励电压并将信号传送到各自TCEA模件，完成信号采集。信号通过IONET网络将信号数据传送到各自对应的<Q>模块TCQC模件中。

这两类信号进入TCQC模件后，信号处理流程与<Q>模块的数字量输入处理流程相同，任何一个<Q>模块预表决数据不匹配都将由<C>模块的SDCC模件处理，并出此信号诊断报警。

（3）由<P>模块硬表决后产生的报警。在MARK V（TMR）控制系统的<P>模块配置三块独立的TCEA模件（分别与<R>、<S>、<T>相对应），机组紧急超速保护、燃气轮机火焰探测、自动同期信号等运算方法固化在此模件的EPROM中。TCEA模件各自独立运算，并将运算结果进行三取二表决。当发生由<P>模块触发的机组跳闸时，信号通过连接电缆（JLX、JLY、JLZ）传送到TCTG模件，驱动紧急跳闸继电器（ETRs），完成机组跳闸。同时连接电缆（JLX、JLY、JLZ）将主跳闸继电器和紧急跳闸继电器的状态信号传送回TCEA模件，通过此模件对继电器状态进行监视。TCEA模件与各自处理器<Q>模块（<R>、<S>、<T>）的SDCC模件通过IONET网络进行信号交换，信号传送到SDCC模件后，处理流程与数字量信号类似。<Q>模块的未表决信号输出到DENET（数据交换网络），<C>模块通过DENET网络对<Q>模块的预表决前数据进行读取，任何一个<Q>模块预表决数据不匹配都将被<C>模块的SDCC模件处理，并出此信号诊断报警。

根据上述的数据处理流程分析，可通过排除法查找本次诊断报警信号的可能故障点。

对于<QDn>数字量输入信号诊断报警，在信号诊断报警出现时，通过MARK V预表决画面对报警信号进行检查，发现<QDn>模块的数字量信号仅仅在<R>处理器中状态与<S>、<T>不同，而<S>、<T>模块中预表决信号相同，因此基本可排除就地设备和端子板DTAB/DTBB故障。同时<R>模块处理的其他<QDn>模块的数字量输入信号无不正常，而IONET网络采用双绞线进行数据通信，如IONET网络出现故障，传送到<R>模块的输入信号应成批大量出现，因此可基本排除IONET网络组成部分的故障；同样对于DENET网络和<C>模块的数据预表决处理模SDCC而言，因为通过DENET网络传送来的<CD>模块的所有信号和<C>模块直接采样处理信号在<Q>模块中都正常，也可基本排除。可能的故障点是<R>模块的SDCC模件、SLCC模件、SDCC模件与SLCC模件之间的连接电缆（3PL）。

对于<P>模块的输入信号诊断报警，因电气输入信号和火焰探测信号在<S>、<T>

模块中预表决信号都正常、相互一致，同样可以排除就地信号和输入端子 PTBA 的数字量处理部分故障；而对于进入＜R＞模块的处理流程与＜QDn＞数字量输入处理相同，通过＜QDn＞数字量输入信号诊断报警分析，可能的故障点仍是 SDCC 模件、SLCC 模件、SDCC 模件与 SLCC 模件之间的连接电缆（3PL）。同时，电气输入信号通过连接电缆 JJR 传送到＜R＞模块，火焰探测信号在＜P＞模块通过一组连接电缆 JWX、JKX 从 TCEA 模件（＜X＞）取火焰探测器激励电压并将信号传送到各自 TCEA 模件，完成信号采集；这些连接电缆可能也存在故障，造成到＜R＞模块的采集的信号数据不正常。

燃气轮机主跳闸保护的第 2 种控制方式通过＜Q＞（R、S、T 总称）、＜P＞模块分别对主跳闸继电器（PTRs）和紧急跳闸继电器（ETRs）的控制来实现。燃气轮机的失火焰、启动设备故障、排气分散度大、超温、超速、液压系统故障等保护算法在 CSP 程序中进行定义运算。当发生由＜Q＞触发的机组跳闸时，＜R＞、＜S＞、＜T＞模块的 TCQA 模件和相对应的连接电缆(JDR、JDS、JDT)对主跳闸继电器进行控制，完成机组跳闸保护。而紧急跳闸继电器（ETRs）控制通过＜P＞模块来实现，在 MARK Ⅴ（TMR）控制系统的＜P＞模块配置有三块独立的 TCEA 模件（分别与＜R＞、＜S＞、＜T＞)相对应），机组紧急超速保护、燃气轮机火焰探测、自动同期信号等运算方法固化在此模件的 EPROM 中。TCEA 模件各自独立运算，并将运算结果进行三取二表决，当发生由＜P＞模块触发的机组跳闸时，连接电缆（JLX、JLY、JLZ）将信号传送到 TCTG 模件，驱动紧急跳闸继电器，完成机组跳闸。同时连接电缆（JLX、JLY、JLZ）将主跳闸继电器和紧急跳闸继电器的状态信号传送回 TCEA 模件，通过此模件对继电器状态进行监视。

对于＜P＞模块硬表决后产生的报警，从以上控制原理分析，可以得出＜P＞模块中可能的故障点是连接电缆（JLX、JDR）、TCTG 模件和紧急跳闸继电器（ETRs）；同时当信号传送到＜R＞模块后，处理流程仍与＜QDn＞数字量输入处理相同，通过＜QDn＞数字量输入信号诊断报警分析可得，可能的故障点仍是 SDCC 模件、SLCC 模件、SDCC 模件与 SLCC 模件之间的连接电缆（3PL）。

综合分析，此次故障可能的故障点是：

（1）连接电缆 JJR。

（2）连接电缆（JWX、JKX）。

（3）连接电缆（JLX、JDR）。

（4）TCTG 模件。

（5）紧急跳闸继电器（ETRs）。

（6）SDCC 模件和 SLCC 模件。

（7）SDCC 模件与 SLCC 模件之间的连接电缆（3PL）。而其中 SLCC 模件不仅将未表决数据传送到 DENET 网络，同时也进行数据处理。如果此模件出现故障，将使的在 DENET 网络上的＜R＞模块的信号数据故障，＜C＞模块通过 DENET 网络读取的＜R＞模块的预表决前数据与＜S＞、＜T＞模块不一致，＜C＞模块的 SDCC 模件报出信号诊断报警，SLCC 模件是最大的可能点。

3. 事件处理与防范

（1）在确定可能故障点后，在停机时对可能故障点按可能性大小逐点排检。最后查明此次故障点为 SLCC 模件，故障原因为 SLCC 模件几个电阻，因所处位置散热效果差，高温老化引起，更换 SLCC 模件后，故障消除。

（2）对于 MARK Ⅴ 控制系统各控制模块内部的连接电缆、IONET 和 DENET 网络的电缆应进行定期更换，定期检查，确保连接电缆的完好。特别是应确保网络连接电缆的完好，这样在系统出现故障时，可以将系统可能故障点局限在各控制模块中，实现快捷查找控制系统的故障点。

（3）对于 SLCC 模件的原设计中电阻布置不合理，在新型号模件中已进行改进。对于运行中的老版本 SLCC 模件，加强日常维护和通风散热，避免同样故障的再次发生。

三、燃气轮机模块通道过载导致压缩机变频器故障跳闸停机事件

1. 事件经过

某燃气轮机电厂机组正常运行，6 月 15 日机组燃气轮机负荷 192MW，天然气压力 3.7MPa。12：18，压缩机变频器事故跳闸，同时断开变频器高压开关，天然气压力下降到 3.1MPa 报警；12：19，当天然气压力下降到 2.7MPa 时，1 号燃气轮机因天然气压力低跳闸。经检修人员停电后对就地控制柜的所有 I/O 模件从 PLC 槽架上拆卸下来，使用压缩空气进行吹扫后再安装好各 I/O 模件。1 号燃气轮机组按中调令于 16：25 并列。

2. 事件原因查找与分析

检查事故追忆，压缩机跳闸时，几乎同时发出 3 个报警信号，顺序为"ZF 2080 Discrete Output Module Channel 1 Overload Fault"（过载报警）、"External Watchdog Fault"（看门狗故障）、"Fast Stop Latch"（快停压缩机），从 PLC 逻辑中输出的此 3 个信号均会导致压缩机跳闸（但不会断开变频器高压开关）。

和厂家技术人员共同对逻辑进行检查确认，索拉压缩机控制系统逻辑设计采用了"看门狗"保护：即当 PLC 内部逻辑检测到控制器运行异常时，会通过模块 ZF 2080 通道 1 的输出和继电器构成的外部回路，驱动压缩机跳闸，并断开变频器高压开关。但这种设计在模块 ZF2080 通道 1 过载时，同样会通过外部继电器构成的驱动回路导致压缩机跳闸，同时断开变频器高压开关，并发出事故追忆中上述 3 个报警信号。

根据以上分析，确定为模块 ZF 2080 通道 1 过载，引起压缩机变频器事故跳闸，断开变频器高压开关。ZF 2080 通道 1 信号为单一信号未冗余配置，通道过载或该通道损坏，都将造成停压缩机，最终导致停机组。

事件暴露问题：本厂专业人员未能很好掌握控制系统技术，需加大培训力度。

3. 事件处理与防范

针对本次单一保护信号配置的模块 ZF 2080 通道 1 过载引起的事件，提出以下处理与防范措施：

（1）由厂家技术人员对压缩机控制系统逻辑进行修改升级。

（2）制定技术改造方案，在另一模件上选取一个通道，增加通道冗余，避免由于模件本身硬件故障导致通道过载。

（3）利用设备停运期间，热控专业和电气专业共同进行压缩机变频器保护信号传动试验，确认保护信号接线无误。

（4）利用设备停运期间，使用压缩空气对就地控制柜进行吹扫。

四、燃气轮机 TBCA 模件坏自动停机事件

1. 事件经过

某燃气轮机机组 MARK Ⅴ 控制系统 18:47:28 发报警："发电机定子温度高高报警""重油温度高高报警""发电机热风温度高高报警""发电机冷风温度高高报警"。机组快切轻油，立即检查 3 号发电机定子温度均为 430 多℃，冷、热风温度均为 390～410℃，WTTL1、WTTL2、ATTC1、ATLC1、LTOT、LTOT1、LTOT2、FTH、FTHH、FTD、FTL 均显示不正常，数值在 415℃左右，到现场检查重油回油温度及重油加热器出口温度均在正常值内（121℃左右）；检查机组的有功、排气温度、CPD、CTD、FQL1、FSR 等均正常。

18:47:28，3 号燃气轮机进入自动停机程序；

18:56，4 号机解列；临界：4 号瓦振 37.7μm，转速 1441r/min；轴承 3X 方向，振动 122μm，转速 1652r/min。19:10 转速到 300r/min，19:35 转速到 0，投盘车，惰走 41min。

2. 事件原因查找与分析

故障原因是重油温度高，机组快切轻油；发电机热风温度高，燃气轮机进入自动停机程序。

发现故障后令 3 号机值班员到就地检查重油回油温度，无异常。在 MARK Ⅴ 上检查燃气轮机无其他情况，令汽轮机按正常程序降负荷停机，同时将情况汇报调度，申请紧急停机处理，获许可。

停机后，检查 3 号发变组保护柜，母线保护柜，出线保护柜，故障滤波上均无异常报警。20:10 检修赶到现场，检查发现 TBCA 模件坏。由此判断本次事件因 TBCA 模件损坏引起，而 TBCA 模件损坏原因可能与雷击有关。

3. 事件处理与防范

事件后，因 TBCA 模件无备件，无法处理，联系 X 电厂借用 TBCA 模件后在观察结果。此外采取了以下防范措施：

（1）现场设备应加强防雷和抗干扰措施，必要区域应加装防雷击保护部件。

（2）重要相关模件应有备用。

第三节 控制器原因引发系统运行异常案例

本节收集了因控制器原因引发的故障事件 3 起，分别为：9E 燃气轮机升级改造后因控制器异常导致燃气轮机机组跳闸事件、控制器多次异常切换、控制器任务分配不均衡隐患的处理。

控制器作为控制系统的核心部件，虽然大都采用了双冗余配置，然而控制器异常、主控制器的掉线、主副控制器之间的切换等异常却很容易引发机组故障。尤其是主重要设备所在的控制器，一旦故障处理不当，导致的将是机组的跳闸。

一、9E 燃气轮机升级改造后因控制器异常导致燃气轮机机组跳闸事件

1. 事件经过

某燃气电厂，在役容量两套 183.4MW 燃气-蒸汽联合循环发电机组。每套联合循环机

组安装 1 台 PG9171E 型燃气轮机、1 台余热锅炉和 1 台蒸汽轮机发电机组。

2010 年对两套燃气轮机进行了技术改造，通过将燃气轮机燃烧室升级改造为预混燃烧方式的燃烧室，有效降低了 NO_x 排放并提高燃烧部件的寿命；以及将 MARK Ⅴ 控制系统升级为 MARK Ⅵe 控制系统，包括控制器、I/O 网络以及 I/O 模块三个主要的部件，见图 3-9。

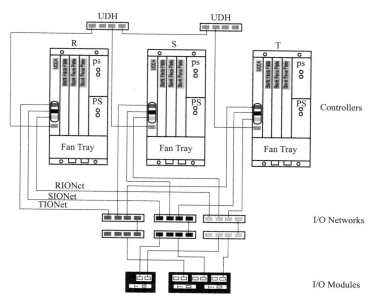

图 3-9　MARK Ⅵe 控制系统

而 MARK Ⅵe 控制器是一个运行应用程序代码的单板。控制器通过板载网络接口与 I/O 包通信。控制器操作系统（OS）是 QNX® Neutrino®。控制器为网络提供所有冗余输入数据。这个硬件体系结构和相关的软件体系结构能够确保当控制器因为维护或维修而断电时不会丢失任何应用程序输入点数据。

在三重冗余模块（TMR）系统中的控制器分为 R、S、T 型。R 型和 S 型在双重系统中，而 T 型在单一的系统中。每个控制器都有一个 I/O 网络（IONet）。例如：R 型控制器通过 R 型 IONet 把输出信号发送到 I/O 模块。在正常操作过程中，每个控制器都从所有网络的 I/O 模块接收输入信号，选择表决 TMR 输入，执行应用程序运算（包括选择尚未表决的传感器），把输出发送到自己网络的 I/O 模块，最后在控制器之间发送数据实现同步化。这个过程所用的时间称为"帧"。TMR 控制设备采用了"三选二"的表决方式，能够在出现单一故障的情况下始终保证选择一个有效数值。

在一次机组满负荷运行中，5 号机带基本负荷 100.7MW，6 号机双压带 61.3MW 运行正常。11:00:30，燃气轮机 MARK Ⅵe 控制系统的 R 控制器故障，保护转速测速探头 77HT-2（属 S 控制器控制）工作不稳定；11:00:49，后备保护 L5CMPST_TRP 动作，引起主保护回路 L4T 动作，燃气轮机遮断跳闸。

机组跳闸后，值班员按照事故跳闸相关规定对机组进行善后处理。11:40，检查故障报警已消失，启动条件已具备；11:43，重新启动 5 号机；12:02，机组转速在额定转速为 68％时，1 号轴承的测量值 BB1 和 BB2 的振动值高达 25mm/s，被迫进行手动停机。经现场检查和停机时的振动高分析，轴系没有问题，采取延长低速盘车时间和点火状态下暖机时间的措施，13:33，5 号机再次启动成功，运行正常。

2. 事件原因查找与分析

专业人员接通知后即进行检查，发现：

（1）11:03 燃气轮机控制系统 R 控制器的所有模件有重新复位的痕迹，R 控制器的多个模件发出过诊断报警，而 11:13，还有 1D1A 的 PPDA 模件、1C4A 的 PTUR 模件和 1A2A 的 PCAA 模件故障存在。

（2）跳闸前系统发出过 125V 直流电压低和接地报警。检查 110V 直流供电电压正常，控制系统 MARK Ⅵe 所需的 3 组 28V 电源工作正常，R、S 和 T 控制器逐一检查通信正常。

从（1）3 个模件信号连接共同点为 R 控制器，初步判断故障点为 R 控制器，在处理过程中对该 3 个模件同一控制器（R 控制器）停电后再送电，3 个模件逐步工作正常。

检查 MARK Ⅵe 控制系统未发现异常，电源回路工作正常。

当晚停机后更换 R 控制器，并检查电源供给回路工作正常；停 R 控制器电源，试验模件诊断报警和其他相关报警，确定了电源 125V 直流电压低和接地报警问题。还做了如下试验：

（1）高速盘车状态下停 R 控制器和 R 控制器电源，机组后备保护 L5CMPST _ TRP 未动作，主保护 L4T 未动作。

（2）在选择燃气轮机点火（FIRE）模式下，停 R 控制器电源，机组后备保护 L5CMPST _ TRP 未动作，主保护 L4T 未动作。

（3）在选择燃气轮机空载全速模式下，停 R 控制器电源，机组后备保护 L5CMPST _ TRP 未动作，主保护 L4T 未动作。

从以上三个试验可以看出，只有 R 控制器故障不会引起机组后备保护动作，机组三冗余设计在实际工作中动作可靠。

鉴于后备保护信号为保护模件发出，检查保护模件所有输入信号未发现异常，检查系统和发电机电压信号接线可靠；保护转速信号 HT-2 电阻达 1000Ω，正常电阻应为 230Ω，属工作不稳定状态，该探头在停低速盘车后更换。

经过对燃气轮机主保护 L4T 没有触发的信号分析，得知导致机组跳闸的不是逻辑信号的跳变，而是 MARK Ⅵe 控制系统本身故障引起；通过对故障原因的分析可以了解到后备保护 L5CMPST_TRP 的动作情况。按 MARK Ⅵe 控制系统设计原理，R 控制器故障不应该引起后备保护 L5CMPST_TRP 动作。而跳闸前多个模件诊断报警且部分恢复正常的现象，其故障点应在控制器和模件的电源供给这两部分，分析如下：

如果电源回路工作不正常，其原因可能是：从当晚停机试验来看，可确定电源 125V 直流电压低和接地报警可能为误报警，而该报警只有 R 控制器监控，且发生在 R 模件诊断报警之后。只有 R 控制器的控制模块多个诊断故障，S 和 T 控制器的控制模块无相关诊断报警。

在跳闸前 19s，即 11:00:30，系统同时发出 L64D 和 L27DZ 报警；正常的电源供给为 +65V 和 -65V，其中 L64D 报警为正负端有一端的电源绝对值低于 30V，L27DZ 报警为电压小于 90V。只有电源真实值小于 90V 时才会出现 L64D 和 L27DZ 同时报警，导致该异常有以下几种可能：

（1）电气输出到 MARK Ⅵe 控制系统 125V 直流电压异常，从电气检查看，其输出电压可靠，排除该种可能性。

（2）电气接线输出到 MARK Ⅵe 控制系统的电缆两端接地；从当前的情况分析可能性很小，在停止低速盘车后 MARK Ⅵe 停电时绝缘检查良好。

（3）若各电源接线端子松动，则导致电压异常。但从当时及晚上停机后检查看，所有接线正常，可排除该种可能性。

（4）MARK Ⅵe 控制系统 110V 滤波器工作、电源分配盘和 28V 直流电源不稳定，从后期工作状态看，基本可以排除这种可能性。

针对 R 控制器工作异常的情况，已做更新处理。

从当晚停机后多个模式下停运 R 控制器和 R 控制器电源，机组不会发出后备保护 L5CMPST_TRP 动作信号，可确定燃气轮机 MARK Ⅵe 控制系统的三冗余设计满足要求；也可得出转速探头 HT-2 属于工作不稳定，但尚未完全损坏，若存在稳定性故障，在停运 R 控制器时，后备保护将会动作。当前运行状态时 HT-2 测量也正常。

只有在 R 控制器和 HT-2 同时故障的情况下，后备保护 L5CMPST_TRP 才会动作。

综合以上分析，可以得出本次跳闸的原因是：在 R 控制器故障的情况下，因保护转速 77HT-2 工作不稳定导致跳闸。

3. 事件处理与防范

改造后的 MARK Ⅵe 控制系统为非标准设计，控制柜内工作温度高，使各硬件故障率偏高。

燃气轮机转速测速探头除大修时更换外，一般采用状态检修。

燃气轮机满负荷跳闸后，缸体温度高，易造成因冷却不均致缸体变形，特别是燃用天然气后，冷拖清吹时间延长，进一步加剧缸体的冷却不均匀，跳闸后再次启动易造成整个轴系振动值升高情况发生。

为此采取如下措施：

（1）针对燃气轮机 MARK Ⅵe 系统控制柜使用中温度较高，更改控制柜的通风设计，在控制柜边增加一台空调，以降低控制柜内温度，减少硬件故障发生率。

（2）增加 MARK Ⅵe 系统控制柜内温度监测报警，在燃气轮机操作画面中增加控制柜温度显示。并将控制柜内温度引入硬光字牌，加强柜内温度监视。

（3）对燃气轮机测速探头的维护检查，从定期大修检查改为季度的定期检查工作，每三个月定期检测转速探头的电阻值，如超过 250Ω 将分析原因并做可靠的消缺处理，有效减少机组设备非计划停运的发生率。

（4）要求 GE 公司，对控制器进行优化或更换，提高控制器可靠性。

（5）针对燃气轮机运行中发生紧急跳闸的再启动情况，下发运行通知规定，燃气轮机满负荷跳闸后 1.5h 内禁止启动，在 1.5～4h 的时段内启动时，应在 FIRE 状态点火暖机 10min 后再选 AUTO 状态进入启动程序，减少缸体冷热不均产生的振动升高情况发生。

二、控制器多次异常切换

1. 事件经过

2015 年 1 月，1 号燃气轮机 B 级修后机组正常运行中，燃气轮机 MRAK Ⅵe 控制器出现多次切换情况：1月2日05:23，机组运行正常，R控制器切换至S控制器主运行，其他两个控制器正常。检查逻辑内为R控制器通信数据异常。主复位后L30CSHB_Q_ALM报警消失。

1月15日12:58，机组运行正常，S控制器切换至T控制器主运行，其他两个控制器正常。主复位后L30CSHB_Q_ALM报警消失。

1月20日11:54，机组运行正常，T控制器切换至S控制器主运行，其他两个控制器正常。主复位后L30CSHB_Q_ALM报警消失。

切换以后现场所有报警复位，将报警置位为当前时间。

2. 事件原因查找与分析

咨询GE公司，回复该现象国内机组未出现过，提供一些检查方案：主控制器的切换和报警，可能由控制器故障、交换机故障及通信故障等原因导致。在控制器报警前，有IO的sensor报警，确认是RST哪路信号报警，如一直是R路信号报警，考虑R控制器和IO交换机及网络故障。如报警不集中，RST主控来回切换，则考虑安奈特交换机通信故障。检查安奈特交换机是否有报警，因机组A修刚刚结束，需要确认网络电缆及交换机的级联电缆是否连接好。如果机组没有运行，也可以将三个控制器连接到一个网络交换机上试验。

控制器的故障可能由以下三个原因引起：

（1）指定控制器。尽管3台控制器R、S和T含有相同的硬件和软件，但所执行的某些功能是唯一的。单一指定的控制器可执行下列功能：

1）在启动时向其他两只控制器提供初始化数据。

2）保持主站时钟。

3）如果1台故障，该故障控制器向其他控制器提供变量状态信息。

对决定哪个控制器为指定控制器而言，各控制器以加权算法提名自己。在控制器中表决提名值并使用多数票值。如果打成平手或没有多数票，则优先级为R，然后S，最后T。如果所有控制器相等的话，当一个指定的控制器断电后再加电，该指定控制器提名会移走且不复原，这就确保切换指定控制器不会自动重选。

（2）控制器硬件故障。

（3）控制器CF闪存卡故障。

3. 事件处理与防范

（1）查看控制器的信号灯，如无异常，可以排除控制器的硬件故障。

（2）判断故障可能发生在CF卡上。先将CF重新写入，如果故障仍然存在，则需更换CF卡。CF卡写入数据及更换步骤如下：

1）从COMMAND PREMPT中获取控制器R、S、T的IP，并通过ping对应控制器闪存的IP地址检查其网络连接情况。

2）断开控制器电源，取出CF卡，将CF卡插入读卡器（MARK Ⅵe专用），然后插入到HMI电脑中的USB，再打开TOOLBOXST，选择相应机组（如：G1），在标题栏选Device，选Device下拉的Download-Controller Setup，弹出的画面选NEXT，接着选择Format Flash（格式化闪存，并写入IP），选择后点NEXT。点Scan，扫描闪存卡，读取闪存卡后，选择需要写入IP的控制器类型：R、S、T（如：选择R），接着点Write，把IP及相关信息写入到闪存卡中去，将数据写入闪存卡，写入完成后，点Finish。

（3）闪存卡写入工作完成后，把对应控制器（需要更换闪存卡的控制器）断电，插入闪存卡，然后送电。

（4）最后在线进行程序下装。

（5）下装完成后，再重新下装一次以检查下装情况。

更换 CF 闪存卡，并重新写入下装后，控制器恢复正常。

三、控制器任务分配不均衡隐患

1. 事件经过

某燃气轮机进行＜RST＞控制器安全性检查时，发现控制器任务分配不均衡，存有潜在的不安全因素。主要表现在以下两个方面：

（1）燃气轮机有 3 个点的燃气温度和吹扫空气温度，其中有两个点分布在＜S＞控制器内。

（2）2 台 88TK 及 88BN 风机的运行反馈信号都位于＜T＞控制器内。

2. 事件原因查找与分析

根据燃气轮机的控制逻辑分析，测点如果分配不均衡，可能会出现以下故障：

（1）燃气轮机控制器有 3 个点的燃气温度和 3 个点的清吹空气温度，其中有 2 个点分布在＜S＞控制器内。如果＜S＞控制器故障，会造成燃气温度和清吹空气温度信号变为 0 或者异常，燃气轮机将由于燃气温度变为 0 或异常，而迅速加/减负荷，或者快速切换燃烧方，会造成燃气轮机分散度大或熄火。

（2）2 台 88TK 及 88BN 风机的运行反馈信号都位于＜T＞控制器，一旦＜T＞控制器故障，将造成 88TK 及 88BN 风机"假"跳闸，若超过 10min，将触发燃气轮机自动停机程。

3. 事件处理与防范

为了防止故障发生，热控专业人员修改了燃气轮机 MARK Ⅵ的 m6b 文件，将上述测量信号重新分配到其他控制器，使 MARK Ⅵ三重冗余功能得到充分应用，以提高机组安全可靠性。

第四节　网络通信系统故障案例

本节收集了因网络通信系统异常引发的事件 9 起，其中因交换器原因导致控制系统运行异常或机组跳闸事件有 5 次、因通信参数设置不合理导致燃气轮机增压机入口管线气动阀跳闸 1 次、因 DCS 系统通信网络故障引起 2 次、因燃机控制系统现场信号传输衰减引起 1 次。

这些事件中，有设备安装方式及运行环境温度因素，有控制系统内核不完善相关，也有因控制阀 2 的 R 和 T 控制器两组线圈电缆虚接或通信参数设置不合理引起，反映了网络通信设备异常引发的机组故障事件多样化，应引起热控人员对网络通信设备可靠性的关注。

一、燃气轮机 MARK Ⅵ因交换器原因导致机组跳闸

1. 事件经过

2011 年 5 月 1 日 07：00，某厂 2 号燃气轮机、3 号汽轮机一拖一正常运行，负荷分别为 2 号机 170MW、3 号机 100MW，主蒸汽压力 5.97MPa，温度 558℃，流量 239.9t/h，再热蒸汽压力 0.99MPa，温度 553℃。07：47：34，运行人员发现 2 号燃气轮机突发"燃气轮机压

气机进气温度偏差大""VA13-1 故障报警""＜R＞处理器 VCMI 诊断报警""＜S＞处理器 VCMI 诊断报警""＜T＞处理器 VCMI 诊断报警""排气热电偶通信故障"等一系列报警，07:47:45，2 号燃气轮机跳闸，联跳汽轮机。

2. 事件原因查找与分析

(1) 事件原因查找。热控专业人员通过 SOE 分析确定跳机时间为 07:47:34。跳机直接原因为 2 号燃气轮机 MARK Ⅵ控制系统通信故障引起。随后对跳机时的 SOE 记录进行分析，在 07:47:34，MARK Ⅵ控制器发出"ALM VCMI IO STATE EXCHANGE FOR＜R＞FAILED"报警。初步判断跳机原因为 R 控制器的 VCMI 通信模件通信异常，导致数据交换失败引起。

检查 VCMI 控制模件诊断报警，发现在 07:47:53，该模件发出 125V 控制电压越限诊断报警（125V bus ground＝26.73 Volts is outside of limits），但现场检查该电源输出电压正常，MARK Ⅵ控制系统也不存在直流接地现象。分析可能原因为 R 处理器电源转换模块元器件性能不稳定，瞬间输出高电压和浪涌电压、浪涌电流导致 VCMI 模件瞬时失效。

2011 年 5 月 2 日 07:00，完成对 R 处理器 VCMI 通信模件和电源转换模块的更换及程序重新下载，检查 MARK Ⅵ控制系统工作正常。对 2 号机 MARK Ⅵ控制系统与本次故障相关的所有信号线和电源线进行检查，未发现异常。

(2) 事件原因分析。南京燃气轮机研究所 MARK Ⅵ专家和电试院热控人员现场进行了分析，初步判断跳闸原因为 2 号 MARK Ⅵ控制系统的 R 处理器电源转换模块工作不稳定，或是 VCMI 通信模件连接出现不正常，导致 IOnet 网络通信发生异常，但是引起通信模件软故障的根本原因尚不能有效确定。

2011 年 5 月 25 日，GE 公司专家到厂进一步进行了检查分析，进行了故障报警信息的分析、电源回路检查、模拟直流接地故障、同轴通信电缆检查等工作，检查中更换了 UCVE 模件。最终未能明确故障直接原因，建议应尽早更换 IIONET 的同轴通信电缆。

(3) 存在问题。

1) MARK Ⅵ控制系统内核可能不完善。按照 GE 公司三重冗余设计的初衷，＜R＞控制器发生通信故障应该能够继续运行，应不至于导致燃气轮机跳闸。GE 的 MARK Ⅵ控制系统可能存在设计缺陷，在某些特定情况下，通信方面不能做到真正冗余。下一步要再联系控制系统制造商 GE 公司做出解释。

2) 在 07:47:53，该模件发出 125V 控制电压越限诊断报警（125V bus ground＝26.73Volts is outside of limits），2 号燃气轮机 R 处理器控制电源转换电源模块存在工作不稳定状况，可能瞬间产生浪涌电压。但 GE 公司初步分析认为 VCMI 模件故障，下一步将该模件送 GE 公司检查。

3. 事件处理与防范

(1) 更换 R 控制器的 VCMI 通信模件和 R 控制器电源模件。

(2) 根据目前国内对 MARK Ⅵ控制系统的技术掌握情况，还难以对此类故障的深层次原因能够做出准确的判断，将联系 GE 公司查找 MARK Ⅵ控制系统通信不稳定原因。

(3) 将通信模件（VCMI 模件）送往 GE 公司进行检测，确认是否软故障损坏以及找出损坏原因。

(4) 检查控制器电源模件工作特性。

二、9E 燃气轮机 MARK Ⅵ I/O 模件离线诊断报警故障处理

1. 事件经过

2004 年，深圳捆绑招标一批燃气-蒸汽联合循环机组，采用的是 GE 公司的 PG9171E 燃气轮机、哈尔滨汽轮机厂的 N60-/5.6/0.56/527/255 汽轮机、杭州锅炉厂的 Q1153/526-173.6(33.9)-5.8(0.62)/500(254.8) 余热锅炉，控制系统采用 MARK Ⅵe。为满足电网的实际需求，9E 机组通常作为调峰机组使用，采用两班制运行方式。近期，9E 燃气轮机 MARK Ⅵe 控制系统发生部分同型号的安奈特交换机故障，威胁到了机组的安全运行。

2015 年 2 月 25 日，A 电厂 1 号机 MARK Ⅵe 控制系统出现一次多个 I/O 模件离线的诊断报警信息，1s 后报警复归正常状态；2 月 28 日 02:19 至 12:00 之间再次出现多个 I/O 模件离线诊断报警信息，均在 10s 内复归正常。根据报警信息，初步判断 MARK Ⅵe 柜内交换机存在运行不稳定的故障隐患。

2. 事件原因查找与分析

MARK Ⅵe 控制系统网络主要分为 3 层，分别为全厂数据高速网 PDH(PLANT DATA HIGHWAY)、单元数据高速网 UDH(UNIT DATA HIGHWAY) 和 I/O 控制层（I/O NET）。其网络结构和 I/O NET 网络结构分别见图 3-10 和图 3-11。下面重点关注交换机，位于 I/O 控制层，其作用是在控制器与各种 I/O 模件之间建立数据通信。交换机位于控制柜右侧上方，3 台交换机安装间隔 2.5cm。交换机安装详见图 3-12。

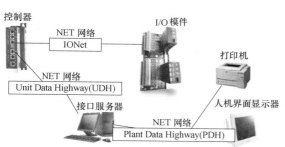

图 3-10　MARK Ⅵe 控制系统网络结构　　　　　图 3-11　I/O NET 网络结构

检查报警信息涉及的测点信号，共同点在于均处于 S 处理器网络回路，且信号汇总在同一台网络交换机（SW-2S）上。通过对回路检查，各 I/O 模件供电系统为独立方式，供电电压稳定，网线连接牢靠；各模件网络状态指示正常；模件背板网络端口接触正常；各模件汇总的"SW-2 S"网络交换机工作状态指示正常。模拟测试中，发现当"SW-2 S"网络交换机断电时，报警信息涵括了之前发出的所有诊断报警信息。故判定问题根源在"SW-2 S"网络交换机工作状态不稳定，引起下游设备通信异常。

2 月 28 日，在 1 号机盘车停运状态下，执行燃气轮机所有辅机转手动控制及做好防止控制系统重启引起设备误动等安全措施后，对"SW-2 S"网络交换机进行更换。更换该交换机后，系统恢复运行至今未再出现相关诊断报警信息。交换机位置见图 3-13。

3. 事件处理与防范

针对安措要求和检修经验，应及早采购交换机的备件，燃气轮机 MCC 间的温度应严格控制在 21℃以下，每天巡检应测量交换机侧面、正面温度并做好记录。

图 3-12 交换机安装图   图 3-13 交换机位置

（1）交换机安装间距优化。考虑到设备安装方式及运行环境温度因素有密切联系，对原 CO_2 控制柜的导轨进行加工、改良，将交换机的间隔由 3cm 调整 7.5cm，交换机最高运行温度由原 58℃下降至 55℃，见表 3-3。间距优化前后对比见图 3-14。

表 3-3 交换机间距优化后表面运行温度

间距优化前后	交换机间距（cm）	温度最高值（℃）	温度最低值（℃）	温度平均值（℃）
间距优化前	3	58	43	46
间距优化后	7.5	54	38	43

（2）加装交换机冷却风扇。MARK Ⅵe 系统控制柜内原通风冷却方式为底部通过风扇送风，上部热风自然排放，冷却效果不满足柜内设备运行要求；为增强柜内冷却通风效果，通过在上部热风自然排放口加装抽风风扇，提高通风风量，从而提高冷却效果。交换机最高运行温度由原 55℃下降至 50℃，见表 3-4。冷却风扇安装位置见图 3-15。

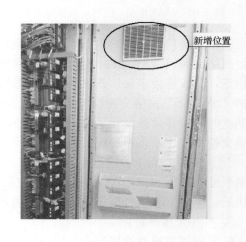

图 3-14 交换机间距优化前后   图 3-15 交换机冷却风扇安装图

表 3-4　　　　　　　　　　交换机加装冷却风扇后表面运行温度

加装风扇前后	温度最高值（℃）	温度最低值（℃）	温度平均值（℃）
加装风扇前	54	38	43
加装风扇后	50	35	38

（3）制定交换机温度巡检记录表。为加强对燃气轮机 TCC 间和网络交换机的温度控制，制定了燃气轮机交换机巡检记录表，一日两巡，加强燃气轮机重要控制部件的监视和管理。

三、9E 燃气轮机控制系统交换机故障导致燃气轮机跳机事件

1. 事件经过

某燃气发电公司的 2 号机组为 9E 燃气轮机联合循环机组，燃气轮机采用的是 GE 公司生产的 PG9171E 型燃气轮机，控制系统为 MARK Ⅵe 系统。该控制系统采用的是重要信号三冗余设计，具有较高的可靠性，正常情况下，单路故障不会影响正常运行。本次故障即是 S-PACK 故障与其他隐患同时触发引起。

2015 年 3 月 13 日，某燃气轮机 B 电厂燃气轮机基本负荷运行，负荷 108.2MW，余热锅炉汽轮机双压运行，负荷 61.3MW。晚上 19:40:34.659，燃气轮机 MARK Ⅵe 控制系统发 L86GCVST_ALM 报警，即燃气轮机控制阀 2 没有跟随报警，随后 19:40:34.699 主保护回路 L4T 动作，燃气轮机遮断跳机。

2. 事件原因查找与分析

专业人员于 19:55 时赶到现场，通过查看报警记录，发现燃气轮机遮断出口为 L86GCVST，见图 3-16。

2015-03-13T19:40:34.781	G2	Event	NORMAL	Event	G2.L4	G2.L4
2015-03-13T19:40:34.781	G2	Event	NORMAL	Event	G2.L20FGX	G2.L20FG
2015-03-13T19:40:34.781	G2	Event	NORMAL	Event	G2.L20CBX	G2.L20CB
2015-03-13T19:40:34.781	G2	Event	NORMAL	Event	G2.L3GCV	G2.L3GCV
2015-03-13T19:40:46.687	G2	Diag	NORMAL	Diagnostic	G2.PPRO-28.99.59.S	G2.PPRO-
2015-03-13T19:40:34.703	G2	Event	ALARMED	Event	G2.L4T	G2.L4T
2015-03-13T19:40:34.656	G2	LVL_1	ALARMED	Alarm	G2.L86GCVST_ALM	G2.L86GC
2015-03-13T19:40:46.937	G2	Diag	NORMAL	Diagnostic	G2.PTUR-29.32.32.S	G2.PTUR-
2015-03-13T19:40:46.937	G2	Diag	NORMAL	Diagnostic	G2.PTUR-29.7.7.S	G2.PTUR-
2015-03-13T19:40:47.687	G2	Diag	NORMAL	Diagnostic	G2.PDIO-40.7.7.S	G2.PDIO-
2015-03-13T19:40:47.437	G2	Diag	NORMAL	Diagnostic	G2.PDIO-39.7.7.S	G2.PDIO-
2015-03-13T19:40:45.687	G2	Diag	NORMAL	Diagnostic	G2.PDIO-22.7.7.S	G2.PDIO-

图 3-16　遮断出口报警记录

查看燃气轮机控制阀反馈趋势图（见图 3-17），发现 2 号控制阀反馈信号 FSG2 于 19:40:28.6 开始关小，到 19:40:30.5 全关，19:40:34.659，燃气轮机 MARK Ⅵe 控制系统发 L86GCVST_ALM 报警，即燃气轮机控制阀 2 没有跟随，在 19:40:34.705 时，主保护回路 L4T 动作，燃气轮机遮断跳机。

检查发现 S 交换机模件有重新复位的痕迹，且 MARK Ⅵe 控制柜内温度较高，故障原因为系环境温度高，导致 S 交换机通信异常，自动重启，导致 2 号控制阀没有跟随跳机。打开控制柜门，柜内环境温度降低后，S 交换机工作恢复正常，随后检查燃气轮机控制系统无异常，对 2 号控制阀进行拉阀试验，动作正常。于 20:51 汇报调度，故障处理完毕，燃气轮

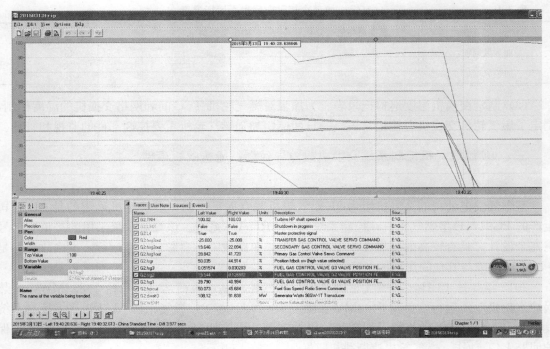

图 3-17　燃气轮机控制阀反馈趋势图

机具备正常启动条件。

打开 TOOLBOXST，发现 MARK Ⅵe 控制系统 S 交换机的所有模件有重新复位的痕迹，打开 MARK Ⅵe 控制柜检查模件，发现柜内温度较高。

进一步检查发现 19：40：29.5 控制器通信停止，R 及 T 控制器与 S 交换机通信丢失；于 19：40：41.6 报警复归，通信恢复。判断 S 交换机因环境温度高导致通信异常，随后自动重启。

进一步查看遮断趋势图，发现 TTXD2、TTXD5、TTXD8、TTXD11、TTXD14、TTXD17、TTXD20、TTXD23 及 DWATT2 于 19：40：28.5 开始降低，到 19：40：29.5 均降到 0，到 19：40：34.5 恢复正常，而以上信号均在 1A2A 模件上，连接交换点为 R 交换机，报警信号触发时间符合趋势图，见图 3-18～图 3-20。

排除坏点分析，发现 DWATT1、DWATT3 于 19：40：29.5 开始，到 19：40：30.4 负荷由 108.1MW 降至 86.5MW，此时 2 号控制阀反馈由 17％降至 0.1％。在此时间段内，FSR 微有上升，速比阀有所开大，VGC-1 略微关小。说明此阶段内负荷降低与实际进气流量降低有关，再结合 VGC-1 及 2 号控制阀的动作情况，证明 2 号控制阀实际动作情况为全关，2 号控制阀反馈显示正确。其中，2 号控制阀伺服输出信号由 -8mA 降至 -43mA，变化极大，见图 3-21。

检查 2 号控制阀伺服输出信号 fag2，此信号也在 1A2A 模件上，伺服电流通过 PACK R、PACK S、PACK T 分三路输出到 2 号控制阀伺服阀，分别驱动三路伺服线圈，见图 3-22。按照 GE 公司设计和现场试验效果，三路线圈均能独立工作，驱动伺服阀动作，按照日常检查，一组线圈动作时，2 号控制阀阀门动作相对迟缓。S 交换机故障时，S-PACK 输出

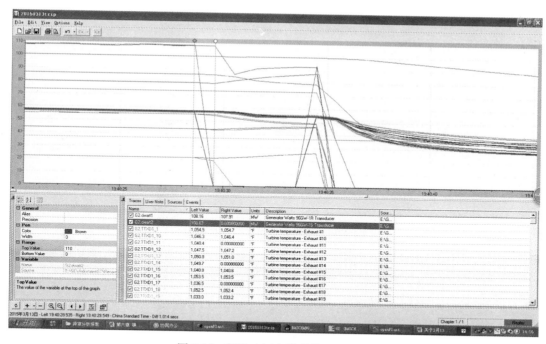

图 3-18　部分 1A2A 模件信号趋势图

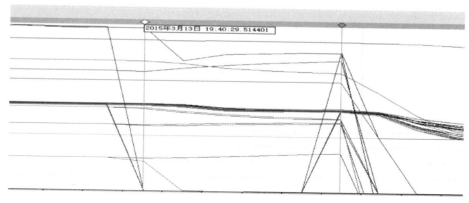

图 3-19　信号异常开始时间趋势图

故障，如果另两路工作正常，将不影响阀门动作，不会跳机。

为验证以上结论，特做了如下试验验证工作：

（1）停止 S 交换机运行，2 号控制阀动作试验异常，开启时波动大。

（2）更换 S 交换机，单独试验 2 号控制阀的三个线圈，只有 S 控制器的控制线圈工作正常，R 与 T 控制器线圈工作不正常。

（3）检查 2 号控制伺服阀三组线圈接线回路，发现就地端子接线盒 4 号线与 5 号线虚接（带着电缆外皮接入），导致通电效果不好（该线为 GE 公司自带）。

注：按照 GE 公司设计原理，R、S、T 三种信号内部自检查表决，其余两路信号值偏小，但仍在正常范围之内，故没有通道诊断报警。

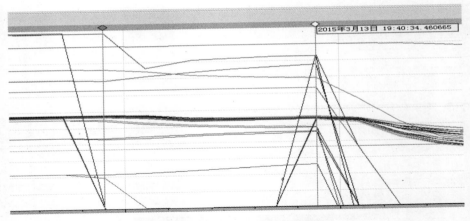

图 3-20　信号恢复正常时间趋势图

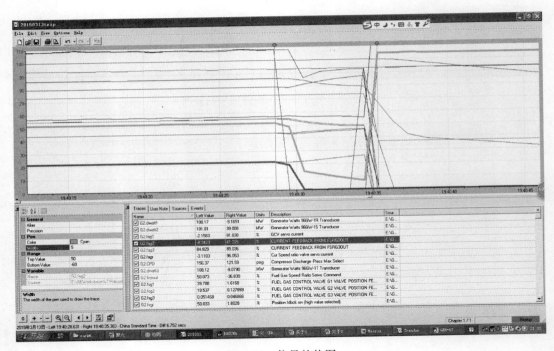

图 3-21　信号趋势图

（4）处理完现场接线回路，对 2 号控制阀的三个线圈逐一动作试验，均工作正常。

（5）停止 S 交换机，试验 2 号控制阀，动作正常。

以上试验结果表明：因控制阀 2 的 R 和 T 控制器两组线圈电缆虚接，只有 S 控制器线圈能正常工作，当 S 交换机故障使该回路无法工作时，阀门回关，指令与反馈偏差到 5％，机组遮断跳机。

燃气轮机主保护 L4T 触发信号为 L86GCVST（2 号控制阀未跟随跳机），即控制阀 2 开度与反馈偏差超过 5％后，延时 5s 跳机。跳机原因：2 号控制阀的 R 与 T 线圈虚接，当 S 交换机因环境温度高故障，S-PACK 输出信号丢失，阀门无驱动，2 号控制阀回关，指令与

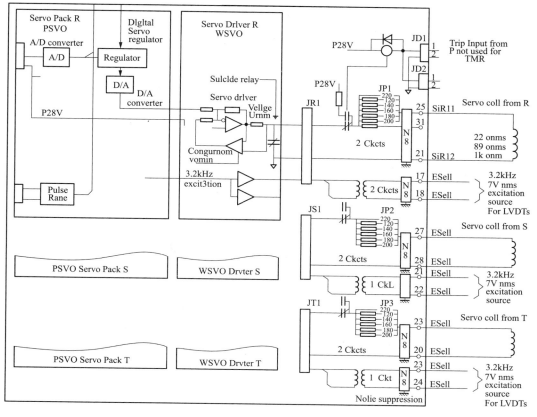

图 3-22　伺服阀驱动原理图

反馈信号偏差大跳机。

3. 事件处理与防范

（1）GE 公司生产的 PG9171E 型燃气轮机由 MARK Ⅴ升级至 MARK Ⅵe 系统时，由于 TCC 间空间限制，控制柜采用为非标准设计，所有模件集中在一个控制柜内，模件密度大，正常工作时柜内温度较高，需要加强柜内通风扇热。

（2）GE 公司 336a4940dnp516tx_D 系列交换机工作环境温度要求较高，控制柜内正常运行时温度约为 50℃，该系列交换机长时间运行后故障率较高，使机组安全运行存在较大隐患。一方面需要将模件温度信号加载在 CRT 上显示，以加强柜内温度监视，防止柜内温度异常；另一方面需要与 GE 公司沟通，采用环境适应性更强，可靠性更高的交换机。

（3）基于 MARK Ⅵe 控制系统的三冗余设计，重要输出还采用三取二硬件表决方式，系统比一般的双冗余配置的控制系统具有更高的可靠性，但如果有一路出现问题，"三取二"将变成"二取一"，增加了系统误动的可能。因此，须加强保护转速、测量转速与其他三冗余参数的检查力度，确保三冗余的有效设计。而在做伺服阀检查时，不应只做整体试验，还必须独立试验伺服阀每组线圈，防止伺服阀带隐患运行。

四、交换机故障导致 LCI 监控画面数据变黑无显示

1. 事件经过

某燃气轮机运行期间，LCI 监控画面数据变黑无显示，MARK Ⅵ报警显示为网络故障（LCI 为燃气轮机的静态起装置，2 台 LCI 通过切换可供 3 台燃气轮机启停操作）。

2. 事件原因查找与分析

检查网络设备，发现用于挂接 LCI 的一只交换机指示灯无显示，其供电电源正常。判断为交换机故障引起 LCI 异常，考虑到 MARK Ⅵ正在运行（每台交换机都是经过严格的 IP 地址分配和端口划分处理，运行时更换网络交换机，稍有不慎就会影响整个网络的安全运行），采取临时性单网络运行方式维持机组运转。

3. 事件处理与防范

机组停运后，更换预先配置好地址的交换机，恢复了网络冗余状态。同时对更换下的交换机进行检查，发现其电压单元部分元件有烧损痕迹。分析原因是该交换机安装在机柜的最底层，散热空间较小，虽然交换机自带风扇，但外部积灰和长期自身发热，直接影响了电子器件使用寿命。为此，对交换机安装位置进行调整，以确保有效散热空间。同时制定了交换机定期清灰制度。

五、通信参数设置不合理导致燃气轮机增压机入口管线气动阀跳闸事件

1. 事件经过

2008 年 4 月 29 日 16：25，运行一值主值监盘时发现 1 号燃气轮机 MARK Ⅵ发出"天然气入口压力低"报警，燃气轮机 RUNBACK 动作，燃气轮机负荷下降，增压机出口压力由 3.2MPa 下降到 1.0MPa 并继续下降，汇报值长。值长令在 MARK Ⅵ上手动停机，汇报调度。

主值派人到就地检查时，发现 1 号天然气增压机入口管线气动阀关闭。1 号天然气增压机密封差压低、1 号天然气增压机入口压力下降过快发生喘震，增压机入口调节门关闭，增压机跳闸。

运行主值联系生产保障部热控专责，检查 1 号天然气增压机入口管线气动阀跳闸原因。

16：35，生产保障部热控专责到现场，发现 I/O 模件运行指示灯绿色闪烁、通信指示灯红色闪烁、I/O 状态指示灯灭。后查明该阀跳闸原因为 CPU 到 I/O 模件通信中断，I/O 模件无输出，致使 1 号天然气增压机入口管线气动阀跳闸。

17：30，热控人员强制热工信号以便再次安全并网，1 号机组转入备用。

21：00，调控令启动 1 号燃气轮机。21：30，1 号燃气轮机并网成功。

23：30，热控人员对该阀控制系统进行优化，解除热工信号强制，系统恢复正常。

2. 事件原因查找与分析

场站控制系统的设备厂家在通信系统前期调试过程中，通信参数设置不合理。

（1）场站控制系统 CONTROL＿NET 网络中，原设计为 A、B 双通道冗余通信网络，但厂家前期调试过程中设置为单通道通信（设置为 A-ONLY），分析原因为 1 号压缩机 CONTROL＿NET 模件 A 通道光缆接头松动正常切换 B 路通信时冗余通信系统未能发挥作

用，使得设备网络通信中断，导致整个网络上到 I/O 模块设备通信无响应，引发通信控制网内 I/O 模块站点地址丢失，不能识别卡件地址，I/O 模块组中的 DO 模块在无逻辑输入情况下输出由 1 变为 0，使其模块下所带 ESD 阀继电器失电动作，致使 1 号天然气增压机入口管线气动阀失电关闭。

（2）热控人员对厂家的调试过程跟踪不够。

3. 事件处理与防范

（1）生产保障部热控专业检查场站所有通信、控制线路连接。使用 RSNETWORX 软件在线读取场站系统网络框架 CONTROL_NET 文件，统一网络中所有设备设备数量、状态、KEEPER 地址一致，在网络属性中确认网络形式为双通道冗余（A/B）。重新保存至网络框架文件。重启系统电源，检查各处理器状态和网络冗余状态正常。

（2）安全运行部完善运行规程，补充天然气场站异常情况下运行人员操作规程。

（3）生产保障部热控人员会同厂家成立天然气场站技改优化工作组，优化完善场站控制方式。

（4）安全运行部巡检人员、生产保障部点检人员加强日常、定期巡检力度，发现问题及时处理。

六、汽轮机 DCS 系统通信故障事件

1. 事件经过

10 月 20 日，20:40，4 号机在运行中 DCS 系统的 5 台操作员站大部分数据显示紫色，约 2min 后又自动恢复到正常（此种现象以前曾多次发生）。

21:31，突然发现 4 号机 DCS 系统的 5 台操作员站所有的数据均为紫色，不能自动恢复。运行人员立即通知检修人员速进厂处理。因 DCS 系统全部死机，无法在远方监视机组情况，运行值班人员在就地监视水位、压力、温度等关键参数，并做好随时打闸停机的事故准备。

运行人员电话询问检修人员，其要求重启主机试一下能否恢复。即对服务器主机重启后，仍然无法恢复。检修人员在现场进行检查：看到所有 PCU 柜上的通信接口主模块，包括 NPM 和 ICT 的状态灯均为红色，故障代码为均为 LED2&5 灯亮（为 LOOPBACK 故障或 NIS 故障）。但是所有 MFP12 主模块以及对应的子模块均工作正常（机组仍能维持运行）。对 ICT 模块进行复位和拔插操作，故障依旧，不能消除。检修电话咨询制造厂家后，经运行、检修人员商讨决定进行停机检查。

23:14，3 号机切轻油，23:23，3 号机切轻油到位，当班值长调集人员仔细研究手动停机方案后，做好了停机前的一切准备工作，包括烟气挡板就地操作试验，手动启动交流润滑油泵，就地操作部分电动门，轴封供汽手动控制，高低压旁路防止误动，转动机械选择就地控制等一系列详细的操作计划以及就地操作人员的分工情况。待全部人员就位后，23:43，3 号机发 stop 令，23:45，在锅炉挡板门关闭后，并开启 3 号炉向空排气电动门，确认锅炉不会超压情况下，4 号机就地打闸，高压自动主汽门，调门，低压补汽主汽门和调门快速关闭，发电机开关，灭磁开关联跳动作正常，机组进入停机惰走过程。为安全起见，在机组惰走到 600r/min 时，手动开启真空破坏门，待真空到 50kPa 时，关闭真空破坏门，机组惰走

至 300r/min 时，手动投入 1 号顶轴油泵，检查顶轴油压正常。

23:53，3 号机解列，23:58，3 号机熄炉，待 3 号机熄火后确认锅炉水位正常，受热面无危险，即就地停止各泵运行，关闭 3 号炉向空排气电动门。

00:23，4 号机惰走结束，投入连续盘车，惰走 35min，机组听音检查正常，对汽轮机、锅炉全面检查，未见异常。

机组停机后：对 NPM 模件进行复位和拔插操作，故障依旧不能消除。

待 2 号机、4 号机和 11 号机均已停机后，将中心环的 PCU 电源停掉；再将 4 号机的 2、5、7、9 号 PCU 的电源停掉；并将所有的 NIS 模件拔出后，将中心环甩开，单独检查 4 号机的环路电缆：

2 号 PCU→5 号 PCU，环路电缆的同轴芯与外壳间的电阻为∞；

5 号 PCU→7 号 PCU，环路电缆的同轴芯与外壳间的电阻为∞；

7 号 PCU→9 号 PCU，环路电缆的同轴芯与外壳间的电阻为∞；

9 号 PCU→2 号 PCU，环路电缆的同轴芯与外壳间的电阻为∞。

将中心环连接 4 号机环路侧的两块 NIS 模件拔出后，单独检查 4 号机到中心环的环路电缆：

2 号 PCU→18 号 PCU，环路电缆的同轴芯与外壳间的电阻为∞；

18 号 PCU→2 号 PCU，环路电缆的同轴芯与外壳间的电阻为∞。

检查环路电缆没有短路现象。仍然将中心环甩开，将 4 号机的环路电缆接好，并将所有的 NIS 模件插入后，将 4 号机的 2、5、7、9 号 PCU 重新上电，自检完成后，所有的 ICI 和 NPM 模件状态均显示正常（包括 SOE 的接点，EWS 的 ICI 需要在 EWS 上人为连接），5 台操作员站的所有数据均显示正常，通信系统恢复正常，初步怀疑故障起因源自中心环的 IIL 模件。

为验证上述的怀疑，再次将中心环接入 4 号机环路，将包括中心环在内的所有 PCU 重新上电，自检完成后，4 号机环路上所有的 ICI 和 NPM 模件状态均显示正常（包括 SOE 的接点），5 台操作员站的所有数据均显示正常，但位于中心环 PCU 柜上 18-6-1、18-6-2、18-6-3 位置的 IIL 模件仍处于故障状态，而另一 IIL 模件则正常。之后进行如下试验：

(1) NPM、MFP 各自的冗余切换。

(2) 正常的启机操作。

(3) 旁路快开/快关保护。

(4) 汽轮机保护传动。

(5) SERVER 和 CLIENT 的切换。

以上试验均正常，机组具备开机条件（如果要开机，当时设想将挂在 4 号机的中心环甩开，解环运行）。21 日 07:15，完成上述的检查与处理。

在处理故障期间，制造厂家方面甚为关心，他们对此罕见现象非常重视，表示会派相当水平的工程师前来了解和探讨，在获悉负荷不紧，且有备用机组情况后，希望我们保留现状，以便他们可以获得最直接的信息；另外，厂领导态度相当明确，强调不彻底查明原因，即使系统恢复正常也不可以开机，决定待制造厂家工程师抵达后在做进一步的分析、处理。

22 日下午，制造厂家工程师抵达，立即同检修人员开始了检查、处理：

　　检查通信接口子模件以及对应的端子板 NTCL01，当检查到位于中央环的 IIL 模件时，发现与 2 号环相连的一个 NIS11 模件，无论其对应的 IIT 主模件处于主还是备用时，与其相连的 TCL 端子板上的状态灯均激活（不正常）。

　　当复位对应的 IIT 主模件时，该 IIT 主模件也进入故障模式，故障代码为 2、5 红灯。此时如果对其他的 PCU 柜内的 NIS/NPM 模件做冗余切换，则该 PCU 柜内的 NPM 模件将显示故障，故障代码为 1、3、5 红灯。

　　如果拔出上述有问题的 NIS11 模件，再复位任一个 NPM 模件，则该 NPM 模件故障消失。

　　接着将上述有问题的 NIS11 模件重新插回原来的位置，再将 2 号环内的所有 4 个 PCU 柜均断电后再上电，发现所有 4 个 PCU 柜内的 NPM 主模件均进入故障模式，错误代码为 2、5 红灯，并且 2 号 PCU 柜内的一块 NIS11 模件上的所有 16 个 LED 均红闪，表明输入到该 NIS11 子模件的 2 个控制环均断路。此时如果拔出上述有问题的 NIS 子模件，再复位任一个 NPM 模件，则该 NPM 模件工作正常，如果不拔出上述有问题的 NIS 模件，复位任一个故障的 NPM 模件，则该 NPM 模件依旧进入故障模式，故障代码依旧。

　　将上述有问题的 NIS11 模件和 PCU7 内一个 NIS11 模件交换，故障依旧。用一个新的 NIS11 模件替代上述有问题的 NIS11 模件，则故障消失。上述故障是由于该 NIS11 子模件损坏所致，即更换了该模件。

　　22 日晚，本次故障处理完毕。

　　2. 事件原因查找与分析

　　（1）本次故障为 NIS11 模件损坏造成，按 SYMPHONY DCS 控制系统的设计，如果一个 NIS11 子模件故障，则该 NIS11 子模件以及对应的 NPM 模件均进入故障模式，与该 NIS11 子模件相连的 TCL 端子板将 2 个控制环自动旁路，同时处于后备模式的 NIS/NPM 模件将接替上述故障的 NIS/NPM 的工作。但本次事件中 NIS11 子模件故障后，未能将对应端子板上连接的 2 个控制环旁路，显然不正常。这种故障属于极罕见现象。至于 NIS11 模件上的哪个部件损坏会导致上述现象，有待于进一步分析。

　　（2）关于 SERVER 25 号有时也出现显示数据为紫色、2～3min 后自动恢复的现象。20 日检查时初步怀疑为 7 号 PCU 上有一段 Control Way 与该 SERVER 的 ICI 通信模件相连所致。为了验证上述怀疑，当时拔掉该段 Control Way 观察。11 月 3 日，4 号机 DCS 的 SERVER 25 号 3 台电脑参数再次出现坏质量，约 1min 后自动恢复（从此可以否定当初的怀疑）。故障原因尚待分析查找，目前初步怀疑 SERVER 的 ICI 通信模件有问题，11 月 5 日，将 SERVER 25 号与工程师站的 ICI（ICT＋NIS）模件进行了对调，待继续观察。但这一现象与 10 月 20 日的故障没有必然的联系。

　　3. 事件处理与防范

　　（1）在每台机组的 SERVER 上增加中心环节点的标签，与其他节点的标签一样，将他们的报警级别设置为带音响的最高级。

　　（2）加强对 PCU 模件柜的巡检工作，每天巡检机组时必须观察 PCU 模件柜中主要模件的状态。

　　（3）热控分部制订出一份 Symphony 系统的定期工作和日常维护导则，并对运行人员进行相关培训，重点进行 DCS 本身故障（软件、硬件）报警的判别及处理，即出现哪些（级别）报警时需立即停机处理，哪些（级别）可待检修到场处理等。

（4）NIS 模块的故障原因，热控分部继续与制造厂家保持密切联系，尽快找出故障原因并提出改进措施。

（5）DCS 通信系统故障后，机组的操作采用应急方案；机组多次出现单台 DCS 故障的情况时应提前做好事故预想，尽早申请停机检查。在确定停机时，应做好停机前的一切准备工作。首先应保证有充足的操作人员到现场进行处理，其次分工应尽量详细，比如汽包平台2 人，1 人监视水位和压力，1 人调节给水调节阀门、向空排汽电动门。MCC 间 1 人随时启动润滑油泵，顶轴油泵，汽轮机机头 1 人，监视转速，随时紧急拍停机按钮。电子间 1 人，监视发电机出口开关，灭磁开关，发变组保护柜报警，4m 层 1 人，调节轴封供气等。

（6）公司近几年的 9E 机组及正在建设的 9E 机组的 DCS 均采用某厂家产品，对 DCS 中出现的严重异常现象及改进情况，及时向公司汇报，并提请有关部门重视 DCS 的功能缺陷。

七、DCS 系统网络故障机组跳闸事件

1. 事件经过

2006 年 6 月 12 日，4 号机组工况：负荷 510MW，主蒸汽压力 16MPa，机组协调投入，AGC 正常运行。

16:33，4 号机组 DCS 系统操作员站画面所有测点显示"T"（即数据刷新超时），控制器状态画面中所有控制显示离线报警。

16:54，汽包水位低二值报警并触发 MFT 动作、汽轮机手动打闸、发电机解列。

17:33，恢复了 DCS 系统网络设备的电源后，对系统所有控制器进行了重启动操作，对网络柜电源系统进行了分散处理，将 UPS 电源接至主交换机网络，保安电源接至备用交换机网络，并进行网络电源切换试验后，确认 DCS 系统工作正常无误后，机组具备启动条件。

2. 事件原因查找与分析

现场检查，网络柜内所有交换机电源失去，导致 DCS 系统操作员站无法监控机组运行状态。网络柜电源的入口来自两路电源（一路 UPS 电源，一路保安电源），此两路电源经过冗余电源切换装置（APC）送至电源插排，当时冗余电源切换装置（APC）无输出，检查输入电源正常，判定为冗余电源切换装置（APC）故障，这是导致此次机组非停的直接原因。

在 DCS 系统网络设备故障后，给水自动调节系统退出自动控制方式，汽包水位无法调节，导致锅炉汽包水位低 II 值，触发锅炉保护动作，运行人员手动打闸停机。

3. 事件处理与防范

（1）设备部已组织有关人员对全厂 DCS 系统进行了检查，已发现此隐患，并要求 DCS 公司重新设计网络柜电源系统，提供相关的设备，设备 6 月 14 日到货，4 号机组已整改完毕，对存在同样问题的 5、6、7 号机组利用停机机会进行彻底改造；8 号机组 DCS 公司在投产前改造完毕，设备部跟踪。

（2）定期检查 DCS 系统网络设备工作情况，加强对网络设备的巡检力度（尤其在夏季

高温大负荷季节加强巡检）。

（3）在机组检修时安排对网络柜电源系统存在的隐患进行整改，确保 DCS 系统工作正常。

（4）在运行中若发生 DCS 系统网络故障，值盘人员应立即汇报值长，告之热控检修人员发生的现象，热控人员应及时赶到现在处理。同时，值长应立即派人到就地对重要设备及仪表进行巡查（如锅炉汽包水位、汽轮机转速表、油压表、调门等），机组维持稳定运行，不可进行较大的操作和调整。热控人员到达现场应迅速查找并排除故障，尽快恢复 DCS 系统正常运行。

（5）如果 DCS 系统操作员站发生故障后机组运行不稳定或主要运行设备跳闸，备用设备无法启动时应立即打闸停机停炉，燃气轮机可根据现场实际，减出力或申请停机。

（6）若故障无法短时间排除，但机组运行稳定，现有正常的操作员站能够满足机组的监控要求，则维持正常运行，若机组运行趋于不稳定，且故障无法排除，危及机组安全运行时汇报相关领导，申请停机停炉。

八、某燃气轮机控制系统现场信号传输衰减事件

1. 事件经过

某燃气轮机机组准备启动。MARK Ⅵ控制系统发出合 LCI 联络开关 89TS 的指令不久，机组启动失败。

2. 事件原因查找与分析

检查发现，MARK Ⅵ控制系统在规定时间内，没有得到 89TS 的合闸反馈信号，因而引发了机组启动失败。

分析原因，为 LCI 联络开关 89TS 离其中 1 台机组的 MARK Ⅵ控制器较远，合闸反馈信号是电压信号，此信号经长距离传输后会有衰减。

而 MARK Ⅵ控制系统所要求的电压值容差量较小，机组经过长时间的运行后，部分接点的接触电阻有所增加导致压降略有增大。从而造成电压信号小于 MARK Ⅵ控制系统所要求值，引起合闸反馈信号传输中断。

3. 事件处理与防范

在信号传输线上增加了中间继电器，将信号放大，故障现象消除。

该故障说明，无论硬接线信号还是通信信号，数据传输距离与信号强度需要测试验证、匹配，采取合适的信号隔离、屏蔽和中继措施，保留适量的信号强度宽容度。

九、通信模块故障导致机组跳闸事件

1. 事件经过

2011 年 1 月 14 日，某电厂 2 号燃气轮机、3 号汽轮机一拖一正常运行，2 号机负荷 251MW，3 号机负荷 133MW。运行人员发现 MARK Ⅵ控制器系统发 VCMI IO STATE EXCHANGE FOR ＜R＞ FAILED（R 控制器 VCMI 通信模块 IO 状态数据交换故障），同时伴随着一些过程量报警和模块诊断报警。几分钟后，MARK Ⅵ再次发出 VCMI IO STATE EXCHANGE FOR ＜R＞ FAILED（R 控制器 VCMI 通信模块 IO 状态数据交换故

障），并伴随其他过程量和模件诊断报警，触发 4 RELAY CIRCUIT STATUS-ESTOP PB-INVERSE（4 继电器回路状态-紧急停机按钮-取反），导致 2 号燃气轮机跳闸，联跳 3 号汽轮机。

2. 事件原因查找与分析

查看 MARK Ⅵ 的 SOE，发现从 2011 年 1 月 14 日 14：30：43 开始，2 号燃气轮机 MARK Ⅵ 的＜R＞控制器在短时间内频繁出现 VCMI 通信模件故障，同时导致＜R＞控制器发出该控制器 7、14、15、16、21 槽模件有诊断报警，以及部分过程量报警信息。包括 "BATTERY 125VDC GROUND（电源 125 直流接地）" "COMPRESSOR INLET THER-MOCOPLE DISAGREE（压气机入口温度热电偶偏差大）" "G1 GAS SIDE PURGE OPEN SWITCH FAILURE（PM1 管路燃气侧隔离阀 VA13-2 开反馈故障）" 以及 "＜R＞ SLOT 1 VCMI DIAGNOSTIC ALARM（R 控制器 1 号槽 VCMI 通信模件诊断报警）" "＜R＞ SLOT 21 VTCC DIAGNOSTIC ALARM（R 控制器 21 号槽 VTCC 热电偶模件诊断报警）" 等。从 14：34：08 开始＜R＞控制器发生通信故障报警，持续 3s。14：34：10，＜S＞控制器发生诊断报警 "Using DEFAULT Input Data，Rack S8（使用默认输入数据，控制器 S8）"，该信号表明在该时刻＜S＞控制器也处于通信中断状态，同一时刻触发 "4 RELAY CIRCUIT STATUS-ESTOP PB-INVERSE（4 继电器回路状态-紧急停机按钮-取反）" 信号，该信号直接触发 2 号燃气轮机跳闸。14：34：12，＜T＞控制器发生诊断报警 "Using DEFAULT Input Data，Rack T8（使用默认输入数据，控制器 T8）"，该信号表明在该时刻＜T＞控制器也处于通信中断状态。接着在 16：45：59，＜R＞控制器再次出现 VCMI 通信模件故障，并伴随其他卡件报警和过程量报警信息。

根据以上信息，判断＜R＞控制器 VCMI 通信模件故障，更换该模件后，＜R＞控制器 VCMI 通信正常。因此，该故障直接原因为 MARK Ⅵ 控制系统＜R＞处理器 VCMI 控制模件性能不稳定，通信频繁中断导致 2 号燃气轮机跳闸。

3. 事件处理与防范

（1）该 VCMI 通信模件为 GE 公司 2001 年左右生产的产品，存放了 4 年，上电运行 6 年，存在产生模件性能不稳定的客观条件。

（2）由于 MARK Ⅵ 控制系统内核不完善原因，因此可能存在因为＜R＞控制器频繁通信故障，相继导致其他＜S＞、＜T＞控制器通信也发生故障，最终导致燃气轮机跳闸。

（3）MARK Ⅵ 控制器三冗余配置可能本身不十分可靠，其他燃气轮机电厂曾发生过停掉三冗余配置中的一路控制器导致燃机跳闸的情况。

第四章　系统干扰故障案例分析与处理

控制系统故障案例中，难定量故障分析、难复现障碍现象、难给出故障原因，因而也难给出有针对性的故障防范措施的，是因干扰引起的案例。这些案例中，有些是可防不可控，而有些是可防可控。

干扰经常与热控系统接地不规范或接地缺陷有关。除本书收录的案例外，现场还有不少由于干扰引起参数异常的事件没有收录，但是这些干扰现象遇到特定的环境影响时，随时有可能导致事件发生。因此对于系统干扰案例一定要进行深入分析，举一反三，采取相应的预防措施。

本章对雷击干扰引起的故障事件和现场环境带来的干扰故障事件分别统计分析，为专业人员学习、探讨、总结和提炼预控措施及提高对干扰事件的处理能力提供帮忙。

第一节　雷电干扰引起的案例分析

本节收集了因雷电干扰引起的案例 3 起，分别为某燃气轮机机组 MKV 模件多次遭雷击损坏事件、燃气控制成分分析单元遭受雷击损坏事件、雷击引起信号传输线路故障事件。

雷击通过分布电容和电感耦合到信号线，在信号回路内产生很高的冲击电压，而使仪表与控制系统遭受干扰和损害，严重时导致机组跳闸事故的发生。因此，做好雷电损坏设备甚至危及人身安全的预防，对燃气轮机机组控制系统可靠性来讲是应考虑的一环。

一、某燃气轮机机组 MKV 模件多次遭雷击损坏事件分析处理

1. 事件经过

某燃气轮机电厂 3 号机 MKV 模件多次遭雷击损坏情况，某年 7 月 6 日 16:05，雷电导致 3 号机 MKV 控制盘内的 C 处理器中的 TCCA 模件损坏；同年 8 月 18 日 20:08，雷电导致 3 号机 MKV 控制盘内的 C 处理器中的 TCCA 模件损坏；同年 9 月 2 日，3 号机组调停，凌晨 02:13，雷电导致，3 号机 MKV 控制盘内的 C 处理器中的 TCCA 模件损坏。

2. 事件原因查找与分析

通过了解电厂 3 号机 MKV 模件多次遭雷击损坏的情况以及控制电源、控制信号电缆的防雷保护措施，查阅 3 号机 MKV 中的 TCCA 模件的接线图、控制信号的电缆走向和安装位置，现场实地了解 TCCA 热控模件的安装位置和接线情况。对 3 号机 MKV 中 TCCA 模件多次遭雷击损坏的原因分析如下：

（1）通过现场查看，了解到热控控制单元的 220VAC 电源部分已有电源浪涌保护装置（SPD）保护，电源部分的模件不会发生雷击损坏的事件。

（2）当电子室所在的房子顶部所安装的避雷针遭受雷击时，迅速变化的强大的雷电流过接地装置时，会在接地装置（接地的机柜外壳）上产生较高的反击过电压，该反击过电压通

过与机柜（外壳）接地相连的热控控制单元的地传递到 TCCA 模件内部而导致 TCCA 模件内部元件损坏。

（3）虽然热控控制单元的 220VAC 电源部分有 SPD 保护，但该 SPD 装置安装在热控控制单元所在的机柜内，SPD 的地与机柜外壳相连，再与主接地网相连。如果一旦有沿电源进线侵入过电压时，那么 SPD 动作，电源部分的过电压被限制，而通过 SPD 泄放的过电压能量将导致机柜（外壳）接地的电位迅速抬高，引起较高的地电位升高（即反击过电压），该反击过电压将通过热控控制单元的地（与机柜外壳相连的地）传递到 TCCA 模件内部而引起模件内部元器件损坏。

（4）热电阻的导线绝缘老化产生非金属性接地时也有可能发生损坏模件的情况。这种情况，平时运行时不会发生什么故障现象，但当发电机定子或接地的金属构架因雷击产生较高的过电压时，热电阻的导线的绝缘薄弱处发生瞬间击穿，过电压将通过热电阻的导线传递到 TCCA 模件内部而导致 TCCA 模件内部元器件损坏。

3. 事件处理与防范

（1）3 号机热控控制单元的地单独设置，不能与机柜外壳的地及主接地网的地相连和共用。

（2）考虑到电子室所在的大楼周围附近已有烟囱、微波塔、氢气罐的避雷针的可靠保护，为了避免或减少该大楼遭受直接雷击，建议电子室所在的大楼顶部的避雷针改为房顶四周用避雷带进行直击雷保护。

（3）为了确认热电阻导线的绝缘状况，对热电阻导线对地的绝缘电阻进行普测，排除热电阻的导线的绝缘问题。

（4）举一反三，对 1、2 号机的热控系统也应按照（1）、（3）的措施进行必要的处理。

二、燃气控制成分分析单元遭受雷击损坏

1. 事故现象

某年 5 月 21 日，雷电发生后，某燃气轮机电厂正在运行的 1 号机组，因遭受雷击侵害导致机组跳闸。

2. 事故原因分析

经检查，在线运行控制系统中的 1 台燃气控制成分分析单元遭受雷击损坏。该分析单元为美国 TELEDYNE 分析仪器仪表公司生产的 327RA 型产品，其包括 1 台袖珍型燃料电池分析单元检测探头和 1 台控制单元。由于该成分分析单元在整个燃气轮机供气过程的作用非常重要，因此雷击损坏后，直接导致燃气轮机保护动作，机组跳闸。

含氧控制单元信号输入电子线路见图 4-1，经检查 A2 运算放大器损坏。由此分析，雷电波（高电位）是通过外部连接电缆从 TS6 的 2-3 端，经过 A1（OP07）运算放大器量程选择开关的反馈通路直接进入 A2（OP07）运算放大器，然后将其击穿。

现场检查，该分析仪从安装在现场的分析单元到控制室内控制单元，总共有 7 根信号线相连，中间相距约 80m，采用的是单层屏蔽电缆（控制室一端接地）。电缆沿深度为 700mm、宽约 800mm 的水泥地沟敷设，沟内的电缆没有再用金属管和金属走线槽保护，即连接电缆没有采取双层屏蔽和两端接地的措施。所经之地又有几处和建筑物避雷带引下线的接地点相距很近。雷击时，通过电磁感应将雷电波（即高电位）带入控制单元导致设备

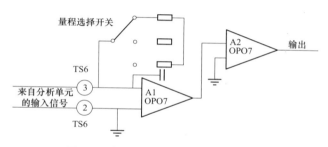

图 4-1 含氧控制单元输入电子线路图

损坏。

3. 防范与预控措施

（1）现场分析单元到控制室内控制单元的连接屏蔽电缆采用铠装电缆，将室外部分的铠装电缆外钢包皮的两端连接已接地的电缆桥架，内屏蔽仍在控制系统侧单点接地，或将室外部分的屏蔽电缆穿保护管敷设，保护管两端接地。

（2）现场分析单元到控制室内控制单元的连接屏蔽电缆，在控制系统侧单点接地的同时，在现场侧末端，加装屏蔽电缆现场侧瞬间接地连接器。

（3）现场分析单元信号端子加装"可编程多功能干扰防护器"，电源回路加装防浪涌保护器。

三、信号传输线路雷击引起的故障案例

1. 事件现象

某天然气阀室在 2012 年 7～9 月雷击期间有 9 次气液联动阀出现检测管道压力无法正常通过 RTU 或者 PLC 上传到站控系统，运行人员对远程气液联动阀失去压力监控，对管网安全生产造成一定隐患。

2. 原因分析

（1）气液联动阀阀体跟管道相连，而保护装置的外壳与阀体又是可靠电气连接，会导致在外部管线在雷击时产生的感应雷通过管道传递至气液联动阀，使得该破管保护装置外壳电位瞬间太高，导致与内部板卡放电，把板卡击坏。

（2）气液联动阀破管保护装置内控制板卡与阀室 RTU 或者站场 PLC 之间有以下两组线缆连接：一组 24VDC 电源线，一组 RS485 通信线，线缆两端都未设限幅保护器。

3. 防范措施

（1）在气液联动阀附近管道安装地极保护器（火花间隙），作为感应雷电流涌入时大电流泄放点，地极保护器一端与主管道可靠连接，一端与阀室接地装置可靠连接，地极保护器内部采用火花间隙元器件，在日常情况下呈现高阻抗，在感应雷产生时呈现低阻抗。

（2）在气液联动阀压力传感器处安装绝缘卡套，使压力传感器与管道绝缘。

（3）气液联动阀破管控制箱内板卡加装绝缘子，同时在控制箱内安装 24V 电源电涌保护器、RS485 通信电涌保护器和模拟量电涌保护器。

（4）信号电涌保护器接地等电位连接器，作用是防止雷电的电磁脉冲以各种耦合方式被感应产生浪涌致损设备。

第二节 现场干扰事件分析

本节收集了因现场干扰源引发的机组故障 4 起，分别为：汽轮机伺服阀调节特性改变导致机组并网困难事件 1 次、振动信号异常跳变和突变导致"正常与"保护逻辑误动作跳机 2 次、单点保护信号干扰造成 2 台机组异常停运事件 1 次。

这些案例均是由于外界干扰导致机组保护的误动，应从提高系统的抗干扰能力出发来避免。

一、汽轮机伺服阀调节特性改变导致机组并网困难事件

1. 事件经过

某汽轮机在运行三年多后发生多次并网困难现象，在转速达 3000r/min，投入 TAS 同期卡后，转速在 2995r/min 与 3010r/min 之间不断波动，最长经过 20min 左右才并上网。

2. 事件原因查找与分析

并网由自同期模件 TAS01 来实现，TAS01 模件可以自动闭合发电机主开关，并具有调整发电机电压、频率、相位与电网匹配的能力。电压匹配是通过增减励磁电压实现，频率匹配是通过 TAS 卡发增减脉冲信号到 HHS03 卡控制调门开度来完成，相角匹配的计算是在电压与频率匹配的条件下相角从 360°开始逐步减小，一直到设定的最大合闸相角值时发合闸脉冲信号。中间若发生电压幅值与频率条件不符合时，计算中断，在条件符合时再重新开始。因以前同期模件曾出现故障导致机组非同期合主开关，后在同期回路中串联了同期闭锁继电器以避免同期模件故障出现的非同期并网。开始是怀疑两者计算相角有差值导致不能同时闭合回路，后来在开机并网时热控人员在模件柜观察 TAS01 模件，发现同期模件在投入后相角计算开始后很快中断，查汽轮机曲线发现在投入同期模件 TAS01 后，转速曲线呈现等幅波动现象，最高 3010r/min，确认是转速调节不稳定导致频率匹配时间过短，相角计算无法完成造成的并网困难。

因 DCS 组态转速调节部分是采用 PD 调节实现，同时同期模件中增减转速脉冲的参数也会影响到转速设定值变化特性。在观察各参数变化趋势后，将同期模件每个脉冲改变转速目标值大小由 1 逐步改小到 0.45，转速调节变得稳定，最高约 3006r/min，同期模件投入后并网很快完成。

由于抗燃油的化学腐蚀与污粒磨损、滤芯脏污等原因，伺服阀长期工作后调节特性会改变，与高调门的调节特性不一致，通常会导致滞环变大、调节迟缓，最终导致并网时转速不能调稳定、并网困难，一般可通过调节 DCS 组态中转速控制部分的 PD 参数来调整。因在控制上一个变化缓慢的目标值更容易跟随上，并且电网频率实际上变化是很小的，因此最简单的方法是减小同期模件增减转速脉冲的转速变化值来调整。此值是否合适可观察并网时转速值，在不超过频率匹配的允许值时，相角差从最大到最小完成的越快，并网就越快。比如电网频率 50Hz，机组转速是 3001r/min，相角差从最大到最小的时间就需要 1min，但也不能超过频率匹配的转速，如本机同期模件中设置的频率匹配转速在 3003～3009r/min 之间，并网时转速就不能超 3009r/min。

3. 事件处理与防范

为充分利用燃气轮机余热，通常联合循环机组中汽轮机高调门在运行时处于全开状态，很少参与功率调节，伺服阀的调节特性只能在冲转过程的转速控制时充分体现出来。要经常观察汽轮机的升速曲线与并网情况，及时发现问题，如果参数调整后转速调节仍有问题，就需要更换伺服阀送专业厂家检查复修。运行人员应该控制好合理的冲转主蒸汽参数。

二、轴承振动信号异常跳变至零引起"正常与"保护逻辑误动作跳机

1. 事件过程

2017 年某月某日，某燃气轮机电厂 1 号机组正常运行，机组负荷稳定，润滑油供油压力 0.253MPa，润滑供油温度 46℃，各轴承回油温度在 67~77℃ 之间，回油温度正常。

13:33:19，TCS 系统触发"10GT BEARING ROTOR VIBRATION MONITOR ABNOR-MAL"（转子振动监测器故障）报警，31s 后信号复归；过 1s 后出现"TCS NO.4 BRG ROTOR VIB CHG RATE HI"（4 号透平转子振动变化速率高）。

2. 事件原因查找与分析

（1）事件后检查。检查 1 号机组 SOE 记录，事件发生前后没有相关异常操作记录。检查 1 号机组轴承振动曲线（见图 4-2），从图 4-2 上可见，11 月 28 日 13:33:18，1 号机组 3 号 X、3 号 Y、4 号 Y、5 号 Y 振动发生突变。约 30s 后开始恢复正常。

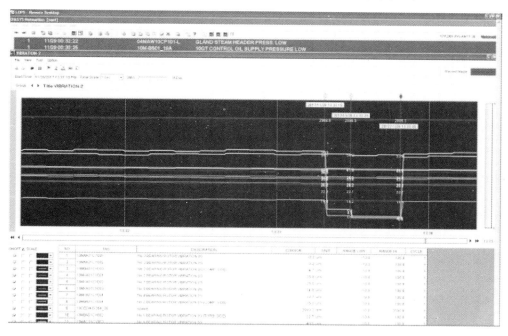

图 4-2 1 号机组轴承振动曲线

检查本特利内部系统组态（见图 4-3），TSI 跳机保护的逻辑为轴承 X、Y 项同时高高或某一项高高与上另一向故障，本次事件未满足该跳机条件。进一步检查，发现 TSI 内部的 And Voting Setup 设置见图 4-4，选择在"正常与"状态，导致两个轴振信号同时故障情况下，TSI 也会触发跳机信号。

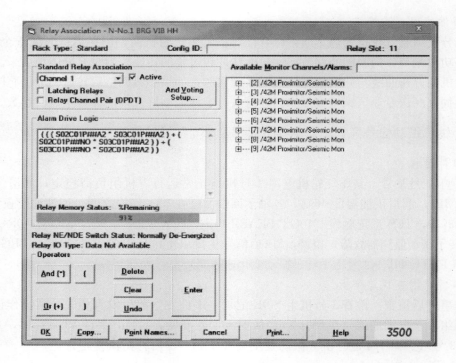

图 4-3　本特利内部系统组态

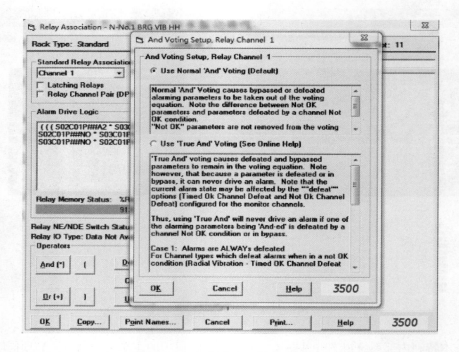

图 4-4　And Voting Setup 设置

检查本特利 TSI 各轴承振动间隙电压，见表 4-1 和表 4-2。

表 4-1   **3 月 1 日检查记录**

信号	电压值	信号	电压值
1 号 X	−7.6	1 号 Y	−9.5
2 号 X	−6.7	2 号 Y	−6.4
3 号 X	−13.3	3 号 Y	−13.8
4 号 X	−12.7	4 号 Y	−12.6
5 号 X	−11.1	5 号 Y	−11.8
6 号 X	−12.4	6 号 Y	−11.6
7 号 X	−10.7	7 号 Y	−11.3
8 号 X	−11.7	8 号 Y	−11.8

表 4-2   **12 月 6 日检查记录**

信号	电压值	信号	电压值
1 号 X	−10.0	1 号 Y	−9.7
2 号 X	−8.3	2 号 Y	−8.4
3 号 X	−12.8	3 号 Y	−13.5
4 号 X	−12.7	4 号 Y	−12.8
5 号 X	−10.9	5 号 Y	−11.8
6 号 X	−12.3	6 号 Y	−11.7
7 号 X	−9.4	7 号 Y	−9.0
8 号 X	−10.3	8 号 Y	−9.3

注 1 号轴承和 2 号轴承由于安装隔离器导致间隙电压较低。

（2）干扰试验。

1）在 1 号轴承至 8 号轴承各前置器接线盒内贴牢前置器处，使用对讲机进行射频干扰测试，测试结果显示，在各个探头的前置器处干扰时，均会导致轴振振动信号跳变。

2）在离前置器 50cm 处或者就地接线盒（箱）柜门关闭情况下，使用对讲机进行干扰，轴承振动信号不存在跳变现象。

3）使用对讲机在本特利机柜处进行干扰和前置器至本特利机柜电缆上进行干扰试验，轴承振动信号存在微小的波动。

4）使用对讲机在振动探头处和探头延伸电缆上进行干扰，轴承振动信号几乎不存在任何干扰现象。

5）在探头至前置器段的电缆上，用对讲机进行射频干扰时，轴承振动信号受干扰影响明显。

（3）更换信号的接地后进行干扰试验。分别进行机柜侧单点接地、现场侧单点接地、两侧均接、两侧均脱、增加屏蔽电容等不再同方式下进行干扰测试，测试结果与原先相同。

（4）电缆检查与其他。检查探头延伸电缆，检查结果为 1、2、7、8 号轴承振动的延伸电缆为带铠装的延伸电缆，3、4、5、6 号轴承振动的延伸电缆为不带铠装的延伸电缆。

检查前置器至本特利机柜电缆，检查结果为这部分电缆存在与其他动力电缆共用一个电缆桥架的现象，且与部分 6kV 动力电缆交叉。

3、4、5 号轴承前置器所处的接线盒，安装在汽轮机高中压缸温度监视仪表柜的侧面（高中压缸罩壳内），离汽轮机高中压缸距离较近，条件较差且盒金属材料较薄。

3. 事件处理与防范

针对以上检查分析情况，专业人员讨论后，制定了以下措施：

（1）在轴振信号电缆与高压动力电缆交汇处，加装电缆隔离网，规避大功率设备启停操作造成干扰的风险。在机组大修或中小修期间，将本特利电缆采用单独桥架敷设。

（2）将 3、4、5 号振动前置器所处的接线盒，移位至高中压缸罩壳外。

（3）增加前置器抗干扰金属罩。

（4）将 3、4、5、6 号轴承振动延伸电缆，更换为带铠装的延伸电缆。

（5）建立轴承振动专项小组，对现存的轴承振动保护的可靠性进行论证。

（6）在轴承振动接线盒外设立明显警告标示："禁止在机组运行中打开，禁止在附近使用对讲机"。

三、TSI 系统振动信号突变引起"正常与"保护逻辑误动作跳机

1. 事件过程

2017 年某燃气轮机电厂 1 号机组负荷 433MW 运行，机组各参数均正常，各轴振动值无异常报警。TCS（透平控制系统）/TPS（透平保护系统）历史记录，依次出现以下报警：

19:23:45:088 10GT BEARING ROTOR VIBRATION MONTOR ABNORMAL（转子振动监测器故障）。

19:23:45:156 TCS SUPERVISORY INSTRUMENT MONTOR ABNORMAL（透平控制系统监测装置故障）。

19:23:45:874 N-No.6 BRG VIBRATION HIGH HIGH TRIP（6 号轴承振动高高跳机）。

19:23:46 SHAFT VIBRATION HI TRIP(TPS)（轴振高机组跳闸）。

19:23:46 NO.6 BRG. VIBRATION HIGH TRIP（TPS）（6 号轴承振动高跳机）。

19:23:46 GENERATOR PROTECTION TRIP(TPS)（发电机保护跳机）。

19:23:46 10GT GEN CB OPENDED（发电机开关解列）。

2. 事件原因查找与分析。

（1）事件后，检查记录。

1）TCS 历史事件记录显示，保护首出故障信号为"6 号轴承振动高高"跳机。

2）查找历史曲线，故障时 4 号 Y、5 号 Y、6 号 X、6 号 Y 方向均跳变为"0"，任一轴承均未达到高高值，不满足轴承振动高高跳机条件。

3）检查 TSI（本特利）内部逻辑，配置为：满足"同一轴承两个方向轴承均振动高高"或"同一轴承的一个方向振动故障，另一个方向振动高高"触发跳机，显然本次事件不满足跳机条件。但咨询本特利生产厂家技术人员，并进一步检查证实还存在"NORMAL AND（正常与）"这一隐藏选项，即当"同一轴承的两个方向振动均故障"时也会触发跳机。根据报警记录，确认 4 号 Y、5 号 Y、6 号 X、6 号 Y 轴承振动值在 19：23：46 同时报"故障"（持续时间小于 3s）。且核对 TSI 报警历史记录，此次事件前一年内无任何轴承振动出

现"故障"记录。

（2）现场检查与分析。

1）调取视频监控系统，跳机前电子室和 4、5、6 号轴承处无人员巡检或作业。

2）检查本特利 3500 机架，发现面板无报警及其他异常信号。检查 4 号 Y、5 号 Y、6 号 Y、6 号 X 振动对应的模件（SLOT 5、6、7），模件无明显松动。

3）测量各振动探头间隙电压未发现异常。

4）检查本特利装置输入电源接线可靠，电源模块降压试验无异常。

5）排查外部系统干扰源，事发前 5min，本地无雷击，无主机及重要辅机设备的操作，外部电气系统无异常，查故障录波系统电流电压无异常。检查 1 号发电机转子接地碳刷接触良好，接地正常。

6）检查本特利输入电缆绝缘正常，接线无明显松动，但本特利机柜内电缆（4 号 X、4 号 Y、5 号 X、5 号 Y、6 号 X、6 号 Y、7 号 X、7 号 Y 振动信号电缆）屏蔽层存在多点接地现象。

7）联系本特利厂家工程师来厂对本特利装置进行详细检查，未发现装置存在异常。

综合上述分析认为，主机厂家提供的本特利组态说明不全面，保护中设置有"同一轴承的两个方向振动均故障"时的跳机逻辑。本特利机柜内电缆屏蔽不规范，信号回路干扰造成 6 号轴承 X 与 Y 方向振动信号同时"故障"，触发了本次跳机。

3. 事件处理与防范

事件后，更换了 TSI 输入电缆和 1 号机组 TSI 框架。同时为提高主保护信号的抗干扰能力，采取以下防范措施：

（1）针对检查中发现振动信号电缆屏蔽层存在多点接地现象，进行排查予以消除。

（2）针对振动输入信号存在共用电缆情况，深入排查后进行分离；整理相关电线、电缆敷设情况，对强弱电电缆进行有效隔离。

（3）取消"同一轴承的两个方向振动均故障"跳机逻辑条件。

四、某燃气轮机机组因单点保护信号干扰造成机组跳闸

1. 事件经过

某机组容量 265MW，空分采用开封空分厂设备，气化炉采用华能清能院两段式气化炉，1 号机为西门子低热值燃气轮机，2 号机为上海汽轮机厂生产的蒸汽轮机。DCS 系统采用霍尼韦尔 PKS 系统，燃气轮机 TCS 采用西门子 T3000 控制系统，汽轮机 DEH 采用西门子 T3000 控制系统，机组于 2012 年 12 月 06 日投产。2016 年 6 月 17 日事故前 1 号机组负荷 151MW，2 号机组负荷 77MW，机组总负荷 228MW，各系统运行正常。23：04 燃气轮机报 "SG 2ND STG VENT-V2 FAILED OPEN"，触发燃机跳闸，汽轮机联跳，空分、气化运行正常，机组跳闸负荷曲线见图 4-5。

2. 事件原因查找与分析

燃气轮机跳闸后，热控人员检查确认机组跳闸时，合成气次级放散阀附近无人员出入和工作，关反馈一次元件接线和就地接线箱内接线无松动，线路绝缘正常。对开关量输入模件、线路、关反馈一次元件等进行检查，阀门 10MBP72AA502 进行传动试验，阀门动作与反馈信号均正常。

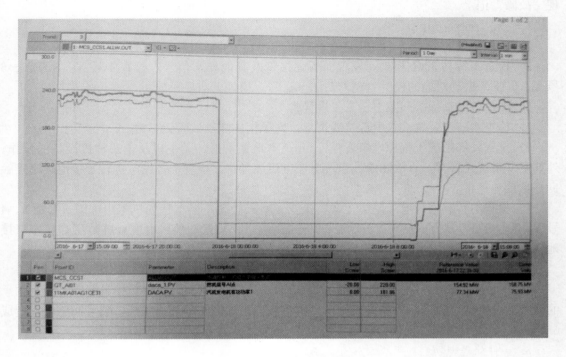

图 4-5　机组跳闸负荷曲线

在专题分析会上，对该阀反馈信号判断及保护动作逻辑问题进行讨论，考虑到次级放散阀逻辑原设计为二取一（见图4-6）。单个信号动作就会导致燃气轮机跳闸。即当合成气次级放散阀关指令存在时，且两个关反馈中的任意一个关信号消失，就会触发燃气轮机跳闸，联跳汽轮机。

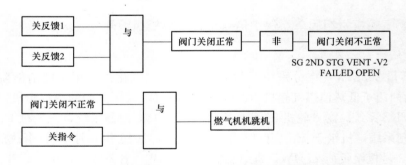

图 4-6　修改前合成气次级放散阀反馈判断及联锁逻辑

因此综合分析后，此次跳闸为信号误动，瞬间干扰造成。并根据主级合成气系统类似逻辑对次级放散阀逻辑进行优化，提出将反馈信号由二取一逻辑修改为三取二逻辑，且延时4s，见图4-7。

修改方案实施后，6月18日09:13，燃气轮机发电机组1号机并网。10:20，汽轮机发电机组2号机并网。正常运行至今。

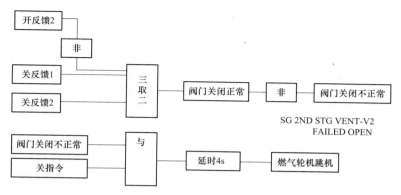

图 4-7 修改后合成气次级放散阀反馈判断及联锁逻辑图

3. 事件处理与防范

（1）对该阀门的反馈信号判断逻辑进行优化，二取一逻辑优化修改为三取二逻辑，为防止扰动影响，保护动作信号增加 4s 延时。同时举一反三，对类似次级合成气紧急关断阀、隔离阀联锁保护逻辑进行检查和优化。

（2）对 IGCC 逻辑进行全面梳理、排查，尤其是动力岛部分单点保护逻辑进行重点排查和优化，对仪表接地系统设计及实施情况进行检查。

（3）将技术监督各项工作明确到个人，落实设备区域责任制，通过技术监督和隐患排查治理，完善定期维护、定期检查、定期试验项目，做到分工明确、职责落实。

（4）完善燃气轮机跳闸事故应急预案及相应技术措施，进行各岗位人员隐患排查能力的培训，提高技术人员应知应会技能；通过加强事故演练，提升技术人员故障应急处理能力。

第五章　就地设备异常引发机组故障案例分析与处理

任何一个热力过程控制系统，都离不开现场测量与控制仪表对设备的状态信号采集和执行。DCS系统比作机组控制的大脑，各就地设备则就是保障机组安全稳定运行的耳、眼、鼻和手、脚。就地设备的灵敏度、准确性以及可靠性直接决定了机组运行的质量和安全。而就地设备往往处于十分复杂和比较恶劣的环境，对其正常工作非常不利，容易受到各种不利因素的影响，经过长时间运行和寿命损耗，现场仪表及传感器也常常会出现各种故障，如短路、断线、器件损坏、污染、中毒等。而这些就地设备的状态也很难全面地被监控。因此历年来的统计都显示，由于就地设备的异常引起机组的故障占据了首位。

本章节统计了42起就地设备事故案例，按执行机构、测量取样装置与部件、测量仪表、线缆、管路和独立装置进行了归类统计分析，涵盖了设备自身故障诱发机组故障、运行对设备异常处理不当扩大了事故、测点保护考虑不全面、就地环境突变时引发设备异常等。

通过对这些案例的回顾和总结，除了提高案例本身所涉及相关设备的预控水平外，还能完善电厂对事故预案中就地设备异常后的处理措施，从而避免案例中类似情况的再次发生。

第一节　执行设备异常引发机组故障

本节收集了因执行设备异常引起的机组故障案例4起，分别为：燃气轮机IGV油动机传动机构松动导致锁片失效事件、电磁阀故障导致2台机组异常停运事件、GE公司F级机组清吹系统及IBH故障事件、燃气轮机机组锅炉汽包水位调节失灵事件。

这些案例都来自就地设备执行机构、行程开关的异常，有些是执行机构本身的故障，有些与安装维护不到位相关，一些案例显示执行机构异常若处置得当，本可避免机组跳闸。

一、燃气轮机IGV油动机传动机构松动导致锁片失效事件

1. 事件经过

9月3日07:55，5号燃气轮机启机，08:07机组升速至90.3%额定转速，观察到IGV开始动作，ICV反馈CSGV由33.6°缓慢上升。8:07:51，机组升速至97.8%时，发"IGV控制故障跳机""IGV控制故障""IGV位置故障"报警，机组自动停机，转速下落。

停机后进行IGV静态动作试验：分别给定34°、57°、84°的IGV开度时，MARK Ⅵ反馈值、就地开度及测量伺服电流均对应、正常。

09:26，经多次反复IGV开、关动作试验正常后，机组发启动令第一次试机。

09:37，机组正常升速至89.8%n，IGV给定值CSRGV开始由34°开始增大，反馈值CSGV升至35.5°时保持不变，查就地开度仍在34°位置无变化，液压油压力为80bar，系统无渗漏。机组升速到97.5%n，IGV给定值CSRGV达84°时，机组自动停机。

2. 事件原因查找与分析

怀疑VH3前的液压油滤网脏，待轮间温度下降后于15:10更换了IGV的专用滤网，并

再次进行 IGV 静态试验。在 IGV 不同角度下，其控制参数和反馈信息跟踪均正常，同时在各个角度状态下逐片检查（共 64 片）可转导叶，无卡涩。16：18 分发启动令第二次试机，现象同第一次试机，IGV 仍打不开，机组自停。

17：00，模拟水洗状态第三次试机。选水洗状态，CRANK 方式，发启动令，当 14HM 动作时，CSGV 由 34°升至 84°，就地 IGV 开启，指示 84°，观察相关运行参数未见异常。经对比几次试机时 IGV 的故障现象，分析认为测量、控制系统没有问题，初步锁定故障点应在液压系统和可转导叶机械传动部分。

9 月 4 日 08：40，依照上述思路，分析怀疑到 20TV-1 电磁阀在带电动作后，可能关闭不严，造成 IGV 油动机推动液压油流量不够，更换该阀，并进行 IGV 静态试验正常。

11：28，5 号机发启动令第四次试机，试验结果同前，IGV 打不开，机组自停。

17：30，为进一步观察 IGV 管路的油压变化，在 IGV 执行油动机的进、出口液压油管路上加装了测试用常规压力表，同时为缩小故障范围，将 IGV 的伺服阀也进行了更换，21：30 结束。

23：00，机组发启动令第五次试机，升速至 90.3％n 时 IGV 开度由 34°开始开启，达 55.5°后保持不变，此时油缸两侧油压分别为 76、28bar。

23：18，机组空载满速，检查机组无异常后并网带负荷。当 TTXM 达 370℃，CSRGV 由 57°往上升时，CSGV 保持 55.5°不变，油缸两侧压力最终分别达 84、0bar，CSGV 仍为 55.5°，同时机组发"IGV 控制故障"报警，即发 STOP 停机，仍未锁定具体故障点。

9 月 5 日，经过多次 IGV 动、静态的检查和分析，故障范围逐步缩小到 IGV 的油动机和传动机构上。由于该项检查的工作量和难度都很大，耗费的时间也长，经请示同意后，开始进行该项检查。

16：30，经解体检查发现：油动机输出推动连杆头并帽松动、锁片长开；IGV 反馈 LVDT 传感器 96TV-1/2 安装板座与油动机输出推动连杆头的电焊处脱焊开裂；打开油缸检查内缸面光滑无异常拉伤痕迹，活塞运动自如。复装后，油缸可用手轻松推拉，憋压不漏。组装油动机后，重新紧固并帽，加锁两道锁紧边（原 X 汽大修返厂时锁一边），并点焊 96TV-1/2 安装板座与油动机输出推动连杆头。

22：30，油动机部套复装完毕，对 IGV 的静态 CSRGV 和就地指示值、IGV 伺服电流和反馈值进行了检查、调整，并拆除了观察用的两只临时压力表。

9 月 6 日 00：00，机组发启动令第六次试机。升速、并网直至带基本负荷 IGV 动作正常，机组无异常，02：19，停机处备用。

07：55，5 号机按计划正常启机，07：59 点火，08：00 发现 IGV 油动机液压油管路漏油，立即停机处理，查为油动机左侧管进口卡套松脱，右侧管有砂眼。更换卡套并对砂眼进行了补焊。09：45，处理完毕，试压无漏。10：02，机组启动，10：22 并网。

分析排查后暴露的问题有：

（1）机组运行中长期振动或一次较大振动，导致 IGV 的油动机和传动机构松动、锁片张开失效、焊缝开裂。

（2）振动导致油动机左侧管进口卡套松脱，进、出油液压环形减振管因相互摩擦减薄而出现砂眼漏油。

3. 事件处理与防范

（1）利用每次小修机会，对全厂燃气轮机的 IGV 部套和系统进行一次全面、仔细地检查（重点为检查、解决高频振动问题），及时消除隐患。同时将该项检查正式列入各台燃气轮机的定期工作。

（2）明确规定主机设备负责人为设备发生异常时技术攻关的召集、协调及分析、解决问题的总负责人。当设备出现疑难技术问题时，及时召集相关专业技术人员，进行讨论分析、安排相关检查及处理，尽快排除异常。各专业技术人员也应打破工种、专业界限，必须听从主机设备负责人的安排、调遣，积极配合，不得推诿。

（3）本次 IGV 故障的处理过程中，检修各专业紧密配合，共同认真检查、分析，最终找到了故障点，但也耗费了 3 天时间，说明处理故障的切入点选取和时机的把握还不够准确，还有待认真总结经验，不断提高故障消缺能力。

二、电磁阀故障导致 2 台机组异常停运事件

1. 事件经过

某厂 3、4 号燃气轮机机组于 2014 年 12 月投产，工程采用一拖一燃气-蒸汽联合循环发电供热机组，燃气轮机采用美国 GE 公司生产的 PG9371FB 型燃气轮机，余热锅炉采用哈尔滨锅炉厂三压、再热、无补燃、自然循环、带除氧器、全封闭、卧式余热锅炉，蒸汽轮机采用哈尔滨汽轮机厂三压、再热、双缸型、向下排气、燃气-蒸汽联合循环用凝汽式汽轮机，燃气轮机发电机及汽轮机发电机分别由美国 GE 公司及哈尔滨电机厂制造。

2016 年 01 月 06 日，某燃气轮机总负荷 360MW，其中燃气轮机发电机组 3 号机负荷 233MW，汽轮机发电机组 4 号机负荷 127MW，机组其他各参数正常。16 时 48 分，燃气轮机发电机组 3 号机因燃气压力低保护动作，导致燃气轮机发电机组 3 号机跳闸，汽轮机发电机组 4 号机联跳。

2. 事件原因查找与分析

机组跳闸后经检查发现，燃气轮机跳闸原因为天然气辅助截止阀 VS4-1 不正常关闭所致，对故障阀门进行传动，发现阀门不动作，检查其电磁阀（MAXSEAL 110VDC），发现信号正常，但线圈电阻 8MΩ（正常值为 1.8kΩ），确认电磁阀线圈损坏，见图 5-1。更换电磁阀后进行传动，执行机构动作正常。经调度同意，23 时 50 分，燃气轮机发电机组 3 号机并网，00:43，4 号机并网，累计停运时长 7h 2min。

燃气轮机燃料间为密闭空间，空间温度为 70～75℃（经调研大唐高井同类型机组为 40℃左右），燃气轮机天然气辅助截止阀 VS4-1 电磁阀因长期处于高温环境运行，导致线圈损坏，电磁阀关闭，致使辅助截止阀 VS4-1 后天然气压力低，触发燃气压力低保护动作，3 号机跳闸，4 号机联跳。

3. 事件处理与防范

（1）研究确定设备改造方案，加装空气通风装置，降低设备运行环境温度。

（2）对设备定期检查维护或更换，防患于未然。

（3）机组启动前，严格执行燃气电磁阀的传动工作，传动过程中发现缺陷，立即处理。

图 5-1　电磁阀照片

三、GE 公司 F 级机组清吹系统及 IBH 故障事件

1. 事件经过

（1）2006 年 5 月 1 日，B 电厂 2 号机组负荷 320MW 时开始停机，当降至 220MW 时，燃烧方式由预混准备向先导预混切换，D5 清吹阀关闭，但清吹阀 VA13-2 阀位显示 0%，MARK Ⅵ发"燃气清吹故障"报警，机组跳闸。

（2）2006 年 8 月 30 日，A 电厂 2 号机组启动升速至 415r/min 时，MARK Ⅵ进入燃气轮机清吹阀检测程序，对 PM4 喷嘴的清吹管路进行各清吹阀检测：首先关闭 PM4 喷嘴的清吹管路泄压排放阀 20VG-4，接着依次打开 PM4 管路、喷嘴的清吹管路清吹阀 VA13-6 和 VA13-5，但当令开清吹阀 VA13-5 时，检测到清吹阀 VA13-5 拒开，MARK Ⅵ系统报燃气轮机清吹故障，机组启动失败。

（3）2007 年 2 月 27 日，B 电厂 1 号燃气轮机启动中，当升速至 698r/min 时，燃气轮机跳闸，跳闸原因显示为"燃气轮机清吹故障""G3 燃气清吹阀阀位故障"。

（4）2008 年 7 月 24 日，C 电厂 3 号机组启动过程中，突然"清吹系统压力高"报警，同时机组跳闸。

（5）2009 年，J 电厂 3 号机组因清扫故障机组 4 次跳闸。8 月 12 日，开机后负荷到达 200MW，在切换燃烧模式时，由于 D5 清吹故障导致分散度高导致跳机。8 月 12 日负荷 303MW，机组突然跳闸，MARK Ⅵ首出原因为 G3 清吹阀故障保护跳机。8 月 17 日负荷 170MW，因燃烧故障，分散度大跳机，检查确认是清吹阀 VA13-1 清吹不能及时打开所致；18：01 更换 D5 清吹阀 VA13-1 的压缩空气减压阀后重新开机正常；19：43 负荷升到 196MW 时，因清吹阀 VA13-2 开反馈 L33PG20 在开指令发出后 90s 未复位造成燃烧模式切换不成功。8 月 27 日 170MW 时跳机，跳机时主要报警为"G1 清吹空气燃气侧关位开关故障""G1 清吹空气侧关位开关故障""燃烧故障""排气温度分散度高跳闸"。检查确认清吹阀 VA13-1 没有打开。

（6）8 月 28 日，负荷 180MW 时跳机，主要报警为"燃烧故障""排气温度分散度高跳闸"。跳机前 VA13-1 已离开关位，VA13-2 开度 7%。重新开机，机组负荷 200MW 再次跳闸，跳机时主要报警为"G1 清吹空气燃气侧关位开关故障""G1 清吹空气侧关位开关故障""G1 清吹阀间压力故障""燃烧故障""排气温度分散度高跳闸"。检查确认清吹阀 VA13-1 没有打开。

（7）8 月 29 日，负荷 190MW，机组在进行燃烧模式切换时跳机，首出原因为"清吹阀 VA13-2 故障导致排气分散度大跳机"，检查发现故障是清吹阀 VA13-2 在模式切换时过跳造成的。

2. 事件原因查找与分析

机组启动前需要对燃气管道进行清吹，对阀门泄漏和清吹阀等进行检测。检测清吹阀的目的是检查燃烧系统 PM4 清吹阀是否开关正常，防止启动过程中残留积余的燃气在燃气轮机点火时引起爆燃。保证燃气轮机点火后对未点火的燃烧器喷嘴进行可靠的清吹空气吹扫，防止燃烧器喷嘴高温损坏，减少燃气轮机点火后的故障停机。

9FA 燃气轮机在 PM4 与 D5 燃气管道上分别设置了燃气清吹阀，见图 5-2。每个管路上各有 2 只（空气侧与燃气侧各 1 只），在两个清吹阀间还有一个排空阀。其中 D5 清吹燃气侧的清吹阀 VA13-2 是气动调节阀（该阀有关位置、最小清吹位置、清吹位置和最大清吹位置 4 个位置），其他 3 只都是全开或全关的气动阀；而 D5 燃气侧清吹阀尤为重要，除了主要的清吹作用，该阀还担负着在 PM 方式下调节清吹空气量，对 D5 燃烧器进行冷却，同时也起到调节助燃空气量的作用。

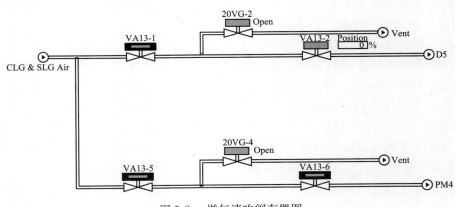

图 5-2　燃气清吹阀布置图

GE 设计是把燃气轮机全部的清吹阀与燃料控制阀都布置在同一阀组间内，便于对所有的燃料阀、法兰、接头检漏。由于空间狭小、环境恶劣加速了清吹阀故障，易发生操作超时，导致清吹阀检测失败而跳机。

前述故障案例中，D5 清吹阀故障案例有 2 起。其一是 D5 清吹阀 VA13-2 关到位开关量信号装置的部分塑料件磨损，导致开关量信号装置不动作。其二是 D5 清吹管线排空阀位置未在全开状态，原因是气源压力不足，造成阀门的气动执行机构动作不到位，D5 清吹管线内的压力气体不能及时排出；而造成气源压力不足的原因是电磁阀"○"形圈老化使得电磁阀有卡涩情况。

A 电厂 2 号机组启动失败原因是 VA13-5 阀的控制电磁阀故障。

B 电厂 1 号机组启动失败后，检查发现 VA13-6 阀的仪用气接头由于长时间运行，出现松动漏气。这样当 MARK Ⅵ 发出开 VA13-6 阀指令后，在相同的仪用气压力下，VA13-6 阀开启变得缓慢而超过规定的时间。

J 电厂 3 号机组启动后，在切换燃烧模式时，分散度高导致跳机，检查是 D5 清吹阀 VA13-2 故障，动作时间过长。此外，还发生过多次清吹阀 VA13-6 位关不到位及部分清吹阀故障而导致的清吹失败事件。

C 电厂 2 号机组由于 IBH 定位器故障，致使 IBH 异常全开，最终导致燃气轮机排气温度高跳机。经检查发现实际开度与反馈量差异达 21%。在 IBH 控制逻辑中，当 IBH 指令与反馈偏差大于 15% 时，IBH 将发出强制全开指令。I 电厂 1 号机组停机降负荷过程中亦是 IBH 控制阀开度异常排气分散度高保护动作，机组跳闸。检查发现故障情况与 C 电厂类似，采取临时措施（将 4 号机组 IBH 控制阀定位器更换至 1 号机组）后，指令与反馈量最大仍存在 7% 的偏差，且指令发出约 21s 后反馈才开始动作。

3. 事件处理与防范

清吹系统故障不但造成的机组非停事故，还包括机组起动失败，由于正常运行中燃机阀组间温度较高，设备的塑料、橡胶件极易老化损坏，因此在机组停运时应加强对这类设备进行检查，并可通过活动性试验以尽早发现这类故障，减少机组出现的非停及起动失败事件的发生。

由于气动执行器定位器为机械式，反馈板并非与之一体，二者配合上有一定问题，且机械式定位器精度不高，而现场工作环境温度较高，长期两班制运行对设备振动冲击较大，造成 IBH 位置反馈异常。

四、燃气轮机机组锅炉汽包水位调节失灵事件

1. 事件经过

三压中间再热型余热锅炉，汽包水位调节复杂，特别是冷炉热机启动阶段水位波动变化很大。汽包水位调节品质的优劣直接关系到锅炉的安全运行。例如，某燃气轮机联合循环电厂，投运初期，因汽包水位超限，高压汽包水位高 1 次，低压汽包水位高 2 次，中压汽包水位低 3 次。因而引起机组启动失败达 6 次。

2. 事件原因查找与分析

（1）虚假水位现象。某机组启动，升速至 3000r/min 时，高压汽包水位迅速由 −100mm 快速升高至 +288mm 跳闸值，机组跳闸，启动失败。

经检查发现，机组在汽轮机热态下启动，锅炉温度较低。由于燃气轮机启动点火后，余热锅炉的升温升压较快，锅炉内水容积膨胀急剧，引起水位快速升高；此时高压汽包水位自动调节在低流量、单冲量调节，反应较慢，不能克服快速启动过程中的"虚假水位"，造成了水位迅速升高达跳闸值，引起机组跳闸。

重新调整高压汽包水位调节阀的调节参数，满足机组快速起动要求，水位调节恢复正常。

（2）调节阀过于灵敏。某机组启动过程中，负荷升到 50MW，当操作人员进行汽轮机入口压力控制（IPC IN）投入操作时，中压旁路开度由 49% 快速关小。而中压过热器出口压力调节阀因压力偏差量大而自动切为手动。中压汽包压力升高，水位由 −30mm 突降至 −100mm。因中压汽包压力升高，中压旁路压力调节阀快速开启，使中压汽包水位从

－100mm 快速升至＋245mm，导致中压汽包水位高高而跳闸。

经检查发现，中压旁路压力调节阀关闭速度及打开速度过快，造成中压汽包压力波动过大，从而导致中压汽包水位剧烈波动。

3. 事件处理与防范

三压中间再热型余热锅炉的中压汽包容积相对较小，水位的量程也较小，易受压力等因素影响。因此，在保证中压旁路快开及快关的前提下，应尽量限制中压旁路压力调节阀的开/关速度。加大中压过热器出口压力调节阀的自动调节范围，使中压旁路压力调节阀的开或关对中压汽包水位的波动影响降至最小。

第二节　测量取样装置与部件故障

本节收集了因测量仪表异常引起的机组故障 5 起，分别为：热工测量元件接线松动导致增压机跳闸燃气轮机机组停运事件、排气热电偶测量系统异常导致机组停运事件、清吹阀门VA13-3 反馈信号异常导致燃气轮机启动不成功事件、高温造成轴瓦振动传感器故障导致汽轮机跳闸。

这些案例收集的主要是重要测量仪表异常引发的机组故障事件，包括了振动、转速、温度、差压开关、LVDT 反馈、速关阀行程等。机组日常运行中应定期对这些关键系统的测量仪表进行重点检查。

一、热工测量元件接线松动导致增压机跳闸燃气轮机机组停运事件

1. 事故经过

某燃气轮机电厂于 7 月 9 日 15:56，运行二值主值监盘时发现 2 号增压机跳闸，2 号燃气轮机发出"天然气入口压力低"报警，燃气轮机 RUNBACK 动作，燃气轮机负荷下降。15:57，2 号燃气轮机跳闸，联跳 3 号汽轮机。值长汇报调度和各级领导。

主值派人到就地查 2 号天然气增压机跳闸原因为 "NP TEMPERATURE MONITOR FAULURE"（增压机轴承温度检控失败），检查增压机各轴承温度正常（最大值 90℃），润滑油温正常（52.6℃），冷却水畅通，未发现明显异常情况。

运行值长联系生产保障部热控专责，检查 2 号天然气增压机跳闸原因。

16:00，热控专责到现场，检查天然气增压机跳机，首出原因为轴承温度监控失败。继续检查结果为控制器、模件状态、保护线路各个节点、端子排接线均正常；轴承温度测点正常，显示值正常，未达到跳机保护动作值，就地温度表也正常；检查控制逻辑内部控制回路，均无异常。发现温度测点 TE3 点有轻微松动现象。

20:00，热控人员初步判断为保护误动，运行人员向调度请示重新启机。22:09，2 号燃气轮机启动。22:39，2 号燃气轮机并网。

2. 事故原因查找与分析

由于增压机轴承温度发生短时监控失败，引起保护动作，2 号增压机跳闸，2 号燃气轮机天然气入口压力下降导致燃气轮机 RB，而后跳 2 号燃气轮机。增压机轴承温度监控失败的原因初步分析为温度测量元件接口松动。

事件暴露如下问题：

（1）热工测量元件接线松动。

（2）点检人员点检不到位，没有及时发现测量元件松动现象。

3. 事件处理与防范

（1）热控人员尽快联系厂家，对2号增压机保护误动的原因进一步彻底分析。

（2）热控专业加强技术管理，加强技术培训。对于热工和电气测量元件应定期检查，防止出现松动现象导致测量出现误差。

（3）运行部巡检人员、生产部点检人员加强日常、定期巡检力度，发现问题及时处理。

二、排气热电偶测量系统异常导致机组停运事件

排气热电偶是燃气轮机最重要的测量元件之一，用它直接测量燃气轮机的排气温度，作为机组的温度保护和控制之用。9FA机组有31个排气热电偶，运行中用它们直接计算出燃气轮机的平均排气温度，并间接计算出燃烧基准温度，同时还参与燃气轮机的分散度及超温保护。因此其测量准确与否，直接影响燃气轮机的效率、寿命和机组的安全运行。根据统计，多台机组发生过排气热电偶故障引发机组非计划停运事件，尤其以通道中测温热电偶故障、屏蔽接线和源于排气温度测量导致排气温度分散度大的故障频繁。

1. 故障过程

（1）热电偶开路。某机组运行中，突然燃气轮机MARK Ⅵ发"燃气轮机排气热电偶故障"报警。在燃气轮机控制界面上显示燃气轮机排气热电偶第7点为−176℃，随后发现第3点排气热电偶温度也跟着快速下降，燃气轮机排烟分散度S1和S2快速增大，燃气轮机MARK Ⅵ发出"燃气轮机排气分散度高""燃烧故障"后机组跳闸。停机后检查发现，3号和7号排气温度热电偶磨损均已开路。经更换排气温度热电偶后，机组再次启动正常。

（2）热电偶接线松动。A电厂机组正常运行中，突然燃气轮机排气分散度S1迅速增大，燃气轮机MARK Ⅵ发"燃气轮机排气热电偶故障"报警，在燃气轮机控制界面检查发现燃气轮机排气温度第24点失灵。经就地检查后发现，热电偶接线松动，停机后对测温元件接线复紧后，在燃气轮机控制界面检查其温度显示正常。

B电厂2号燃气轮机启动过程中，第5点排气温度波动大，进入燃气轮机排气间检查，未发现元件有松动退出情况。停机后仔细检查发现，该温度测量补偿导线接线柱接线片焊接因振动出现虚焊，造成测量异常。

C电厂1号机组第11点排气温度异常，检查发现热电偶卡套与元件处碰磨，元件磨损。15点异常，检查发现该元件根部卡套处磨损，导致该元件安装位置松动脱落。

（3）热电偶测量回路异常。某电9E机组运行在基本负荷中，机组发出"燃烧故障报警"信号，35min后机组发"排气分散度高"报警并随后跳机。现场检查发现：第17点排气热电偶温度由300℃慢慢开始爬升到跳机前605℃。该单点温度的异常升高造成了TTX-SP1、TTXSP2、TTXSP3同步上升，L60SP1、L60SP2、L60SP3、L60SP4都置为"1"，机组达到跳机条件。这是一起比较少见的由于单点热电偶异常升温引起的跳机事件，一般热电偶故障显示开路−84℃。对此，应在温度逻辑设计时增加一个温升率的判断，以避免此类似跳机事件发生。

（4）热电偶补偿电缆损坏。某燃气轮机处于基本负荷运行，突然出现"燃烧故障"报警，检查为18号排气热电偶数值向上跳跃，2min后燃气轮机18号排气热电偶测量数据达

1170℉（约 632℃），燃气轮机出现"排气分散度高跳闸"报警，随后跳机。

脱开燃气轮机排气热电偶元件及 MARK Ⅴ 机柜端子，用 500V 绝缘电阻表检查，发现热电偶补偿电缆（共 36 芯）半数以上补偿线接地电阻为零。检查电缆发现穿地电缆管内充满积水，电缆内部也有积水。遂更换补偿电缆，对穿地电缆管排水。检查还发现 18 号排气热电偶元件损坏，对其进行更换。检查就地热电偶接线箱端子有部分接地现象。拆下清洗，烘干后绝缘恢复正常。初步分析故障原因是 18 号排气热电偶补偿电缆绝缘损坏引起。

正常情况下，排气温度测温元件损坏后，平均排气温度计算是按照"自动剔除"处理，但对于分散度大保护算法，不剔除任何一个温度测量信号。由于 18 号热电偶补偿电缆绝缘不好，使得所测排气温度变成 1170℉（632℃），造成排气分散度高而保护跳闸。

补偿电缆绝缘损坏原因，是由于蛇皮管靠地面处出现破损，未做电缆头。致使雨水进入电缆内部，造成绝缘损坏。更换了 18 号排气热电偶元件和补偿导线电缆，更换蛇皮套管之后，温度测量信号恢复正常。同时，对其他位置较低的穿地金属套管也进行了例行检查。

（5）热电偶引出线转接端口铜压板银焊虚焊。某电厂 2 号机组在运行过程中显示 S1 分散度总是偏大，最大时约达到了 50℃，且负荷越高，S1 分散度越大，温度最低点在第 5 点，降低负荷后第 5 点温度又恢复正常，造成机组不敢带满负荷运行，机组效率降低，效益受损，长期以来一直困扰着该厂生产人员。检查测量元件、测量套管、补偿导线、温度输入通道、输入模件、回路绝缘等，均未发现异常。仔细查看历史曲线发现第五点排气温度，在一次消缺后突然降低，而消缺过程中对第五点补偿导线的圆形接头虚焊进行了银焊补焊处理。去掉圆形接头，直接将补偿导线接到元件上，第 5 点温度恢复正常。最终发现：由于第 5 点排气热电偶的引出线转接端口的铜压板银焊接部分存在部分虚焊，造成热电偶信号在传输中被削减，当排气温度高时由于热电偶电动势变强，虚焊部分对电动势削弱多，造成温度与实际偏差大，温度值显示较低，于是 S1 分散度变大；当排气温度降低时热电偶电动势减弱，虚焊部分对电动势削弱小，温度偏差降低，温度值显示接近正常值，于是 S1 分散度变小。

2. 故障原因分析

上述案例均为元件本身造成的故障，总结这些故障的主要原因有两个：

（1）有些机组长期两班制运行，机组启停频繁，燃气轮机排气扩散段振动偏大，且排气间温度较高，使得接线处松动、接线柱或接线压接片高温氧化，从而引起接触不良情况。

（2）元件的安装形式比较特殊，元件本身质量问题（如耐磨层薄、耐磨材质问题、刚性不够、加工精度不够等）引起磨损的情况。经调研一些电厂机组投产后，发生排气温度热电偶磨损严重现象的情况较多，大部分电厂年均更换过几十支排气温度热电偶，一度成为热控专业的最大问题。观察元件磨损部位，有以下两种情况：

1）发生在热电偶端部，端部磨损的主要原因是：由于排气温度的测量在扩散段上，每个元件套管径向平均布置在扩散段壳体上，套管头部焊接一短管（导向套管），朝向透平烟气排气方向，测量元件测量端大约位于导向套管中心处。由于机组运行时排气流速的因素，每支元件与烟气接触而受力，若安装时元件变形、安装位置不对、加工精度或刚性不足，会使得测量端延长端部与套管内壁直接碰磨，导致元件的端部受损，致使排气温度测量不准或者成为坏点。

2）发生在元件的根部，根部磨损的主要原因是：由于安装元件时采用的固定接头不合适或安装时没有完全紧固，导致在运行中元件根部与固定的接头碰磨，长时间后元件开始松动脱离原来的位置，使测量温度偏低，分散度偏大，有可能发生分散度大跳机。

（3）电缆敷设不规范，补偿电缆绝缘穿地电缆管内充满积水等引起绝缘损坏。

3. 事件处理与防范

为防止上述事件发生，应做好热电偶的以下检修与维护工作：停机时定期对排气温度热电偶元件进行检查，对于磨损严重的应更换。

三、清吹阀门 VA13-3 反馈信号异常导致燃气轮机启动不成功事件

1. 事件经过

2016 年 10 月 22 日，某热电厂二拖一机组 2 号燃气轮机、3 号汽轮机处于正常运行状态，07：00：50，1 号燃气轮机发启动令，07：31：25，1 号燃气轮机定速，07：33：05，1 号燃气轮机并网成功。08：13：55，1 号燃气轮机升负荷至 35MW，达到切换负荷点，1 号燃气轮机进行燃烧模式的切换，由模式 Mode3 切换至 Mode6.2，PM3 支路投入燃烧，同时应将 PM3 支路的清吹退出运行。

监视发现 PM3 支路清吹退出后，空气侧阀门 VA13-3 的关反馈信号未能正常返回，VA13-3 的开反馈信号故障开启，导致 VA13-3 的 2 个限位开关信号均处于异常状态，进而触发主保护逻辑 L94DLN，08：18：19，1 号燃气轮机负荷 50MW、二拖一机组总负荷 380MW 时，触发自动停机主保护，引起 1 号燃气轮机自动停机。

2. 事件原因查找与分析

（1）事件后检查处理。通过历史报警文件与历史曲线分析，当系统要求 PM3 支路退出清吹后，VA14-4（天然气侧清吹阀门）关闭正常，VA13-3 的开反馈信号消失正常，但关反馈信号未能正常到位，该支路上设置的三个并列的压力开关（63PG-3A、63PG-3B、63PG-3C）均动作正确，从以上现象可以分析，PM3 支路已退出清吹，但 VA13-3 的关反馈信号异常。约 260s 后，VA13-3 的开反馈信号显示异常，持续时间约 3.8s，触发了 1 号燃气轮机的自动停机主保护。

1 号燃气轮机停机后，热控人员对 PM3 支路的清吹系统进行了检查与试验，检查 VA13-3 阀门的指令线、反馈线接线正常，无松动或接触不良的现象，测量电磁阀线圈电阻为 1.7kΩ，符合典型值，通过强制的方式使 VA13-3 动作，在动作的过程中阀门内部没有异常声音，气缸及仪表风管线未检测到泄漏的情况。

将 VA13-3 的限位开关接线盒打开，检查接触器的情况，见图 5-3。

检查发现，图 5-3 中的透明塑料圆盘与门轴的连接松动，在透明圆盘上，安装有 2 个金属触点，下方设置有 2 个磁性接触器，当阀门开启后，门轴向顺时针的方向旋转，带动透明圆盘一起旋转，进而改变金属触点的位置，通过金属触点与接触器的相对位置，来判断阀门的实际状态。当透明圆盘松动后，金属触点与磁性接触器的对中和相对间隙都受到了影响，使 VA13-3 阀位反馈异常，进而造成 1 号燃气轮机自动停机。

图 5-3　VA13-3 限位开关内接触器

热控人员对 VA13-3 的反馈装置内部部件进行紧固、调整后，通过强制进行了多次试验，PM3 清吹支路均动作正常。11:45:47，1 号燃气轮机再次启动，在机组定速与升负荷的过程中，PM3 支路的清吹系统投入与退出正常。

（2）原因分析。

1）造成此次 1 号燃气轮机自动停机的直接原因是 PM3 清吹支路空气侧阀门 VA13-3 的位置反馈装置圆盘与门轴的连接松动，磁性接触器距离发生变化，其安装槽及安装位置与 2 个磁感应器存在偏差，以及传动机构的振动等，导致了反馈装置的故障，信号不能 100% 准确。

2）当发现 VA13-3 的关反馈信号异常，且确认 VA13-3 确实已关闭，未及时采取有效的防范措施，未考虑到 2 个反馈信号公用转盘故障的可能性是本次自动停机的次要原因。

（3）暴露问题。

1）热控人员对现场设备的维护不够深入、细致，未能及时发现清吹支路空气侧阀门的位置反馈装置存在的隐患，最终导致保护动作，机组自动停机。

2）热控人员对现有清吹系统的主保护逻辑认识不到位，不能及时采取必要的应对措施。

3）现有清吹系统的主保护逻辑不够合理，存在误动导致停机隐患。

3. 事件处理与防范

（1）对 1 号燃气轮机 VA13-3 加强监视，停机后待条件具备对该反馈装置进行更换处理。梳理全厂类似的气动阀门的反馈装置，利用停机机会对位移接触器、磁性接触器，接触探针、旋转转盘的内部结构进行详细排查，消除可能存在的隐患，对主要系统做到逢停必查，逢停必试。

（2）热控人员加强主保护逻辑的梳理和熟悉，并对各台机组现场易出现的异常情况进行梳理，建立异常情况处理预案，组织学习并熟练掌握。

（3）对现有清吹系统的主保护逻辑进行优化，确保逻辑的可靠性。

（4）立即组织编写清吹系统主保护优化可能性的书面文件，与 GE 公司进行商讨，对该保护逻辑进行优化。

四、高温造成轴瓦振动传感器故障导致汽轮机跳闸

2017 年 8 月 12 日某厂 1 号燃气轮机/2 号燃气轮机/1 号汽轮机二拖一模式正常运行，总负荷 190MW，抽汽供热流量 44t/h。

1. 事件过程

17:20，10 号汽轮机 1 号瓦振出现瞬间波动至 199μm，时间持续约 2s，导致 10 号机组 ETS 轴瓦振动大保护动作，1 号汽轮机主汽门关闭跳闸，1、2 号燃气轮机快速减负荷保护动作，2 台燃气轮机负荷均减至 22MW。

2. 事件原因查找与分析

检查 1 号瓦振动信号异常前后历史数据，1～4 号轴振 X/Y 方向、2～4 号瓦振无大幅波动现象；1～4 号轴瓦温、回油温度均无异常变化。

检查 1 号瓦振探头安装位置在靠近高压缸侧，其引出线跨过汽封上部与高压外缸保温接触，测量元件外壳温度 80℃，安装处周围环境温度较高，轴径处约 270℃，探头及其引出线都处于高温环境。

检查 1 号瓦振探头信号历史曲线发现，8 月 10 日 6:47，在 10 号机冲转前，曾发生异常突变，波动范围在 $10\sim20\mu m$ 之间，并网后 6:47，又发生一次异常突变，峰值达到 $190\mu m$，见图 5-4。因信号达保护动作值持续时间未超过 1s（本特利 3500 装置保护动作输出设置为延时 1s），故未触发汽轮机 ETS 保护动作，因此分析推断 1 号瓦振探头存在缺陷，但未得到有效消缺处理。经了解，当时运行当值联系设备维护部检查处理，维护人员建议运行退出轴瓦振动大保护，运行退出后继续开机，开机后运行未发现信号波动，于 8 月 12 日运行当值恢复瓦振保护投入。不久 1 号瓦振再次异常并触发了汽轮机 ETS 动作。

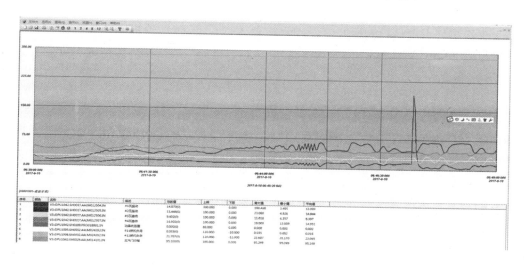

图 5-4　8 月 10 日 1 号瓦振探头波动曲线

事件后电厂热控人员检查瓦振探头型号为本特利 9200 型，探头及随后的电缆均不耐高温。但 1 号瓦振探头安装位置离高压缸距离较近，信号线部分穿过轴径处温度较高。拆下 1 号瓦振探头就地信号电缆进行检查，发现电缆已因高温变形，因此判断事件原因，是高温造成测量探头信号异常，最终引起保护误动。此外，在检查中还发现该保护信号电缆存在对接情况，并且部分电缆没有屏蔽层，也是机组长期运行的安全隐患。

本次事件暴露出设备缺陷管理工作落实不到位，技术管理存在隐患：

（1）运行部门未履行正常的设备报缺程序，交接班未对设备异常情况进行详细交底。

（2）设备维护部未履行热工主保护投撤管理制度，设备缺陷未按正常流程进行处理，保护投撤存在随意性，且未记录检修交代事项，未对设备缺陷进行详细交代。

3. 事件处理与防范

事件后，采取了以下处理与防范措施：

（1）1、2 号瓦振探头及电缆重新选型更换，确保满足高温环境稳定工作要求。

（2）对测量元件引出线进行更换，同时避开高温区域，增加隔离挡板。

（3）优化瓦振/轴振保护逻辑，避免单点保护误动。

（4）加强现场及信号历史曲线的巡检与数据分析，严格执行主保护投撤、检修交代、设备缺陷处理等技术管理制度。

第三节　测量仪表异常引发机组故障

转速传感器不稳定引起燃气轮机超速保护误动、测速探头故障导致联合循环汽轮机跳闸事件、7号燃气轮机排气分散度大跳机事件、燃气轮机振动高跳机事件、F级燃气轮机感温探头误发信号引起火灾保护信号动作跳机事件、燃气轮机透平滑油母管压力低跳机事件、燃气轮机机组同一天两次停机事件、轮机间危险气体误报警造成燃气轮机机组自动停机事件、防喘阀行程开关破损导致燃气轮机防喘阀保护动作停机事件、9E DLN1.0燃气轮机燃烧一区再点火失败事件、火焰检测探测器冷却水汽化事件、9E燃气轮机点火失败事件、排气热电偶故障导致S109FA燃气轮机跳闸事件、燃气轮机可燃气体检测探头故障事件。

一、因转速传感器不稳定引起燃气轮机超速保护误动

1. 事件经过

西门子V94.3A燃气轮机是单机容量最大、技术最先进的燃气机组之一，作为电网安全运行的重要调峰机组，目前在国内已经引进安装了几十台机组，燃气轮机超速保护作为重要的一项保护，和传统的汽轮机超速保护相比，对可靠性要求更高，特别是在燃气轮机点火升速阶段，因为升速快，而且机组没有并网，因此要绝对保证超速保护不能拒动。但燃气轮机超速保护发生误动的概率也相应增加，某燃气电厂就曾发生过2次超速保护误动事件。

（1）在2010年02月10日18：01：26，2号机组负荷为360MW时跳机，首出20MYB01EZ012S。

（2）在2010年02月22日11：15：53，2号机组负荷为300MW时机组跳机，首出20MYB01EZ012S。

2. 事件原因查找与分析

（1）西门子V94.3A燃气轮机超速保护的控制方案：它共有6个转速传感器，其中1、2、3号转速传感器和3个转速模件组成三取二的超速保护回路直接硬接线输出跳燃气轮机，所以又叫硬超速保护回路；4、5、6号转速传感器和3个转速模件组成的三取二超速保护回路先送到95-F保护，之后再输出跳燃气轮机信号，所以又叫软件超速保护回路。西门子超速保护逻辑简图见图5-5。

（2）跳机原因分析。在2次跳机之后，检查跳机时报警记录、运行曲线发现2次跳机报警基本一致，首出原因都是20MYN01EZ012S，该报警是燃气轮机超速保护逻辑（三取二）动作后输出的报警信息，确认是燃气轮机4、5、6号转速传感器系统发出的超速保护，而当时采用1、2、3号转速传感器的硬件超速保护回路没有动作输出，超速逻辑保护定值为3240r/min，当时机组在并网运行，并且查转速曲线没有超速记录，因此可以确认为超速保护误动。热控专业跳机后分别进行了如下工作：

1）对转速模件的参数设置进行了检查，结果正常。

2）对测速回路的电缆进行了接地、绝缘、屏蔽、接线端子连接检查，结果无异常。

（3）在2月22号跳机之后，等燃气轮机盘车停下之后对所有转速传感器的安装间隙、传感器端面清洁程度进行了检查，发现间隙符合安装标准，但是传感器整体都比较脏，端面

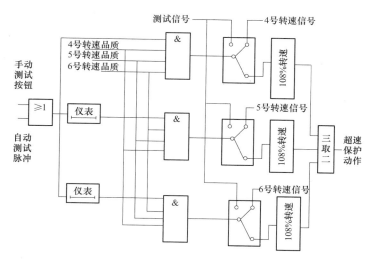

图 5-5　西门子超速保护逻辑简图

和螺纹丝扣上有不同程度的油污，更换 6 号转速传感器。

（4）在 2 月 22 日跳机之后，当时燃气轮机第 2 次点火后定速 3000r/min，没有并网，出现 6 号测速系统信号跳变不稳定、有时故障现象，在停电更换完转速模件后，上电自检时出现超速保护跳燃气轮机，后对转速模件进行输入转速信号试验，验证保护逻辑和保护定值，结果正常。

初步分析保护动作原因：正常来说三取二保护可靠性很高，但在自动测试脉冲来时候（每 30min 自动测试一次），测试信号依次输入到转速模件，并触发 108％转速保护定值。整体来说 6 号测速系统最不稳定，当 4 号或 5 号转速模件正好在自检时候，有一个 108％转速输出，此时正好 6 号测速系统可能由于传感器油污太多、端面有金属铁削、传感器老化等不可预测原因，使 6 号测速系统产生一个大于 108％干扰转速信号，结果 6 号超速模件的 108％保护输出，从而三取二超速保护逻辑动作，燃气轮机跳机。

3. 事件处理与防范

（1）对拆下来的 6 号转速传感器进行测试记录，确认其是否在较长的时间周期内会否出现信号波动不稳定现象。

（2）和燃气轮机保护 95-F 厂家联系，看是否能够把自检由现在的 30min/次，尽量延长（如有可能延长为 24h/次），从而降低在自检时候保护误动的概率。

（3）在每年的冬季检修中，把燃气轮机转速传感器的检修检查、油污清洗列为检修标准项目。和转速传感器厂家联系确认传感器稳定使用周期，例如达到 5 年就全部更换新传感器。

二、测速探头故障导致联合循环汽轮机跳闸事件

1. 事件经过

"汽轮机测速探头 2 故障""汽轮机控制器故障"报警，汽轮机转速柜第二测速探头模件显示转速为零。随后汽轮机跳闸，首出"S5-95F 超速保护 1 跳闸"，高、中、低压旁路自动开启，减燃气轮机负荷至 120MW。在汽轮机解列期间，更换了汽轮机 2 号测速探头就地电

缆。投入联合循环运行，随后"汽轮机测速探头 2 故障""汽轮机控制器故障"报警，汽轮机跳闸，首出"S5-95F 超速保护 1 跳闸"，燃气轮机再次减负荷至 120MW。

2. 事件原因查找与分析

"汽轮机测速信号 2 通道故障"缺陷出现后，汽轮机测速信号 2 通道显示为"0"，转速测量回路电源供给及频率接收模件 E1518 工作指示灯灭，转速显示卡 E1553 显示为"0"，同时 SP2 给定值信号灯为红色（低于 40r 显示红色），继电器动作模件 2231 的"3"通道黄色指示灯灭（正常时常亮）。停机后，更换了转速测量通道的 E1518 卡，更换后转速显示正常。检查换下的 E1518 模件，线路板上一电容有轻微凸起，初步判断 E1518 模件工作不稳定导致了"汽轮机测速信号 2 通道故障"。

次日，汽轮机并网后，又出现"汽轮机测速探头 2 故障""汽轮机控制器故障"报警，转速柜第二测速探头模件显示转速为零，汽轮机跳闸。汽轮机转速下降到 800r 后，"汽轮机测速信号 2 通道"恢复正常，转速显示正常。

根据故障现象分析，认为就地转速测量部分存在着故障，随着汽轮机转速及温度的升高，探头阻抗变大或延伸电缆的连接存在问题。技术人员判断"就地测速探头 2"有故障，随即进行更换。在更换了汽轮机测速探头 2 之后，拆除了就地 2 号探头的延伸电缆，规避了汽轮机转速测量回路的通道自检。汽轮机冲转并恢复运行。

汽轮机超速保护分硬件和软件两部分，超速定值是 3240r/min，整个测量回路由 6 个转速测量通道组成，1、2、3 转速测量回路参与硬件超速保护，同时送 SIMADYN D 系统作为转速值参与调门控制。1、2、3、4、5、6 都参与软件超速，信号在 S5-95F 系统进行处理。汽轮机超速动作逻辑：

（1）1、2、3 测量回路三取二逻辑后通过硬接线直接触发跳闸回路，卸掉调门工作抗燃油。

（2）在 S5-95F 系统中 1、2、3 转速进行三取二逻辑判断，4、5、6 转速进行三取二逻辑判断，两路判断值"或"逻辑输出跳闸信号触发跳闸回路，卸掉调门工作抗燃油。

（3）1、2、3 转速信号在 SIMADYN D 系统中进行三取二逻辑判断，从燃气轮机控制器中输出调门控制指令为"0"，从而使调门关闭。

可以看出整个超速逻辑设计比较严密，但信号分支多，转换环节多。引起汽轮机跳闸事件的原因主要有以下几点：

（1）汽轮机 2 号转速探头本身存在故障，高温环境下工作异常，是本次跳闸的原因。

（2）转速测量采用的是德国 RBAUN 公司的测量模件，为保证 6 个转速测量通道正常工作，西门子公司设计了一套自动自检的程序，每 1h 对测量系统进行一次自检，自检是以 3245r/min 和 3235r/min 为定值，用以检测通道状况。如果在自检前 1、2、3 硬件回路已经有 1 个转速测量通道故障，则闭锁硬件回路自检程序。如果在硬件回路自检同时，1、2、3 测量回路中有某一路测量通道突然故障，则三取二逻辑判断为超速保护动作，引发跳闸。4、5、6 测量回路动作原理同理。

第一次汽轮机跳闸发生前 3s，汽轮机 2 号转速通道从故障状态突然恢复到正常状态，自检程序开始执行，1s 后 2 号转速通道又出现故障，超速保护逻辑认为有两路通道存在异常，三取二逻辑触发跳机。

3. 事件处理与防范

（1）汽轮机转速探头耐高温性差，在高温环境下故障率高，需要更换新型耐高温转速探头。

（2）超速保护的自检逻辑需进行优化，自检逻辑不应该触发误发跳机信号。

（3）对汽轮机转速就地探头挂牌，便于随时故障排查。

三、7号燃气轮机排气分散度大跳机事件

1. 事件经过

2014年1月2日12:47，7号机组负荷70MW，突发"排气分散度高"保护动作跳闸。报警记录显示为"HIGH EXHAUST TEMPERATURE SPREAD TRIP"（排气分散度高跳闸）。

2. 事件原因查找与分析

（1）原因查找。查看历史曲线，12:32，第15点排气热电偶出现故障；12:47，第9点排气热电偶故障，排气分散度保护动作，机组跳闸，历史趋势曲线见图5-6。

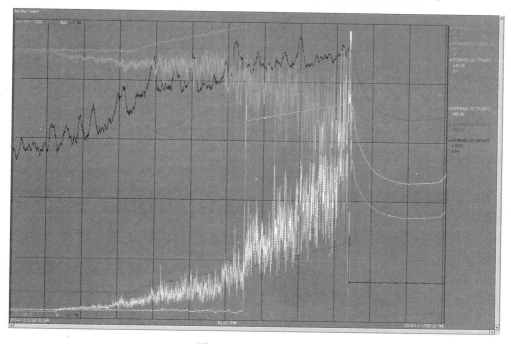

图5-6　历史趋势曲线

检查燃气轮机排气热电偶，第9点和第15点排气热电偶补偿导线接线鼻子端部断开。重新更换接线鼻子，紧固接线后，温度显示正常。

根据排气分散度保护原理，当排气分散度$S1$（最高排气温度和最低排气温度之差）大于允许分散度的5倍"（条件1）"、排气分散度$S2$（最高排气温度和第二低排气温度之差）大于允许分散度的0.8倍"（条件2）"、第二低和第三低的排气温度热电偶安装位置相邻"（条件3）"三个条件同时满足时，触发排气分散度大跳机。

第15点和第9点排气热电偶相继故障，根据排序，12:47最低排气温度为第9点，第

二低排气温度为第 15 点，第三、第四低排气温度为第 14、第 16 两点与第 15 点相邻，即排气分散度 S1（对应于第 9 点）已经超过允许值的 5 倍、S2（对应于第 15 点）也超过正常允许值 0.8 倍，第二、第三低排气热电偶相邻已同时满足上述 3 个条件，从而触发机组排气分散度大保护动作。

　　现场检查部分排气热电偶补偿导线套管安装支架固定在电缆穿管上，未有效固定于固定基础上，因现场振动较大，导致热电偶补偿导线接线鼻头端部断开，见图 5-7。

(a)　　　　　　　　　　　　　　　　(b)

图 5-7　热电偶安装比较图

(a) 9 号机组安装（正常）；(b) 7 号机组安装（不正常）

　　(2) 原因分析。7 号机组排气热电偶气冷端螺纹连接处都有不同程度的磨损断裂，补偿导线与冷端连接处有松动现象；部分更换元件有高温烫伤痕迹，运行中对排气热电偶用红外线测温仪测量，多支元件冷端超过 100℃。究其原因，在于 7 号机排气热电偶现采用航空插头连接形式，因振动高温等环境因素影响，极易造成损坏，机组投运以来已多次发生因排气分散度高原因造成的跳机事件，给机组安全运行带来极大隐患。经分析，总结故障原因为：

　　1) 7 号机组排气热电偶现采用航空插头连接形式容易在振动时发生接触不良，导致信号突变。

　　2) 7 号机组排气热电偶与补偿导线连接处和本体连接过近，保温略有漏气就容易导致探头温度过高高温老化致输出信号突变。

　　3) 在运行中，若单点信号发生故障，热控处理手段只有强制信号，与其他控制器正常的信号点进行并线方式，方式过于单一，且在处理过程中对机组安全运行存在一定风险。

　　3. 事件处理与防范

　　(1) 改善设备工作环境。为防止排气热电偶在正常运行中被漏气高温气体烫伤探头，重新对元件处的保温进行加固，缩小了元件处保温防护挡板的孔径，减少漏气带来的元件损伤。

　　(2) 对排气热电偶进行改进。由于生产厂家未给出解决方案，排气热电偶损坏的也比较多，班组所留元件不够更换，联系当地厂家对元件进行改进。改进后的元件型号为：WRNK-600BPFG；规格为：G3/8　L=750×380×50。国产元件相对进口元件改进的内容和好处有：

1）国产元件价格比进口元件便宜，节约了检修成本。

2）经过长期使用经验，要求厂家的元件比进口元件延长了 30cm，元件的抗振性有所加强，同时元件与补偿导线的连接处远离了高温缸体，防止高温烫伤元件冷端。

3）国产元件与补偿导线的连接方式采用端子块，比起航空插头连接形式更加稳定可靠。

4）缩短了厂家供货周期。

（3）保护逻辑的优化。MARK Ⅵ操作员页面增加排气热电偶坏点旁路按钮见图 5-8，机组运行时发生排气热电偶开路时，运行对热电偶坏点信号进行旁路，选择旁路后坏点会直接跟排气温度平均值 TTXM，避免保护撤出风险。

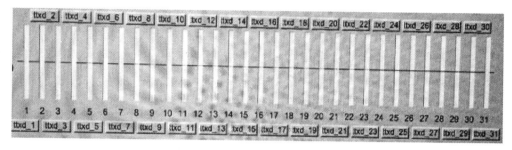

图 5-8 排气热电偶坏点旁路按钮

图 5-8 所示为各排气热电偶与平均排气温度 TTXM 的偏差；ttxd _ 1～ttxd _ 31 为将对应排气热电偶旁路的按钮，在任一点排气热电偶发生信号故障时可根据运行情况点击对应的排气热电偶旁路按钮，将信号切换为 TTXM。

所增加旁路的逻辑设计，以排气热电偶一号点为例，见图 5-9。

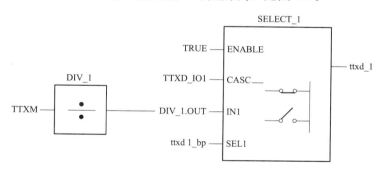

图 5-9 排气热电偶旁路投/切逻辑

注：TTXM：Exhaust Temp Median Corrected By Average；

TTXD _ IO1：Exhaust Thermocouple 1；

DIV _ 1. OUT：Result Of Division；

ttxd 1 _ bp：Exhaust Thermocouple 1 bypass pushbutton；

ttxd _ 1：Exhaust Thermocouple 1

增加该旁路逻辑具备以下几个优点：

（1）机组运行时发生排气热电偶温度显示异常时，运行人员能及时对故障点热电偶信号进行旁路，避免保护撤出风险，减少坏点存在时间，降低因排气热电偶信号故障跳机的概率。

（2）操作简单、可靠。即使操作失误也不会立即引起严重后果，对机组造成不良影响。

（3）热电偶的安装场所环境比较恶劣，温度高噪声大光线微弱，还需要高空作业，每次排气热电偶故障更换，都需安排人员夜间机组停役时加班处理，存在一定的人身安全隐患。信号故障点旁路后在不影响机组安全运行的情况下，可安排维修人员在机组检修周期统一更换，给维护消缺带来很多便利。

四、燃气轮机振动高跳机事件

1. 事件经过

3号机运行参数中：BB3测点故障（于09月05日启机后就大幅波动，从−70mm/s至+203mm/s，已口头通知检修，由于机组一直连运，未进行处理），BB5于09月09日09：00出现波动从+4.7mm/s至+14.7mm/s，在此之前无异常；3号机其他参数正常。

13:57:52，3号机出现：high vibration trip or shutdown。3号机跳闸，1号烃泵联跳。立即通知4号机快速降负荷停机。

14:05:25，3号燃气轮机转速到3.3%，盘车电动机启动后，转速仍下降。盘车电动机启动后，查看辅机间，观察到油箱负压到满格（−3kPa），将油箱负压调整阀全关后，再微开，油箱负压调到−0.8kPa。14:07:05转速到0r/min。

14:12:20，复位启动电动机后，启动电动机自启，盘车电动机启动后，转速仍下降，盘车未投上；14:15:16出现"true palarm bearing metal temp high"。当时观察到BTJ2-1.BTJ2-2温度分别为185℃、187℃。

14:16，经同意，强制复位启动电动机后，启动电动机自启，转速降到3.3%后，盘车电动机启来后，转速仍下降，盘车未投上；当时观察到BTJ2-1.BTJ2-2温度分别为175℃、185℃。

14:22，强制复位启动电动机后，启动电动机自启，转速降到3.3%后，盘车电动机启来后，转速仍下降，盘车未投上。当时观察到BTJ2-1.BTJ2-2温度分别为168℃、186℃。

13:57，4号机解列，临界3X：163μm，1595r/min；2瓦：45μm，1716r/min。14:34，投盘车（MARK Ⅴ时间比DCS快3min）。

调整油箱负压到−0.8kPa，手动启2次3号机盘车，未成功；将3号轮机间、辅机间、负荷间门全部关上；交代燃气轮机岗加强监视3号机滑油系统，保证运行正常；14:43，1号机发启机令，15:07、16:02，1号、2号机并网。

2. 事件原因查找与分析

经查历史记录，跳机前、后3号机振动参数统计于表5-1。

表 5-1　　　　　　　　　　　　　振动参数统计

时间	BB1	BB2	BB3	BB4	BB5	BB10	BB11	BB12
13:57:51	0.4	0.5	5.8	3.1	6	0.9	1	0.7
13:57:52	0.3	0.5	46.2	3.3	9.4	0.9	1	0.7
13:57:53	0.3	0.5	58.5	3.1	13.9	0.9	1	0.7
13:57:54	0.4	0.5	38.2	3.4	12.7	0.9	1	0.7
13:57:55	0.5	0.6	24	3.5	10.5	0.9	1	0.7

分析确认为：3 号机 BB3、BB5 振动探头故障或电缆接触不良引起。

3. 事件处理与防范

（1）燃气轮机振动升高，应立即降低机组负荷，降低机组振动上升趋势。

（2）到就地对机组振动进行实测。如振动数值真实，应维持机组负荷稳定，检查分析原因，待原因查明并消除后，可重新带负荷。

（3）如为测点故障，则应逐级汇报，申请强制并及时更换元件。在强制处理过程中，要加强对振动测量，做好相关事故预想。

五、F 级燃气轮机感温探头误发信号，火灾保护信号动作跳机事件

1. 事件经过

2008 年 8 月 18 日 16：59：29，某电厂 3 号燃气轮机机组运行在 250MW 负荷，单台燃气轮机罩壳内风机运行，罩壳内温度 48℃。突然出现燃气轮机火灾保护动作（FIRE PROTECTION），燃气轮机跳闸、ESV 阀关闭、汽轮机跳闸、发电机解列。同时该燃气轮机罩壳风机跳闸，燃气轮机 5 个罩壳挡板全关，灭火保护动作，二氧化碳喷射。事后查明此次燃气轮机跳闸直接原因为火灾保护动作。

2. 事件原因查找与分析

（1）相关保护逻辑。经检查，燃气轮机跳闸来自于 MINIMAX 系统的 3 个火灾保护三取二信号动作引起。对于 MINIMAX 系统而言，其火灾报警的监测主要依赖于现场分布的 8 个火焰检测探头信号、5 个温度检测探头和 8 个可燃气体探头。

在 MINIMAX 的逻辑中，将上述 21 个探头分为了 4 组，其中 8 个火焰检测探头中每 4 个分成了一组，分别是 GROUP1 和 GROUP2；5 个温度探头作为 GROUP3；8 个可燃气体探头作为 GROUP4。在每个 GROUP 中只要有任何 1 个探头报警将会触发该 GROUP 的报警，当 GROUP3 报警时，只要 GROUP1 和 GROUP2 任何 1 个报警将触发 MINIMAX 系统的火灾保护跳闸信号，GROUP4 的报警仅做声光报警。西门子 V94.3A 燃气轮机的火灾保护逻辑示意图见图 5-10。

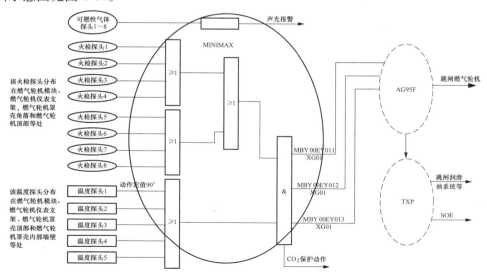

图 5-10　西门子 V94.3A 燃气轮机的火灾保护逻辑示意图

（2）事件分析。事件发生后相关人员迅速参与了事件的调查，其相关操作和处理过程如下：

查阅 TXP 系统 SOE 记录和 MINIMAX 系统的事件报警记录，发现相同的报警内容在 MINIMAX 系统和 TXP 系统的报警时间不一致，2 个系统存在约 14min 时差。

表 5-2、表 5-3 分别表示事件发生后 TXP 系统主要的 SOE 记录和 MINIMAX 系统的主要报警记录。

表 5-2　　　　　　　　　　　　事件发生后 TXP 系统的主要 SOE 记录

序号	时间	KKS 编码	内容	动作类型
1	16:59:28.732	MBY00EY013XG01	FIRE DETECTION SYSTEM CH3	ACTUATED
2	16:59:29.332	MBY00EY011XG01	FIRE DETECTION SYSTEM CH1	ACTUATED
3	16:59:29.332	MBY00EY012XG01	FIRE DETECTION SYSTEM CH2	ACTUATED
4	16:59:29.386	MBY00EY010SZV01	FIRE PROTECTION	TRIP

表 5-3　　　　　　　　　　　　事件发生后 MINIMAX 系统的主要报警记录

序号	时间	报警组	内容
1	16:45:51	GROUP3	火灾报警
2	16:46:13	GROUP1	火灾报警
3	16:46:46	GROUP2	火灾报警
4	16:47:01	GROUP35	火灾灭火

注　MINIMAX 系统和 TXP 系统存在时差，故报警时间不一致。

事件发生后，由于 CO_2 的释放使得燃气轮机罩壳内无法进入。在 DCS 系统中查阅相关趋势、调阅摄像资料和就地查看的过程中发现：燃气轮机罩壳风机跳闸和罩壳挡板关闭，导致罩壳内部温度由 48℃上升至 52℃（罩壳内无明火痕迹），罩壳外无泄漏、无漏油、无异常的气味和声音，在燃气轮机 1 号轴承正上方罩壳顶部的 2 只感温探头温度较高，约 57℃（此处靠近燃气轮机上方两个冷却密封空气的排气孔），见图 5-11。

图 5-11　1 号轴承上方罩壳顶部感温探头照片

为了确认燃气轮机罩壳内是否有可燃气体泄漏点，进行了启动顺控 SGC 试验。变频启动压气机带动燃气轮机转动，对燃气轮机及其后热通道进行压缩空气清吹，清吹结束后，停止 SGC。在这个过程中，始终没有发现泄漏点，无异常声音，无异常气味。

随后，实施燃气轮机点火不并网验证运行。所有预防性准备工作到位后，在近 1h 验证运行期间，燃气轮机罩壳内未发现明火、泄漏、漏油、异常气味、异常声音等迹象，也未出现过火焰探头回路的报警，随即燃气轮机停运。

次日（8 月 19 日），该燃气轮机启动并网，室外温度 33.3℃，负荷 320MW，在屏蔽相关保护后做了一次类似工况下的试验。事件发生后 TXP 系统的主要 SOE 记录见表 5-4。

表 5-4 事件发生后 TXP 系统的主要 SOE 记录

序号	时间	负荷	室外温度	1 号轴承上方感温探头（靠 2 号机侧）	1 号轴承上方感温探头（靠 4 号机侧）
1	10:20	320MW	33.3℃	75℃	68℃
2	13:10	250MW（跳闸负荷）	36.6℃	87℃	83℃

从表 5-4 中可以看出当工况接近 8 月 18 日跳闸工况时，感温探头表面温度已经非常接近 90℃报警温度，此时温度探头报警极有可能动作。但在试验中未能发现火焰检测探头信号误动。

根据燃气轮机罩壳感温探头和紫外线火焰探头的差温报警特性和报警时间，专业人员分析确认罩壳内环境温度高使得感温探头发出报警。同时，紫外线火焰探头受到较高环境温度影响，超出允许工作温度范围，使得紫外线火焰探头测量准确度下降，发出火焰误报警信号，导致火灾保护动作。经 MINIMAX 厂家确认火灾保护为信号误动作引起。

3. 事件处理与防范

（1）根据历史数据和逻辑分析，本次跳闸主要原因是温度信号和火焰检测动作。事后模拟试验证实，在夏季高温工况下，燃气轮机罩壳内温度偏高，尤其是靠近燃气轮机上方 2 个冷却密封空气的排气孔的 1 号轴承上方温度接近了报警限值。要求业主单位联系相关厂家了解夏季工况下燃气轮机罩壳内温度分布情况和感温探头的布置依据。

（2）在事后拆下来的感温探头铭牌上的工作环境温度为 -20～55℃，夏季工况下燃气轮机罩壳内温度有可能超过 55℃（超过 55℃时会影响该探头的正常工作），因此需要采取更加可靠的安装和隔热方法，或更换适合现场环境要求的探头部件。

（3）在 MINIMAX 逻辑中感温探头的报警与任一火检探头的报警即触发火灾保护动作，这样减少了火灾保护拒动的可能性。但是当任一火检探头误动时，任一感温探头报警都会触发跳机，增加了机组误动的可能性。在本次跳闸事件中也基本可以确认火检探头曾误动。应按照厂家要求定期清洁探头表面，确认环境温度和检测温度对探头工作的影响，检查相关接线的屏蔽接地情况。

（4）在历史数据的追忆过程中发现 MINIMAX 系统和 TXP 系统的时钟相差约 14min，这是因为 MINIMAX 系统未能进入 GPS 时钟系统。核查就地子系统，确认其与 GPS 系统的连接情况，如不能进入 GPS 系统，则需要建立定期校时的制度，保证各子系统与主系统时钟的一致性，便于运行和故障分析处理。

六、燃机透平滑油母管压力低跳机事件

1. 事件经过

2013 年 8 月 22 日，1、2、3、4 号机组正常运行。

18:31，1号燃气轮机发"L63QTX_ALM"（透平滑油母管压力低跳机）首次告警，1号燃气轮机跳闸，联跳2号汽轮机，查厂用电切换正常，立即将供热调至4号汽轮机抽气供热。至1号燃气轮机就地查看母管压力及5号瓦进油压力正常，润滑油系统无泄漏等异常现象，2号汽轮机维持真空。

19:05，1号燃气轮机经检查无异常后由值长发启动令。

19:25，1号燃气轮机转速达3000r/min，准备同期并网，但1号燃气轮机控制系统发"LDWCAL"（断路器打开有功不为0），控制系统画面显示有3MW负荷，联系热控专工处理。

20:18，由热控专业处理好，1号燃气轮机并网；21:00，2号机并网。

21:45，供热调至2号汽轮机供热。安排运行巡检人员在1号燃气轮机就地加强巡查。22:28，热控人员申请并经批准，将1号燃气轮机发电机侧润滑油压力开关a（L63QT2AL）测点强制。

2. 事件原因查找与分析

（1）压力开关检查。

1）首先对压力开关拆除校验：63QT-2A动作压力52.5kPa，63QT-2B校验动作压力53kPa，根据校验情况，符合检定要求开关校验合格。63QT-2A开关动作压力较低不应频繁动作，排除压力开关自身问题。

2）检查接线端子是否有松动：检查所有有关回路没有发现电缆接头端子排有松动的情况，其次分析励磁侧导线干扰问题，采用放临时电缆的方案，改方案需要一段时间观察效果。

3）由于现场发电机侧没有安装润滑油压力变送器，无法判断润滑油压力情况，采取从发电机侧润滑油压力低开关1（63QT-2A）加三通安装变送器，并将变送器接入DCS画面并做历史记录。

（2）更改逻辑。

1）将监测燃机滑油母管压力的压力开关63QT-2A与63QT-2B加入SOE中，以便当再次出现状况尤其是瞬时波动时，能迅速反应与记录。

2）将润滑油母管压力开关故障报警延时常数K63QT_SENSR由原来10s调整为2s，以便当有一个开关出现状况时，较早的显示报警，见图5-12。

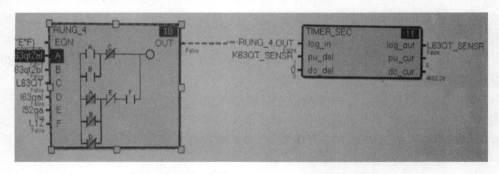

图5-12　延时常数K63QT_SENSR调整画面

3）在发电机侧滑油母管压力开关跳机逻辑L63QT跳机模块RUNG_2，对其中一个压力开关163qt2bl的信号入口处增加了延时模块TIMER_SEC_5延时0.5s，见图5-13。

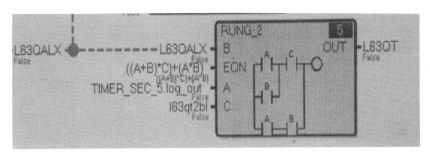

图 5-13　l63qt2bl 延时模块调整画面

由于原有压力开关安装位置在格栅板上，震动较大，不排除震动引起误动的可能，将压力开关移动到发电机基础台板上进行固定减少震动，见图 5-14、图 5-15。

图 5-14　改造前安装位置

图 5-15　改造后安装位置

（3）原因分析。

1）原有压力开关安装位置在格栅板上，实测震动较大，不排除震动引起误动的可能，将压力开关移动到发电机基础上进行固定减少震动。

2）通过调研发生过同样问题的 9E 燃气轮机电厂，某制造厂技术人员解释为可能是励磁侧导线干扰问题。

3．事件处理与防范

合理安排机组调停，利用停机机会检查燃气轮机相关系统，避免因为同样的基建遗留问题出现机组跳闸现象。

七、燃气轮机机组同一天两次停机事件

1. 事件经过

案例 1：当天上午的故障过程

1 月 28 日 10:23，7 号机发"START"令，10:40 机并网。11:09，7 号机发"轴承金属温度高"报警，经查 3 号瓦金属温度 BTJ3-1/2 达 130/130℃，约 1min 后温度上升到 140℃，查该瓦回油温度及各瓦振动均正常，快速降负荷到 5MW，3 号瓦金属温度无变化，仍为 140℃。11:24，经同意后 7 号机解列、停机，进行相关检查。

经热控人员检查，为 3 号瓦金属温度测量回路有接地所引起，由于该故障的排除涉及揭透平缸等大工作量问题，一时难以处理；后经讨论研究报请批复后，运行中按 3 号瓦的进出油温差（LTB3D 的 3 号瓦出油温度与 LTTH1 的滑油母管进油温度）为 15℃的方法进行监控。

15:18 分，接令开机，故障全过程历时 4.9h。

案例 2：当天下午的故障过程

17:00，7 号机带 70MW 负荷，TTIB1（负荷齿轮间温度）为 178℃；18:00，TTIB1 上升到 188℃；19:00，TTIB1 上升到 223℃，超过平时的正常运行 180～190℃值上限。查 88VG（负荷齿轮间通风机）风叶打开、开关柜红灯亮（有电），但钳表测 88VG 电动机电流却为 0。后打开负荷联轴间左侧门进行检查发现，发电机前轴承下方有火花（光）。

19:16，7 号机急降负荷、切轻油、准备停机，并即通知厂警消队派员现场戒备和通知检修人员来现场检查、处理。

19:36，7 号机解列。期间多次向 4 号瓦下方火光部位用 1211 灭火机进行灭火。后经检查：此明火是由 4 号瓦回油测点套管外部的沉积油垢在空间高温下自燃引发。

针对上述两次异常停机，迅速组织人员对现场情况进行如下检查与处理。

（1）经与热机部门专责检查确认，该部位轴瓦油系统均正常。

（2）经与热控部门专人检查确认，该部位套管内部接线也均正常，MARK V 指示也无异常。

（3）经电气部门专责检查，发现 88VG 电动机内部有一根引线断开，重新接上后测该电动机绝缘 500MΩ 正常，试转电动机及启动、稳定电流也均正常。

（4）机组解列后，断开 88VG 开关，测量该电动机绝缘：AB-200MΩ/BC-15MΩ/CA-200MΩ、相对地均为∞，均为正常。

（5）20:10，各项检查、处理完成后，7 号机充油完毕投入正常备用。

2. 事件原因查找与分析

（1）3 号金属瓦温度检测故障原因分析。

1）经确认为 7 号机 3 号瓦金属温度 BTJ3-1/2 测点回路引出线接地、线间短路故障，造成测量不准及波动大的问题。

2）当时做出停机检查的决定是由于该瓦金属温度的两个测点同时损坏，因平时最多是一个测点损坏，在还有另一测值可以做比较的同时再加上对进出油温差的参照，即可做出有效判断，但这次两个测点均损坏，为确保安全，停机检查的决定还是事出有因和正确的。

3）损坏的补偿导线上次大修做过更换，但这次故障的出现仍反映出年度检修（刚小修完）的检查工作及日常定检、维护工作仍然存在不足。

（2）88QV 故障及负荷间火警原因分析。

1）按常规着火条件的空气、可燃物、温度三条分析：这次 7 号机齿轮间下套管出现明火的原因也符合这三条：可燃物为下部套管外长年积下的油垢；温度是由于 88VG 断相不转、引起负荷间环温上升（TTIB1 上升到 223℃）；在负荷间高温烟气的烘烤下最终导致着火。

2）接线套管外长年所积下的油垢，是此处长年没有妥善清理、日常清洁工作没有做到位，平时有疏漏，这次小修中也没有清理干净。

3）88VG 断相不转经检查是由内一根引线断开所致，经现场调查此段线缆已相当陈旧。

4）反映这次年度小修（刚小修完）的检查及相关日常定检、维护工作仍有漏洞及不到位和不完善的地方。

5）按照当时情况，本次事件可不停机（只降负荷）处理，当值运行人员存在处理措施不当的问题。

3. 事件处理与防范

（1）3 号瓦热电偶引线故障反措。

1）在目前问题一时无法解决的情况下，运行中需加强监视 3 号瓦的进出油温差（LTB3D 的 3 号瓦回油温度与 LTTH1 的滑油母管温度之差目前为 13℃）和 3 号瓦的回油温度。

2）运行各值要加强对各主设备轴承瓦温及振动特性的正确理解与全面掌握，特别是监盘中各机组瓦温与振动的动态特性，以有效避免烧瓦故障和确保机组运行的安全可靠性。

3）年度检修时检查、更换该故障引线。

（2）88QV 故障及负荷间着火故障反措。

1）检修部负责制订计划，对处在恶劣环境条件下的动力电缆、重要控制电缆应做有计划的分期、分批检查、更换，加强日常的定检和维护工作以提高设备运行的可靠性。

2）提高检修及日常定检、维护工作质量，要把各类缺陷尽力在计划检修及日常定检、维护中解决掉，确保已检查、维护或修理的设备质量。

3）强化生产设备现场的文明生产的力度，特别是各主设备各容易积有油垢等易燃物品的死角部位，去年也有这方面的死角着火教训，特别是运行部要强化日常巡检和设备卫生工作以及加强设备检修后的验收工作，发现各项安全隐患及时上报、及时处理。

八、轮机间危险气体误报警造成燃气轮机机组自动停机事件

1. 事件经过

2015 年 07 月 6 日 05:56，备用后开机于 1 号燃气轮机并网；06:09，1 号燃气轮机间危险气体浓度高报警；06:48，2 号汽轮机并网；08:51，燃气轮机负荷 19.7MW，汽轮机负荷 32MW，运行参数正常，1 号燃气轮机间危险气体模件测量故障报警，机组进入自动停机状态，到 08:53 负荷降到 0MW，逆功率动作，1 号燃气轮机解列。

经检查处理后，机组恢复运行，于 14:03 燃气轮机并网，14:37 汽轮机并网。

2. 事件原因查找与分析

（1）现场检查情况。

1）调阅历史记录，现场轮机间正常运行温度为110℃左右，06：09，1号燃气轮机间危险气体浓度高Ⅰ值报警，报警点为1号燃气轮机间危险气体测量模件5号。08：51，1号燃气轮机间危险气体测量模件4号故障报警，报警错误代码显示探头失准需重新标定。

2）机组停机后，现场检查发现，1号燃气轮机危险气体控制盘显示45HT-4的模件故障报警，显示值为－2.5％（测量值低于－2％时模件自动判断为故障并报警），45HT-5显示为4.3％（大于4％时高Ⅰ值报警）。用手持式危险气体检漏仪到轮机间检测，显示值为0％。注：燃气轮机危险气体泄漏报警控制盘共装有9块测量模样，对应现场9只探头，轮机间底部3只为一组，分别为（45HT-1、2、3），轮机间顶部3只为一组，分别为（45HT-4、5、6），DLN阀站顶部3只为一组，分别为（45HA-1、2、3），见图5-16。

图5-16 危险气体报警控制器

09：10，燃气轮机点火冲车至3000r/min，用手持式危险气体检漏报警仪检测轮机间气体泄漏值最大为0％，此时控制盘45HT-4显示为－1.7％，45HT-5为3.4％，45HT-6为1.0％。短时停止轮机间上部的风机（88BT风机），轮机间底部及顶部的6只探头显示值均无变化，用手持式危险气体检漏仪检测，显示值为0％。

测量模件在DCS电子间，温湿度控制较好；而探头检测环境是110℃的高温环境，其原理是利用催化剂与甲烷产生反应，释放热量导致锡铂电阻阻值变化，引起输出电压变化，间接反映出甲烷浓度的变化，探头受温度波动的影响比较大，开停机时轮机间温度变化较大，探头存在零点漂移的情况。经咨询厂家，认可上述分析，同时该探头为南汽厂配供，时间较早，有可能存在催化剂失效的情况。故判断探头产生故障的可能性较大。

3）运行记录检查情况。现场报警窗口为大屏幕滚动窗口报警，危险气体5号测点报警期间运行人员未进行相关操作。

4）逻辑检查情况自动停机的条件：当一组中任意2个模件故障或当任意1个模件故障且其余2个的任意1个高Ⅰ值报警则自动停机。

保护停机条件：任2个测点浓度高Ⅱ值；1个模件故障且其余2个任一发出高Ⅱ值；2个模件故障且另外1个高Ⅰ值。以上3个条件任一具备则停机。

5）设备检修维护情况。检查1号机组大修项目，危险气体检测设备列为W点，检修期间联系厂家对危险气体探头及模件进行了整体测试标定，经验收合格。检查维护部，该设备无校前数据记录。

检查信号接线及屏蔽情况：接线牢固，屏蔽为设备间单点接地，用500V绝缘电阻表测量线间、线地绝缘合格，因此排除电缆接线及屏蔽的问题。

6）设备恢复运行。因现场环境温度高、冷却需要时间，在办理保护撤出手续，暂时切除4、5、6号模件故障信号参与相关自动停机与保护停机条件的逻辑运算，恢复机组运行。

（2）原因分析。

1）根据现场检查处理情况，判断燃气轮机自动停机原因为：轮机间危险气体4号测点故障的同时存在5号测点浓度高Ⅰ值信号，造成燃气轮机自动停机。

2）危险气体4号测点故障原因分析：在催化剂失效的情况下，易发生输出值偏低引起测量故障报警。催化剂失效原因有可能：一是油气中毒，二是时间长失效。本案例中第二种原因的可能性较大，但具体原因有待停机后将探头拆卸送厂家检测验证。

3）危险气体5号测点浓度高误报警分析。由于在开机过程中，轮机间温度逐步上升（29℃上升到82℃），探头在温度变化过程中容易产生零漂，导致输出变化，导致危险气体检测5号测点高Ⅰ值误报警。

4）运行人员对保护条件不熟悉，对该报警认识不足，未及时联系检修处理确认，延误了缺陷处理。

（3）暴露的问题。

1）对高温区域测量设备的可靠性管理不够，对日常出现的缺陷重视不够，未彻底处理，对催化燃烧式测量的探头设备特性不了解，设备检修、检验过度依赖厂家；同时设备校验不规范，质量验收标准低。

2）运行人员业务素质有待提高，对燃气轮机保护条件不熟悉，对出现报警信号麻痹大意，重视不足。

3）技术管理存在薄弱环节，未对燃气轮机保护进行全面梳理并培训相关人员。

3. 事件处理与防范

（1）对高温区域热工测点进行重点管理，针对危险气体测量探头的特性，研究制定轮机间高温区域测量探头定检措施。对同一组的3个测量数据要设置偏差大报警，以便及时发现问题及时处理。日常加强巡检监视对测量偏差相对较大的探头要择机进行更换。规范探头标定方法，要用5%、10%两种浓度的标气对测量装置进行标定，常温下标定完毕后，在机组正常运行温度下要进行再次零点迁移。

（2）联系GE公司技术人员，研究危险气体检测抽取式改造方案可行性，将催化燃烧式测量原理的探头更换为光谱分析原理的探头，改善测量装置的环境，提高设备可靠性。

（3）加强技术管理，组织专人对燃气轮机保护逻辑条件全面梳理，编制成册，对检修、运行人员进行培训；重要设备的校验应列为H点，规范原始资料的记录存档工作。

（4）加强运行人员专业培训，对危及机组安全运行参数了解，加强对燃气轮机危险气体检测报警信号的监视，发现问题及时联系检修处理，同时完善运行规程相关部分。

（5）在未投入该相关保护以前，运行人员密切关注轮机间测量值的变化，同时需到现场进行实地测量，一旦发现测量危险气体浓度高于8%，立即停机。

（6）拆除4号探头校验。

九、防喘阀行程开关破损导致燃气轮机防喘阀保护动作停机事件

1. 事件经过

2016年某日1:53:00，某燃气轮机带汽轮机"一拖一"供热运行，燃气轮机负荷

277MW，汽轮机负荷 83MW，热网供水流量 2800t/h。

01:53:31，DCS 发出"盘车电磁阀故障"报警、"五级防喘阀 1 故障"报警、"五级防喘阀 2 故障"报警，燃气轮机两个五级防喘阀开启并联锁触发燃气轮机停顺控，停机趋势曲线见图 5-17。

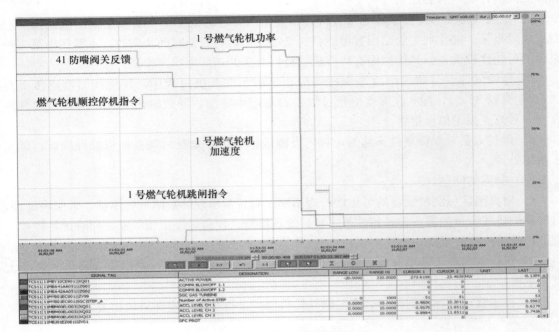

图 5-17　停机趋势曲线

01:53:33，该燃气轮机燃烧室三点振动加速度均达到 11.8g（振动加速度三取二保护，当两点均大于 8g 燃气轮机跳闸），燃气轮机跳闸，ESV 阀关闭，联锁跳闸汽轮机，燃气轮机惰走至 80r/min 时，由于盘车啮合电磁阀 1 反馈异常，盘车未投入，热控人员随即检查发现燃气轮机控制柜内 F509 空开跳开。

02:37，试合空开，空开合闸后未跳开，盘车啮合电磁阀 1 反馈恢复正常，盘车投入。

之后组织进行设备故障排查，由于涉及的回路及设备较多，所需时间较长，为了保证供热，汽轮机跳闸后公司立即启动应急预案，紧急启动 2 台热水炉保证全厂供热出力不受影响，同时申请启动备用燃气轮机机组。

09:58，备用的燃气轮机并网，12:33 汽轮机并网，热网供热正常。

2. 事件原因查找与分析

（1）防喘阀及盘车电磁阀控制回路供电方式。空开 F509 输出四路 24VDC 电源，分别给 CPA21 柜 EA009 模件、燃气轮机 5 级防喘阀 MBA41AA051 两个反馈回路、燃气轮机 5 级防喘阀 MBA41AA052 两个反馈回路、燃气轮机盘车啮合电磁阀 MBV35AA001 反馈回路供电。

EA009 模件通道输出 24VDC 为燃气轮机两个五级防喘阀指令回路及燃气轮机盘车啮合电磁阀 MBV35AA001 指令回路供电，回路中配有浪涌保护器。

（2）检查涉及回路及电缆。

1）检查燃气轮机 5 级 1 号防喘阀 MBA41AA051 两个反馈及指令回路。空开 F509 通过端子排 CPA21WA.X01 进入现场接线盒 11MBY39GF001 给防喘阀 MBA41AA051 一路开反馈、一路关反馈提供 24V 电源。

模件 EA009 通过浪涌保护器 11UBA01 进入现场接线盒 11MBY39GF001 给防喘阀 MBA41AA051 指令提供 24V 电源。

观察回路中电缆连接处接线情况，此回路共涉及柜内接线端子排 3 个、接线盒 1 个、航空插头 2 个、电磁阀插头 1 个，对涉及的 8 芯电缆进行绝缘检查。

检查结果：接线紧固、未见金属异物及端子灼伤痕迹；航空插头插针无松动且内部干净无异物；中间电缆未见破损点；发现阀门反馈接线盒内开反馈行程开关（接近式）存在裂痕，见图 5-18。电缆纤芯绝缘良好。

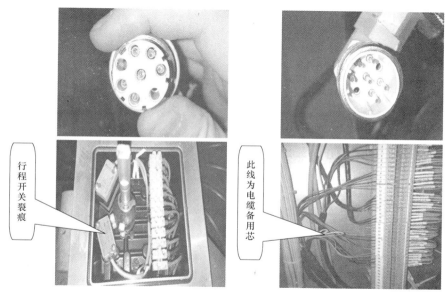

图 5-18　1 号防喘阀反馈及指令接线检查照片

2）检查燃气轮机 5 级 2 号防喘阀（MBA42AA051）两个反馈及指令回路。空开 F509 通过端子排 CPA21WA.X01 进入现场接线盒 11MBY39GF001 给防喘阀 MBA42AA051 一路开反馈、一路关反馈提供 24V 电源。

模件 EA009 通过浪涌保护器 11UBA01 进入现场接线盒 11MBY39GF001 给防喘阀 MBA42AA051 指令提供 24V 电源。

检查燃气轮机 5 级 2 号防喘阀（MBA42AA051）指令回路及两个反馈回路所有环节共计 3 个接线端子排、2 个接线盒、5 个航空插头、1 个电磁阀插头、8 芯电缆。

检查结果：接线紧固、未见金属异物及端子灼伤痕迹；航空插头插针无松动且内部干净无异物；中间电缆未见破损点；电磁阀指令线胶皮有破损，其余电缆线绝缘良好；发现开反馈行程开关存在裂痕，见图 5-19、图 5-20。

3）检查燃气轮机盘车啮合电磁阀 MBA35AA001 两个反馈及指令回路，见图 5-21。模件 EA009 通过继电器 YA001 及浪涌保护器 11UBA01 进入现场接线盒 11MBY44GF001 给 1 号燃气轮机盘车啮合电磁阀 MBA35AA001 指令提供 24V 电源。

图 5-19　防喘阀接头无异常

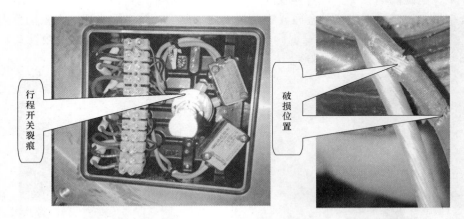

图 5-20　2 号防喘阀行程开关有明显裂痕，电磁阀指令线存在破损

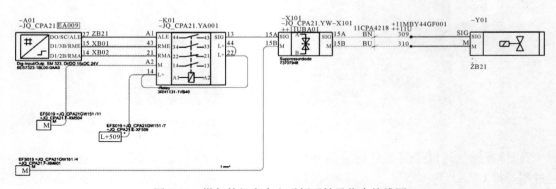

图 5-21　燃气轮机盘车电磁阀反馈及指令接线图

　　检查此回路中柜内 5 个接线端子排、1 个接线盒、1 个电磁阀插头及电缆。

　　检查结果：接线紧固、未见金属异物及端子灼伤痕迹；电磁阀插头接线紧固，无异物；电缆绝缘良好。

　　4）检查涉及电磁阀。检查柜 CPA21 内模件 EA009 涉及 3 个电磁阀：燃气轮机 5 级防喘阀 MBA41AA051 控制电磁阀、燃气轮机 5 级防喘阀 MBA42AA051 控制电磁阀、燃气轮机盘车啮合电磁阀 MBA35AA001，线圈阻值及绝缘无异常，见表 5-5。

　　5）F509 空开及破损电缆测试。

　　a. 将 F509 空开按 GB 10963.2《过电流保护断路器标准》要求进行试验，动作电流正常，见表 5-6。

108

表 5-5　　　　　　　　　　　　　　　　线圈阻值及绝缘值测量数据

编号	线圈阻值	端子 1 对地电阻	端子 2 对地电阻	端子 3 对地电阻	端子 2—3 间电阻	端子 1—3 间电阻
MBA41AA51	266Ω	OL	OL	0.5Ω	OL	OL
MBA42AA51	248Ω	OL	OL	0.6Ω	OL	OL
MBA35AA001	20Ω	OL	OL	0.3Ω	OL	OL

注　OL 为超量程。

表 5-6　　　　　　　　　　　　　　　　　　动作电流测试数据

电流（A）	2.3	2.5	2.7	3.0	3.5	4.0
上升动作时间（s）	无穷	21	20	21	15	12
下降动作时间（s）	无穷	21	21	17	10	11

b. 指令回路电缆接地试验：关闭防喘阀 MBA42AA051，破损指令电缆线芯分别做正负端短接、正端接地、负端接地试验，结果均不会导致空开 F509 跳闸，钳形电流表显示瞬间电流最大至 1.3A。结果与故障现象不符。

c. 反馈回路电缆接地试验：关闭防喘阀 MBA42AA051，将开反馈电缆线芯正端对地，钳形电流表显示瞬间电流 7A，空开 F509 跳闸，防喘阀 MBA42AA051 打开，DCS 报警信息与故障时间段记录相符。

检查结果：空开 F509 完好，破损指令电缆即使发生短路也不会造成空开 F509 跳闸，但反馈电缆若发生短路会造成空开 F509 跳闸且与故障现象一致。

（3）处理措施及试验。

1）经与厂家沟通将空开 F509 由 1A 更换为 2A 设备。

2）更换破损的防喘阀行程开关。

3）更换破损的指令信号电缆。

4）清扫了空开 F509 所带供电回路端子箱、模件、开关。

5）由于此次燃气轮机跳闸时燃烧加速度突升至 11.8g，燃气轮机厂家工程师建议对燃烧室进行检查，通过检查了燃烧室及燃烧加速度传感器完好，对个别陶瓷瓦进行了更换。

6）经燃气轮机厂家工程师确认防喘阀控制逻辑及回路设置均为燃气轮机厂家的成熟设计。

7）检查及处置结束后，对防喘阀进行开关传动试验，动作正常。

（4）原因分析。由于 2 台 5 级防喘阀控制电磁阀在机组正常运行时为长指令带电信号，指令消失后防喘阀就会打开，此为燃气轮机厂家故障安全型典型设计且符合《火电厂热控系统可靠性配置与事故预控》标准的要求。

空开 F509 跳闸后导致柜 CPA21 内模件 EA009 失电，5 级防喘阀突然打开，造成燃烧室加速度三点均异常升高至 11.8g（保护定值 8g），触发燃气轮机跳闸，是导致此次故障停机的直接原因。

根据检查及试验结果，可以排除线缆破损造成短路以及空开本身故障导致跳闸的情况，由于无法通过实验模拟防喘阀行程开关破损造成内部瞬时短路致空开 F509 跳闸现象重现，因此初步确定空开 F509 跳闸的原因为防喘阀行程开关破损造成内部瞬时短路所致。

（5）暴露的问题。

1）防喘阀行程开关为厂家随执行机构配套供货，在正常使用中出现损坏，暴露出行程开关选型及质量可能存在问题，导致了本次故障，目前燃气轮机厂家正在确认选型是否存在问题。

2）防喘阀行程开关只能在设备停运时打开位反装置进行检查，日常巡视无法检查，暴露出公司设备管理人员检修项目策划不到位，未能在检修阶段及时发现设备存在的隐患。

3. 事件处理与防范

（1）针对行程开关（接近式）可能存在的选型或质量问题，继续跟踪燃气轮机厂家进展情况，等厂家回复确认后择机予以更换。

（2）加强设备检修、维护管理，完善检修项目策划及检修作业指导书，及时发现设备隐患并给予处置。

（3）与燃气轮机厂家沟通，拟对空开 F509 的负荷回路进行改造，将其中的现场设备反馈回路与 EA009 模件的供电回路分开，由不同空开分别供电。

（4）由于防喘阀电磁阀指令为单回路设计，虽然本次已进行了全面排查，计划在机组检修中将该回路电缆更改为铠装电缆，并制定针对性检查项目，采取有效措施提高设备可靠性。

十、9E DLN1.0 燃气轮机燃烧一区再点火失败事件

1. 事件经过

某电厂配置 2 套由南京汽轮电机（集团）有限责任公司生产的 9E 燃气-蒸汽联合循环热电联产机组，采用 DLN1.0 燃烧系统以清洁能源天然气为燃料。机组投产后，在一次正常停机降负荷，燃烧模式由预混稳定燃烧模式向贫贫模式切换过程中，MARK Ⅵe 控制系统发"L30FX2_ALM 燃烧一区再点火失败，L94FX2_ALM 燃烧一区再点火失败跳闸"报警，燃烧一区 60s 内仅探测到 1 个火焰，再点火失败，燃气轮机主保护动作跳闸。

2. 事件原因查找与分析

（1）从 9E DLN1.0 燃气轮机点火装置考虑。9E DLN1.0 燃气轮机配置 2 个固定式火花塞，分别布置在 11、12 号燃烧室上，通过火花塞产生的 15kV 高压电极放电点燃燃料空气混合物。点火时，1 个或 2 个火花塞的火花使燃烧室点燃，余下的火焰筒通过联焰管点燃，并均衡各火焰筒间的压力。经调曲线看，故障发生前，控制系统已发出燃气轮机点火指令，排气压力、排烟分散度等重要参数均正常，现场点火装置及控制电源检查无异常，且跳闸前，燃烧一区已探测到一个火焰，故排除了由于点火系统故障导致机组跳闸的原因。

（2）从火焰探测器本身考虑。该型机组燃烧系统共安装有 8 个紫外线火焰探测器，分别安装在 1、2、3、14 号燃烧室，其中燃烧一区 4 个，代码分别为 28-4P、28-3P、28-7P、28-8P；燃烧二区有 4 个，代码分别为 28-4S、28-3S、28-7S、28-8S。机组控制系统发生再点火指令后，若在 60s 内燃烧一区检测到任意 2 个及以上火焰探测器火焰强度信号大于 12.5%，则视为点火成功，否则点火失败。故障发生时，燃烧一区仅 28-8P 探测到火焰，火焰强度为13%，其余火焰探测器火焰强度 28-4P、28-3P、28-7P 分别为 -4%、-9%、-15%。对未探测到火焰的 3 个探测器本体及接线、端子排、模件等进行逐一检查，均没有发现明显异常，同时考虑到 3 个火焰探测器同时故障的概率不大，为了彻底排除是否火焰探测器故障，

决定对其中 1 个未探测到火焰信号的火焰探测器 28-4P 进行更换。

（3）从火焰探测器内冷却水流动不畅考虑。该厂燃气轮机冷却用水是由公用闭式冷却水系统提供。燃气轮机闭式冷却水系统分两路，一路冷却燃气轮机发电机空冷器；一路通过润滑油母管温控阀主路的冷却水至燃气轮机润滑油冷却器对润滑油进行冷却，通过润滑油母管温控阀旁路的冷却水与润滑油冷却器出口的冷却水汇合，然后在回水母管上引出一支流去冷却燃气轮机透平左右支撑腿和火焰探测器。冷却火焰探测器的冷却水又分两路，一路冷却燃烧一区火焰探测器，一路冷却燃烧二区火焰探测器，在燃烧一区火焰探测器进水母管、燃烧二区火焰探测器进水母管及回水总管上均安装有自动排空气阀，且均位于燃烧室上方。

机务专业首先对燃烧一区火焰探测器闭式冷却水进、回水管路及自动放气阀进行排查，通过吹扫，未发现管路及阀内有沉积物堵塞现象。同时，对燃气轮机本体冷却水系统进行全面排查，异常发生前，润滑油板式冷却器水侧进口蝶阀全开，水侧出口蝶阀开度 20%，润滑油母管温控阀主路全开，旁路关至最小。于是调整润滑油板式冷却器水侧出口蝶阀开度至 30%，润滑油母管温控阀主路关小，旁路开大，增加进入火检的冷却水流量，确保火焰探测器的冷却效果。

次日，机组按计划正常启动并网升负荷，燃气轮机负荷升至目标值，燃烧模式进入预混稳定燃烧模式，按省调要求，投入机组一次调频、负荷 AGC 控制。30min 后，运行人员监盘发现 MARK Ⅵe 控制系统 "DLN-ICV" 画面中，燃烧一区 28-4P、28-3P、28-7P、28-8P 火焰强度分别显示为 −15、−13、−1、0，燃烧一区已更换过的火焰探测器 28-4P 也出现负向漂移。运行人员检查燃烧二区火焰强度正常，检查盘面燃烧温度基准、排烟温度、分散度等重要参数无异常后，立即对燃气轮机闭式冷却水系统进行全面排空气。10min 后燃烧一区火焰强度恢复正常，燃烧一区 28-4P、28-3P、28-7P、28-8P 火焰强度分别显示为 −1、−0、−1、0。此后 1h 内连续出现多次燃烧一区火焰强度负向漂移，采取排空处理后，均恢复正常，同时针对燃烧一区火焰强度负向漂移现象，热控专业再次查看历史曲线，发现前日发生异常前，燃烧一区火焰强度曾多次出现负向漂移，运行人员没能及时发现。从而排除火焰探测器本身故障的原因。

经综合分析，判断为火焰探测器进、回水管内部存在 "气塞" 现象，系统内有空气不能排尽；经考虑，决定对火焰探测器冷却水进回水管 3 只自动排空阀拆卸以加快排气。检修人员在穿好隔热服，做好安全防范措施后对火焰探测器冷却水进回水管 3 只高位自动排空阀 "在线" 旋松，果然间断性排出大量空气。10min 后燃烧一区火焰强度信号逐渐恢复正常，异常消除。

（4）故障原因分析总结。针对此次燃气轮机降负荷停机过程中燃烧一区再点火失败机组跳闸原因分析总结如下：

1）机组在降负荷停机模式切换时，燃烧一区点火不成功，熄火保护动作，L4T 为 1，导致燃气轮机跳闸，是造成本次异常的直接原因。

2）该厂闭式水系统不同于简单的燃气轮机内冷水系统，是一个相对复杂的大系统，包含的设备、管道较多。虽启动前放空气，随着闭式水系统的运行，空气在高位逐渐聚集，形成 "局部气塞"，导致燃气轮机燃烧一区火焰检测器温度过高冷却不佳，火焰探测器故障是燃烧一区点火时未能检测到火焰强度燃气轮机跳闸的主要原因。

3）火焰探测器冷却水管路中自动放气阀厂家设计有缺陷，仍沿袭了以往的设计，没有考虑闭式水系统变成一个大系统后的排空要求。管道空气无法及时排空，是此次异常的主要原因。

4）运行人员对变送器数值的细微变化没有引起重视，没有及时汇报，值班员对参数的异常变化不够敏感，对控制测点的理论知识不熟悉，是造成本次异常未能及时发现的次要原因之一。

3.事件处理与防范

（1）气塞形成首要条件是有空气进入系统，其次是这些气体不能及时被排除，随着时间推移气体越积越多，形成气塞，阻断了水循环流动。空气进入系统的主要途径是补水携带。系统补水温度低，空气溶解度大，随温度升高，溶解度逐渐减小，多余空气就会分离出来。数据显示，在大气压力下，当水温为 5℃ 时，水中的含气量大于 30mg/kg，当水温为 95℃ 时，水中的含气量约只有 3mg/kg。为减少空气进入系统，在补水温度方面，除盐水温度与闭式水温度不宜偏差太大，应尽可能相近；在定压方面，首先是选择正确的定压压力，防止倒空现象的产生，其次是选择正确的定压点，防止运行时负压产生。

气体不能及时排除的原因之一是气体的积存，气体易在系统压力较低的最高处和水流速比较慢的地方积存。为有效地排除系统内空气，在管道布置方面，水平管应具有不小于0.002 的坡度，如因条件限制，机械循环系统的热水管道可无坡度敷设，但管中的水流速度不得小于 0.25m/s，在垂直的管道上应适当设置排空，方便系统中的空气能够在高位聚集，集中排放；在补水方面，减少系统补水量，加强管理，减少跑、冒、滴、漏现象，杜绝系统负压产生。

（2）由于火焰探测器冷却水管路原自动放气阀仍沿袭了以往的设计，没有考虑到该厂闭式水系统变成一个大系统后的排空要求，以及长期运行中发生阀内排气孔堵塞、卡涩现象，导致管路中气体不能及时排出，大量存积，冷却效果不佳，导致火焰探测器不能正常探测到火焰信号，故决定对火焰探测器冷却水进回水母管自动排空阀进行改造，暂拆除原火焰探测器冷却水进回水母管自动排空阀，并从该处分别引管道接至轮机间底盘侧面管道沟中，定时开启球阀进行放气。

改造完成后，燃气轮机在随后的启、停机及正常运行时均未出现燃烧一区火焰强度负向漂移，模式切换以及点火均正常。

本书作者意见：本事件处理分析情况看，有违反安全规定的处理行为嫌疑。机组运行过程中，人员进入轮机间，二氧化碳保护是否撤出？万一发生火灾保护动作，人员安全存在极大风险；作为主保护，一般不建议在线撤出，且人员进入此区域存在高温等风险，从本质安全角度出发，不建议燃气轮机运行期间进入轮机间工作。

十一、火焰检测探测器冷却水汽化事件

1.事件经过

某燃气轮机配置 DLN-1.0 燃烧系统，火焰检测系统原理框图见图 5-22。图 5-22 中所示的火焰检测系统中有 8 个火焰检测通道，一区火焰探测器 28FD-1P、28FD-2P、28FD-3P、28FD-14P，二区火焰探测器 28FD-1S、28FD-2S、28FD-3S、28FD-14S。系统输出的逻辑信号 L28FDX 同时送往控制和保护系统，以便在启动时监视点火是否成功和在运行时提供燃

烧室熄火报警或遮断保护。

而 DLN-1.0 燃烧室的火花塞和火焰探头的布置与传统的燃烧室不同。由于在高负荷时为了从预混合模式切回到 Lean-Lean（贫-贫）模式运行，第一级必须重新点火，因此火花塞并不缩回。火花塞装在靠近一区的盖帽上。此系统使用紫外线火焰探测器来观察燃烧室一区火焰（与传统系统类似），二级火焰探测器则穿过中心体进入燃烧室二区来观察火焰，见图 5-23。

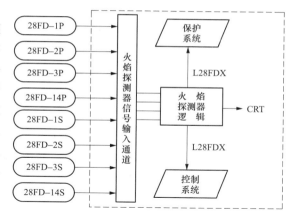

图 5-22 火焰检测系统方块图

机组投产后的运行过程中，发生过 2 次火焰系统故障。

（1）2013 年 10 月 09 日 00:00，1 号燃气机组在温控状态下正常运行。00:12，1 号燃气轮机发 "L30FPDAR-LAM""L83LLEXT-ALM" 报警，为一区燃烧室自动重点火，扩展 L-L 模式高排放报警，检查发现 1 号燃气轮机一区火焰探测器 28FD-1P 火焰强度由－1 跳跃到 45，高于由 I/O 配置上的设定值（12.5），同时 28FD-14P 火焰强度由－1 逐渐上涨到 70，逻辑判断一区有火

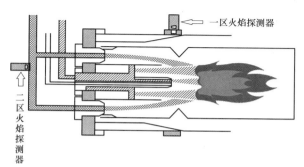

图 5-23 火检检测火焰示意图

（2/4），燃气轮机进行模式切换，机组由预混稳定模式切至 L-L 扩展模式，系统认为一区存在火焰。00:13:06，1 号燃气轮机发 "L30FX2-ALM""L30FX3-ALM" 报警，为一区再点火失败报警。00:13:36，1 号燃气轮机跳闸，联跳 2 号汽轮机，燃气轮机跳闸首出是 "L94FX2-ALM""L94FX3-ALM"，为一级燃烧点火失败跳机。跳机后从调阅历史曲线查看，系统未进行燃烧模式切换，一区未重新点火。

（2）2013 年 10 月 16 日，1 号燃气轮机在温控状态，当前运行负荷 116MW。19:58，1 号燃气轮机一区火焰探测器 28FD-1P 火焰强度再次发生变化，强度逐渐由－2 快速变到 31，为避免出现机组非计划停运，联系省调进行停机组检查。停机后机务专业检查火检冷却水系统管路，分别拆开一区火检冷却水出口接头和火检冷却水母管 3 个放空气阀，通水检查无堵塞；热控专业检查一区 4 只火焰检测器探头及其回路均正常，火检冷态试验也可正常检测到火焰。根据逻辑及历史曲线分析，跳机逻辑正常动作正确，造成跳机的原因是由于 28FD-14P 火检强度小于定值 12.5，一区只有 28FD-1P 1 个火检存在，逻辑判断 1 区丢失火焰（小于 2/4）跳机。

（3）据了解另一电厂 1 号机组在停机降负荷，由预混稳定燃烧模式向贫贫模式切换过程中，MARK Ⅵ控制系统发 "L30FX2_ALM 燃烧一区再点火失败，L94FX2_ALM 燃烧一区再点火失败跳闸" 报警，燃烧一区 60s 内仅探测到 1 个火焰，燃烧一区再点火失败，燃气轮机跳闸。经对未探测到火焰的 3 个探测器本体及接线、端子排、模件等进行逐一检查，均没

有发现明显异常。

2. 事件原因查找与分析

从理论上分析,导致跳机的主要原因有以下几种:

(1)预混稳定模式下,因控制阀故障或燃气成分发生变化等原因导致火焰筒内部气流流动出现较大扰动,导致二区的火焰蹿回至一区,使一区检测到火焰,但是内部气流不稳定造成一区自动点火失败。

(2)现场一区和二区探头信号均分2个模件布置,同时出现故障的概率小,火检在停机以后试验正常,1号燃气轮机重新启机后也正常。经分析,一区火焰检测器故障,在预混稳定模式下,因某种原因使一区火焰检测器(2个或2个以上)误动作,造成一区有火误报,模式切换一区重新点火,又出现一区火焰检测器(2个或2个以上)误动作,造成一区无火误报跳机。通过图5-28可以看出一区火焰探头更靠近火焰筒,探头所承受的环境温度更高。当在冷却水出现问题导致探头超温时就有可能造成多个探头出现问题。要防止探头同时发生故障,就要保证探头运行中不超温。

(3)针对上述过程中(3)事件,为了彻底排除是否火焰探测器故障,更换了其中1个未探测到火焰信号的火焰探测器28-4P。次日机组启动后,机组在预混稳定模式下运行,值班员监盘发现燃烧一区4个火焰强度均出现负向漂移。全面检查后,对火焰检测器冷却水管进行了排气,火焰强度恢复正常,同时火焰检测器冷却水的回水温度有所下降。对此分析认为火焰检测器的冷却水管内有空气集聚无法排出,导致火焰检测器故障。利用停机的机会对火焰检测器的冷却水管的排气阀进行更换,由原来的自动排气阀改为手动排气阀,同时调整润滑油温度控制阀的开度增加冷却水量,降低火焰检测器冷却水的温度,机组再次启动后在停机及正常运行时均未出现燃烧一区火焰强度负向漂移,机组启动以及燃烧模式切换点火均正常。

3. 事件处理与防范

根据上述分析结论,对改善火焰检测系统冷却环境专题研究后,采取如下3个改造方案:

(1)冷却水系统新增火焰探测器冷却水泵,该泵通常设置为管道泵,因火焰探测器处在高温处,加强冷却可减少火焰探测器超温故障的现象,同时延长探头使用寿命。

(2)为防止冷却水系统存在空气而运行中无法放气,将火检冷却水母管3个放空气阀和透平支撑腿冷却水放空气阀接到轮机间罩壳外。

(3)GE公司提出使用该公司生产的新型镜片和检测系统分离的火检探头改造方案,见图5-24。新型镜片在不需要冷却水的情况下可以承受200℃高温,而将检测系统通过光纤连接远离高温环境,可以解决冷却水温度高探头出现超温故障的现象。

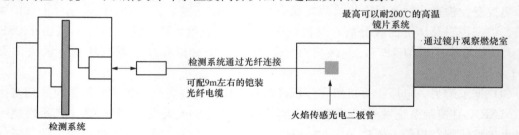

图5-24 GE公司生产的新型镜片和检测系统分离的火检探头

经分析对比，方案（3）费用高且使用效果有待检验；方案（1）是比较成熟的方案，但加冷却水泵系统改造周期较长。最后决定分阶段实施：

（1）为防止冷却水系统存在空气而运行中无法放气，先将火检冷却水母管 3 个放空气阀和透平支撑腿冷却水放空气阀接到轮机间罩壳外，在火焰出现异常时首先排水观察效果，如果没有效果，后期再加火焰探测器的冷却水泵，现场实施情况见图 5-25。

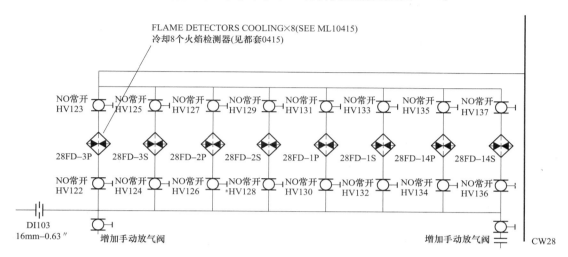

图 5-25　冷却水系统优化改造实施系统图

（2）为防止闭冷水母管有空气，将闭冷水母管至火检和透平支撑腿冷却的连接法兰移位至水平位置。

（3）为防止冷却水量不够，将火检冷却水与透平支撑腿冷却水分开单独供给。

同时制定了开机后的技术措施：

1）在燃气轮机运行中（或启机前），定期（每日班 9 点前）将火检冷却水放气阀打开，待放尽空气后维持 1min 关闭，若无空气，则打开 1min 后关闭，过程中测量冷却水水温，并做好操作记录。如发现燃气轮机火检出现异常时立即执行以上操作。

2）运行人员加强对燃气轮机火焰强度的监视，当发现一区火焰强度变化时，应参照燃气轮机排气温度、分散度、锅炉 NO_x 排放等运行参数进行分析，确认是一区着火还是火检故障。立即将异常情况向部门相关人员进行汇报，并做好备用机组启动前的准备工作，确保供热正常。

3）当发现一区只有 1 个火检数值发生异常变化时，为防止出现另一火检再出现异常变化造成一区点火，立即检查、分析异常变化的原因，视检查原因可对故障点采取强制措施。期间加强监视，做好跳机预想。

4）当发现一区 4 个火检数值都发生异常变化时，立即汇报部门领导，要求停机（申请启动备用机组），如机组必须维持运行，则需申请将其中的 3 个火检强制为无火状态。期间做好备用机组启动前准备工作。

（4）优化改造效果。优化改造方案分别于 2013 年 12 月和 2014 年 1 月在 2 台机组实施，通过近一年半的时间运行，改造后原有探头异常现象消除，由此可以确认该现象的产生是由于冷却水系统存在空气造成流动性变差，冷却水流量降低，冷却水逐渐产生汽化现象，而一区火焰检测器更靠近火焰筒，造成探头超温故障导致测量不正常。

改造后运行至今，没有发生火焰检测系统运行异常情况。证明这一技术优化保证了火检信号稳定，不但具有安全、实用等特点，而且延长了火检探头使用周期。

十二、9E 燃气轮机点火失败事件

1. 事件经过

某厂建有 2 台 9E 燃气轮机联合循环发电机组，以清洁能源天然气为燃料。该型燃气轮机配置 1 台额定功率为 1000kW 的启动电动机、1 个 17 级的轴流式压气机、1 个由 14 个燃烧室组成的燃烧系统和 1 个 3 级透平。轴流式压气机转子和透平转子由法兰连接，并有 3 个支撑轴承。

9E 燃气轮机的启动点火是通过点火变压器提供电源，由 2 个 15kV 电极的火花塞放电来实现。点火时，1 个或 2 个火花塞所在的燃烧室（11 号燃烧室和 12 号燃烧室）先点燃，余下的火焰筒通过联焰管点燃。燃气轮机共安装有 8 个紫外线火焰探测器，分别安装在 1、2、3、14 号燃烧室，其中位于燃烧一区 4 个，燃烧二区 4 个。火焰检测器采用水冷却的方式，冷却水由全厂的闭式水系统提供，燃烧一区火焰探测器进水母管、燃烧二区火焰探测器进水母管及回水总管上均安装有自动排空气阀。

按机组启动程序，机组启动清吹结束后，机组转速降至点火转速，可以点火。由 MARK Ⅵ 控制系统发出点火的指令，即逻辑信号 L2TVX1 置"1"，输出 125V 电源到电源开关柜的点火继电器，作为点火继电器的线圈电源。由电源开关柜中的空气开关 Q60 送出的 115V 电源为就地接线盒给点火变压器供电，产生对地 15kV 的高电压，供给火花塞打出电火花进行点火。MARK Ⅵ 控制系统发出的点火信号 L2TVX1 持续 30s，若在 30s 内燃烧一区检测到任意 2 个及以上火焰探测器火焰强度信号大于 12.5%，则视为点火成功，否则点火失败，MARK Ⅵ 控制系统发"点火失败"报警，同时机组降速停运至盘车状态。

2. 事件原因查找与分析

（1）点火装置故障案例。因点火装置系统故障导致点火不成功的具体原因有很多，如火焰检测器故障、点火变压器故障、点火火花塞故障等。

某日，某厂按发电计划启动 1 号燃气轮机，当机组启动至点火转速时，控制系统发出点火指令后，燃料截止速比阀、一次燃料控制阀正常开启，燃料控制系统给出点火燃料基准，30s 内未检测到火焰信号，机组点火不成功，停止启动至盘车状态。经检查发现，因点火变压器布置在轮机间内，机组运行时轮机间的温度较高，点火变压器电缆长期暴露在高温环境下导致电缆绝缘老化，点火变压器的零线和火线绝缘损坏接地，形成回路点火变压器一直对地放电，机组启动点火不成功。检修人员立即对点火变压器受损的电缆进行更换，机组再次启动点火成功。

为防止点火变压器因电缆绝缘损坏造成持续放电，对设备造成损坏，在机组停运后采取断开点火变压器的电源开关 Q60，并利用停机的时间定期对点火变压器的电缆进行检查及绝缘测量。另外，为进一步保证机组运行的可靠性，对燃气轮机的点火变压器进行了改造，由原来的 1 台点火变压器同时控制 2 个火花塞改为 2 台点火变压器分别控制 1 个火花塞，新增的 1 台点火变压器的 115V 电源由备用空气开关 Q62 提供，新增的点火变压器为 12 号燃烧室火花塞提供电源，原来的点火变压器电源由空气开关 Q60 提供，为 11 号燃烧室火花塞提供电源。

（2）燃料控制系统故障案例。某日，某厂 2 台直流充电机因检修而停电，10h 后燃气轮机蓄电池的电能耗尽导致 MARK Ⅵ系统失电发出报警。次日，启动燃气轮机，机组清吹结束后降速至点火转速，天然气速比截止阀（VSR）开度至 6% 后又关闭到 0%，天然气燃料控制阀（VGC）没有动作，MARK Ⅵ系统未输出启动控制燃料冲程基准信号 FSRSU，天然气阀间压力 FPG2 压力低。MARK Ⅵ系统发"点火失败"报警，机组启动不成功。先后两次启动都导致点火失败。燃气轮机检修结束后现场各阀门的位置均正常，机组启动清吹结束后正常降速至点火转速 L 2TVX1 置"1"，此时天然气速比截止阀正常开启，阀门动作正常，MARK Ⅵ系统启动控制未输出点火 FSRSU，并从 MARK Ⅵ系统发"点火失败"报警。可以判断点火系统的逻辑信号正常，点火程序运行正常，有可能是机组的燃料控制系统异常。

　　燃气轮机是通过燃料行程基准（fuel stroke reference，FSR）来控制燃料的。控制系统从启动控制、转速控制、温度控制、加速度控制、停机控制和手动控制等 6 个 FSR 量中，选择最小值的 FSR 作为输出。FSR 大，则需要的燃料就多。启动控制系统仅控制燃气轮机从点火开始直到启动程序完成这一过程中的燃料量，在 MARK Ⅵ系统中通过启动控制输出 FSRSU。9E 燃气轮机开机过程中 FSR 是这样变化的：点火以前是不需要燃料的，点火时为 19.8%，暖机为 9.51%，暖机时 FSR 不变，转速上升。暖机结束后以每秒 0.05% 启动加速斜率 FSKSUIA/加速到一个控制常数 25%，这个常数直接作为 FSRSU 的输出，直到并网后，FSRSU 以每秒 5%FSR 的斜率上升，一直上升到控制常数 FSRMAX 给定的最大 FSR100% 作为 FSRSU 的输出，至此启动控制系统自动退出控制。经过 MARK Ⅵ控制系统相关的逻辑信号进行检查，发现启动 FSR 设定最大值输出为 0，同时发现"FSR Control"画面中的"FSR Manual Control"设定值显示为 0%（正常设定值应为 100%）。设定值重新设定为 100%，机组再次启动点火成功。此次故障起因于机组直流系统蓄电池的电能耗尽导致 MARK Ⅵ控制系统失电，3 个冗余处理器〈R〉、〈S〉、〈T〉也同时失去电源，MARK Ⅵ控制系统重新启动后，系统部分参数的设定值自动恢复到 0，其中包括启动 FSRSU 输出给定值设置 0，机组启动点火时无法给出点火燃料控制基准 FSKSU-FI 输出值，最后导致机组启动过程中点火失败。

　　3. 事件处理与防范

　　针对 9E 燃气轮机在启动过程中点火的失败原因，为避免在实际运行中类似情况再次发生，制定了下列技术防范措施：

　　（1）加强设备的定期保养维护工作，利用停机的机会对点火系统各装置进行检查和试验，定期测量点火变压器电缆绝缘。

　　（2）制定机组停运后，断开点火变压器的电源开关措施，防止点火变压器电缆仅点火变压器承受高压状态，造成损坏设备的设备。

　　（3）对 MARK Ⅵ系统操作员站的供电回路进行改造，改造为双电源供电，并配置交流不停电电源，防止因检修停电造成控制系统失电导致控制参数丢失。

　　（4）利用停机的机会对该厂另外 1 台机组进行双点火变压器、MARK Ⅵ系统操作员站双电源供电改造，提高设备的运行可靠性。

　　（5）制定定期检查燃机蓄电池系统及充放电试验。

十三、排气热电偶故障导致 S109FA 燃气轮机跳闸事件

　　1. 事件经过

　　据缺陷统计，某厂 2 台燃气轮机自 2008 年投入进入商业运行共发生 20 多次排气温度热

电偶故障,除部分热电偶元件故障外,绝大部分是热电偶补偿导线连接处断开引起。

2011 年 11 月 2 日 06:17,12 号燃气轮机启动并网加负荷至 220MW 左右,燃烧模式从 D5 扩散模式切换到 PM 预混模式,因排气温度分散度高而发生跳机,在这个过程中燃气轮机排气热电偶第 21 点、第 17 点相间出现示值显示失准。由于分散度超过允许值,且第 17 点与第 18 点为相邻,因此分散度保护程度启动发出跳闸指令。

2. 事件原因查找与分析

从现场检查情况看,发生断线部位为排气热电偶元件补偿导线连接处断裂,热电偶测温回路开路,是造成保护误动的主要原因。

燃气轮机 MARK Ⅵ 控制和保护系统在排气通道安装了 31 支均匀分布的排气测量热电偶。在燃气轮机正常运行时,排气温度场不可能完全均匀,各热电偶的读数总是存在着差异,确定机组在正常情况下允许各热电偶测量结果有多大的温度差,或者称之为有多大的允许分散度 SALLOW (TTXSPL),它是透平出口平均排气温度、压气机出口温度的函数。同时 31 支排气温度热电偶测量到的排气温度数值送到 MARK Ⅵ 控制器,依据实际排气温度分散度算法软件将 31 支排气温度数值分别计算出最高温度与最低温度之差值 S1 (TTXSP1);最高温度与到数第 2 低温度之差值 S2 (TTXSP2);最高温度与到数第 3 低温度之差值 S3 (TTXSP3)。用实际排气分散度和允许分散度相比较以判明别机组燃烧和测温系统是否正常。燃烧监测保护原理见图 5-26。

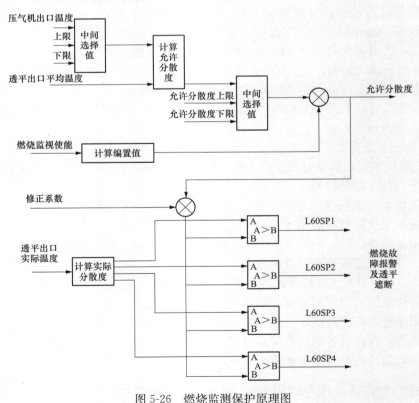

图 5-26 燃烧监测保护原理图

燃烧监测保护逻辑分散度高跳机有如下几种情况。

第一种停机条件需满足如下 3 个条件：

(1) 1<S1/SALLOW<5，其输出报警和条件停机的逻辑信号 L60SP1。

(2) S1/SALLOW>0.8，其输出报警和条件停机的逻辑信号 L60SP3。

(3) 指示排气温度最低和次低 2 个热电偶，在排气通道上安装位置是相邻的。

第二种停机条件需满足如下 3 个条件：

(1) S1/SALLOW>5，其输出报警和条件停机的逻辑信号 L60SP2。

(2) S1/SALLOW>0.8，其输出报警和条件停机的逻辑信号 L60SP3。

(3) 指示排气温度第 2 低和第 3 低 2 个热电偶是相邻的。

第三种报警或停机：

当 S3/SALLOW>0.8，其输出报警逻辑信号 L60SP4，如连续 5min 不退出报警状态则输出停机逻辑信号 L60SP4Z。

跳机时排气温度变化曲线见图 5-27，根据图 5-27 历史记录数据分析，首先燃气轮机排气温度第 21 点测温元件发生开路，示值下降到 0°F 为最低点，第二低点 17 点逐步下降至 966°F、第三低点 18 点为 1191°F，这 2 个点正好为相邻的点。机组允许分散度 TTXSPL 为 270°F，实际分散度 1 TTXSP1 为 1213，实际分散度 2 TTXSP2 为 246。满足第二种停机条件，机组保护动作遮断。

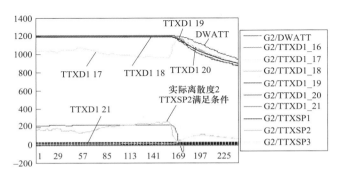

图 5-27　跳机时排气温度变化曲线

3. 事件处理与防范

监测系统主要是监测排气温度热电偶和燃烧系统故障。由于燃气轮机排气温度热电偶安装在透平排气通道内，长期受高温气流冲刷，造成护套磨损热偶断裂。另外，当机组启停动过程中，燃气轮机排气扩散段振动频率高，导致热电偶引线连接处过度疲劳，当超过引线所允许的极限时造成引线连接处松动或断裂，温度测量回路开路失准。针对此类情况，从完善测量设备和保护逻辑可靠性来提高保护系统可靠性。

(1) 更换排气热电偶补偿导线，选用耐高温多股软芯、截面不小于 1.5mm² 的强度性能好的补偿导线，考虑燃气轮机设备冷热启停伸缩，安装时在热电偶接线处留出一定长度导线，保证导线有一定的拉伸量。

(2) 补偿导线连接头采用熔接方式，对熔结点用耐热塑料软管进行保护，连接头与热电偶接线柱牢固度与安装工艺有关，可采用自锁螺母固定，确保金属表面接触紧密。有条件的可采用热电偶元件直接引入接线盒，取消中间接线件。

(3) 定期检查排气热电偶磨损情况，对磨损严重的进行校验、更换。

(4) 完善燃烧监测保护逻辑功能，在控制系统中除增设分散度异常报警提示外，在 MARK Ⅵ 控制系统排气温度画面对每点排气温度增加切除按钮，按下后使当前单只排气热电偶温度示值赋值为排气温度 TTXM。此功能在运行人员判断属排气热电偶故障情况下，考虑设备安全，最多只允许切掉 2 点。排气热电偶故障处理后，温度测量值恢复后及时复位，这样可避免因排气热电偶故障引起保护误动，有利于提高机组运行安全性和可利用率。

本书作者注：考虑设备安全，最多只允许切掉1点。

十四、燃气轮机可燃气体检测探头故障事件

燃气轮机使用天然气作为燃料时，应对易燃易爆的气体进行检测。对使用氢气冷却的发电机组，应对氢气进行检测，以防止可燃气体泄漏导致燃烧和爆炸的可能。

1. 事件经过

（1）某机组启动至 500r/min 时，因阀组间可燃气体浓度超标，燃气轮机跳机。运行人员采取措施，在强制启动 1 台燃气轮机透平间风机 88BT 后，再次启动机组，依然发生阀组间可燃气体浓度超标，机组再次启动失败。

（2）某机组正常运行中，燃气轮机 MARK Ⅵ 先后出现报警："透平间可燃气体浓度高"（Turb compt Haz Gas Level HIGH）、"透平间可燃气体探测系统故障停机"（Turb compt Haz Gas System Fault shutdown）报警信号。当时负荷未有变化，于是增开 88BT-2 风机，加强通风降低可燃气体浓度。但距离报警仅 4min 后燃气轮机跳闸，首出为："透平间可燃气体探测系统故障跳机"（Turb compt Haz Gas System Fault Trip）。

2. 事件原因查找与分析

（1）经检查和使用手持式可燃气体检测仪实测，发现当时阀组间可燃气体浓度并不高，判断是因阀组间可燃气体探测探头故障造成，属于误报。

（2）检查后发现，安装位置在燃气轮机透平间顶部的 88BT 风机进风道入口处的 45HT－5A、5B、5C、5D 共 4 只可燃气体探头，其中有 2 只探头因过热而损坏。

根据 9FA 燃气轮机投产后的统计资料，各电厂可燃气体探头损坏率均较高，主要发生在燃气轮机透平间内，其原因有 2 个：

1）出现高温会使得可燃气体探头的测量值上升。

2）可燃气体探头的气敏元件存在"毒"现象，缩短探头使用寿命，导致探头损坏。

3. 事件处理与防范

以 9FA 燃气轮机为例，该机组共有 19 个可燃气体探头。其中 11 个为甲烷（天然气的主要成分）探头，8 个为氢气探头。分别布置在燃气轮机阀组间、燃气轮机透平间、发电机中心接地点以及发电机母线和励磁机的端部。这些可燃气体检测探头，在机组的安全生产中扮演重要的角色，一旦检测到的浓度超标，将会触发报警甚至跳闸，为防止此类事件发生，应做好以下防范工作：

（1）定期或利用停机机会检测、校验可燃气体探头。

（2）对透平间可燃气体探头的位置进行改造，尽量减少温度影响因素。

（3）在许可的情况下，加装冷却装置使探头的运行环境得到明显改善。

（4）整治透平间、阀组间存在的天然气泄漏问题。

第四节　管路故障引发机组运行异常

本节收集了因管路异常引起的机组故障 4 起，分别为：燃气机组取样管泄漏引起真空低

停机事件、汽包水位变化导致联合循环燃气轮机"炉跳机"事件、危险气体报警紧急停机事件、仪表管径偏小引起燃料清吹故障停机事件、F级燃气轮机 HCO 系统异常事件。

这些案例只是比较有代表性的几起，实际上管路异常是热控系统中最常见的故障，相似案例发生的概率大，极易引发机组故障。因此热控人员应重点关注并举一反三，深入检查，发现问题及时整改。

一、燃气机组取样管泄漏引起真空低停机事件

1. 事件经过

2009 年 7 月 21 日 17:50，3 号机带 14MW 基本负荷，凝汽器真空值为－89kPa，各运行参数正常。17:59，3 号机 CRT 出现排汽真空低 I 值－83kPa 报警，CRT 第 6 幅页面真空值 $p<-87$kPa 变红，后备控制台"排汽真空低"光字牌亮并报警，CRT 上真空值持续下降。减 3 号机负荷至 5MW，并检查循泵、射水泵、凝泵、轴封压力、热井水位、射水箱水位和前池水位均正常。初步判断 3 号机真空异常由测量装置引起。

18:00，撤出 3 号机低真空保护。检查就地真空表指示 65kPa，且真空值仍持续快速下降。18:01，3 号机减负荷至 1MW。第 6 幅页面真空值低 II 值 $p<-61$kPa 变红。

18:02，真空继续下降至在－49kPa，手动解列 3 号机。18:03，真空继续下降至－25kPa，就地检查真空压力变送器及其管路，并紧固各螺纹接口。此时，CRT 上真空值缓慢上升至－33kPa。18:05，CRT 上真空值快速恢复至－89kPa。

2. 事件原因查找与分析

事件发生后，专业人员进行现场检查并调用相关数据和程序，进行各项试验和分析。

查看相关历史数据，检查 3 号机真空低故障前后各主要参数均未有明显变化，询问确认当值运行人员故障过程循泵、射水泵、凝泵、轴封压力、热井水位、射水箱水位和前池水位均未发现异常。

在 3 号机运行过程中，撤出 3 号机低真空保护前提下，松开低 II 值真空压力开关引入管固定螺母 45°，就地真空表和 CRT 显示真空立即下降至－58kPa；拧紧低 II 值真空压力开关引入管固定螺母，就地真空表和 CRT 显示真空立即恢复至－89kPa（各真空压力开关、压力变送器和就地压力表均共用 1 根真空引出管），而在此过程中开机盘及真空破坏门处就地真空值均为－90kPa。3 号汽轮机真空测点布置见图 5-28。

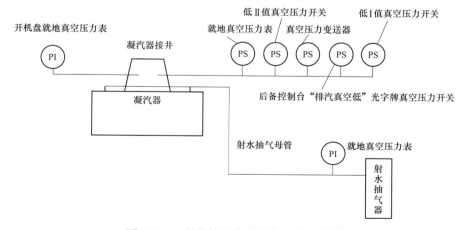

图 5-28　3 号汽轮机真空测点布置示意图

检查凝汽器至真空引出母管无漏汽现象。

3号机真空低故障过程中，各真空压力开关动作（进DCS不同开关量模件），后备控制台"排汽真空低"光字牌亮并报警（就地开关以硬接线方式进入光字牌），压力变送器至CRT上显示值下降（进DCS模拟量模件），以上各种信号以不同方式进入各系统，可以排除DCS模件故障可能。

7月22日，利用3号机停运机会，割开凝汽器至各真空压力开关母管引出口，脱开就地真空表和低Ⅱ值真空压力开关，反吹真空引出管无异物堵塞。

根据以上检查和试验可知，凝汽器至各真空压力开关引出管某处泄漏，引起凝汽器至各真空压力开关引出母管真空低。导致各真空压力开关动作、压力变送器输出异常和就地压力表指示异常，而机组实际真空值未有异常。

某个真空压力开关、压力变送器或就地压力表接头松动泄漏引起凝汽器至各真空压力开关引出母管真空下降所致，就地紧固各真空压力开关、压力变送器和就地压力表接头后使真空快速恢复。

3. 事件处理与防范

（1）加强运行人员技术培训，提高运行人员的素质。加强平时的事故预想以及反事故演习工作，事故预想每值每月不少于一次，反事故演习每年不少于两次，并组织运行人员进行交流，提高运行人员处理突发异常事件的能力。提高运行人员对现场设备的熟悉程度，不仅仅要熟悉一次设备，也要熟悉二次回路及热工测量、保护装置，以提高运行人员的综合分析能力。增加运行技术考试的次数，通过考试提高运行人员学习专业技术知识的积极性。

（2）将真空压力保护测点独立取样，采取"三取二"的保护方式，以防止误跳。

（3）提前开展安全性评价工作，积极全面梳理各专业设备上存在问题，通过技术措施及组织措施切实提高设备可靠性。

二、汽包水位变化导致联合循环燃气轮机"炉跳机"事件

1. 事件过程

某厂为300MW燃气-蒸汽联合循环机组。其中燃气-蒸汽联合循环机组采用2台燃气轮机加1台汽轮机的配置。配套的100MW汽轮发电机组（9号机组）为英国GEC-ALSTOM公司生产的单缸、多级、冲动、纯凝式轴向排汽机组，额定功率103MW、主蒸汽压力6.6MPa、主蒸汽温度为503℃，锅炉为荷兰NEM公司设计，杭州锅炉厂生产的立式非补燃单压强制循环式锅炉，其出口蒸汽压力为6.9MPa、汽包工作压力为7.53MPa、最大额定蒸发量为171.7t/h，余热锅炉效率为64.9%。2台燃气轮机通过2台余热锅炉带1台汽轮机实现联合循环，俗称"二拖一"。自机组投产至今共发生"炉跳机"7次，极大地影响机组效率。

2. 事件原因查找与分析

上述炉跳机事件，基本都为水位Ⅲ高引起，均为单台锅炉或燃气轮机跳闸后，该侧汽轮机主蒸汽旁路迅速打至全开，致使机侧主蒸汽管道和汽包压力迅速下降，造成汽包"虚假水位"，单台锅炉或燃气轮机跳闸的故障进一步扩大到汽轮机侧，影响另一套联合循环机组的正常运行。此类故障原因跳汽轮机共发生4次。

3. 事件处理与防范

（1）水位测量设备上的故障及维护上的改进。对于测量偏差大造成的 3 次跳机，由于水位偏差设定值太低（定值为 0.3mA），汽包水位量程 0～1375mm，折算水位偏差约为 26mm 就触发该测量信号故障，这对进行水位测量装置的维护提出较高的要求。历年来，通过对水位偏差形成原因的跟踪、分析以及维护方法上的改进，已经解决了水位测量信号的偏差问题，现总结如下：

1）冬季水位测量管路伴热引起原先在冬季水位测量管路投伴热后，5 个水位变送器测量偏差都会增大，甚至严重到触发保护误动。从差压水位测量原理看，标准水柱内的水密度的变化直接会影响水位的实际测量值，所以认为这种情况下测量偏差增大的原因为：因伴热带保温安装布置有差异，造成各个标准水柱内温度不一致，从而引起测量值的偏差。针对这个情况，重新敷设伴热电缆，严格控制安装工序，尽量使各个测量管路敷设保持一致，同时增加温度开关对管道伴热进行控制，保证恒定的温度。

2）标准水柱泄漏。如果水位测量的标准水柱内水柱不一致，将直接引起测量偏差。主要原因是五组阀泄漏，存在五组阀维护不当的情况。一般五组阀最高能承受的温度 200℃ 左右，但平时维护中，如测量管路排污，使汽包内 200℃ 以上的高温、高压蒸汽直接冲刷五组阀，造成阀门渗漏，而且这种泄漏存在一定的隐蔽性，一开始不会立即反映出偏差，而偏差会逐渐增大，直至跳机。因此应避免汽包未完全冷却前进行排污，并且要避免平衡阀两侧压差过大，如在更换变送器时，对五组阀进行隔离操作时应先打开平衡阀，再关隔离阀。

3）测量管路内异物引起测量偏差。早些时候，对测量管路内异物引起测量偏差认识不够，当同一组水位测量装置出现稍微地偏差时，通过变送器校准、排污等手段无法消除，以为是正常的系统测量误差。而正是因为这些"正常的系统测量误差"大大增加了水位测量信号故障出现的概率。一次偶然的机会发现这种情况的误差是由于测量管路内异物引起的，也就是说普通的排污方法不足以把异物排除。因为测量管路的高压侧，即标准水柱部分的水量很有限，而测量管路内的异物主要是铁锈，其主要形成部位在测量管路的高压侧的上部位置（下部的仪表管和五组阀都是不锈钢）。所以通过从五组阀处排污的方法有时候不但没有起到排污效果，而且容易将上部的异物带到五组阀处，更加容易引起水位测量偏差。根据这个情况，对测量管路排污方式进行了改进。即用连通管原理，利用汽包内的水对测量管路高压侧进行排污。操作方法为：关闭上部测量管路高压侧与汽包的连通管路，同时打开测量管路高压侧的注水阀。这时只要汽包内压力在 0.3～0.4MPa 之间，就可以利用汽包的水通过五组阀的平衡阀，将测量管路高压侧的异物从注水阀处排出。这样进行排污的好处有：①大大增加了排污的水量，达到充分排污的效果；②同时完成标准水柱的注水。通过这种排污方式，使得水位测量误差都能控制在 0.1mA 以内，大大提高了水位测量的精度。从而杜绝了水位偏差大跳机的发生。

4）汽包内部水位晃动引起测量瞬间偏差。因为机组汽包较小，特别在高压循泵启停过程中，容易产生晃动，为了应对此类情况发生，对水位变送器设定了合适的阻尼，避免水位瞬间变化过大。

（2）保护回路的分析和改进。通过以上改进，基本解决因测量偏差大引起的跳机。对于单台锅炉或燃气轮机跳闸后，因汽包"虚假水位"，造成的跳机，由于这个过程时间很短，一般约为 20s；而锅炉跳闸命令发出去关烟气挡板，再由挡板关到位信号去关主蒸汽截止阀

FV-058，其中挡板关到位时间约为10s，FV-058关闭过程约为90s。也就是说汽轮机与异常的锅炉隔离时间挡板关到位时间（FV-058关闭时间）＝10s＋90s＝100s，大大超过了汽包水位Ⅲ高的形成时间。如果能将汽轮机与异常锅炉隔离的时间缩短到20s以内，就可以避免此类事件的发生，但FV-058采用电动驱动，不可能实现，而改为液动工程量和费用又太高。如果想通过改善控制方式来缓和这个过程不会有大的效果，另外还发现：

1）不是每次锅炉跳闸都会出现水位Ⅲ高，而且这与当时汽包运行水位有关，汽包运行水位一般在±100mm之间，如果当时汽包水位相对比较低，一般不会出现水位Ⅲ高。

2）每次汽包水位Ⅲ高跳汽机过程中，主蒸汽温度并没有明显下降，也就是说主蒸汽没有带水。

因为汽包水位Ⅲ高保护的作用是防止汽轮机进水和主蒸汽管道发生水击，由于汽轮机跳闸对汽包水位上升没有影响，因此远不如汽包水位调节系统的影响来得大和迅速，于是从改变保护方式入手进行了如下改进：

改进一：原逻辑为停炉或跳炉命令发出后，命令关闭挡板，再由挡板关到位信号去关FV-058阀门，该逻辑造成FV-058阀门关闭时间滞后10s故修改该逻辑为"2台锅炉运行时，当其中1台锅炉跳闸信号一发出，同时关烟气挡板和主蒸汽隔离阀FV-058。

改进二：在不能缩短FV-058的关闭时间的情况下，既要保证汽轮机的安全，又要减少这类事情的发生。经过长期的探讨、考证，目前采用的改造方法如下：将原来的汽包水位Ⅲ高且FV-058不在全关位置跳汽轮机的逻辑改为汽包水位Ⅲ高且FV-058不在全开位置。这样大大缩短了停炉或跳炉的时间。也就是说，在汽包水位Ⅲ高出现前，锅炉已经在开始停炉过程中，就不跳汽轮机。由于汽包水位高没有跳炉逻辑，发生这种情况肯定是由其他原因发出锅炉停炉命令。采用这种方式的理由为：锅炉停炉命令发出至汽包水位Ⅲ高肯定有一段时间，汽包水位Ⅲ高至汽轮机主汽门前管道蒸汽带水时间也不短，原因为汽包Ⅲ高时并不意味着主蒸汽已经带水，且从汽包至主汽门的管道长达100多米，而主汽门关闭时间只要2s。这样基本避免这类事情的发生，但同时也出现了一个比较严重的问题，如果FV-058在关过程中卡死，还有上面分析的停炉命令发出至主汽门前管道蒸汽带水的时间无法精确测试到，锅炉停炉命令发出至汽包水位Ⅲ高的时间还受多方面的因素影响，从而是否能保证汽轮机不进水有很大的疑问。为了解决这个问题，增加了一个保护——主蒸汽低温保护，该保护设置为任意台锅炉主蒸汽过热度低于100℃且主蒸汽隔离阀FV-058不在全关位置，跳汽轮机。该温度信号采用3个温度测点冗余、坏值剔除方式。温度测点至汽轮机主汽门管道有100多米，将过热度设为100℃完全能保证防止汽轮机进水。

改进三：另外把ESD水位信号引进到DCS上显示，并与DCS控制用水位信号设立一个偏差报警，这样既可以使运行人员对ESD水位监视，又方便日常维护和故障判断。以上保护实现了既能确保防止汽轮机进水，又能减少炉跳机的动作事故次数。

（3）预控措施。

1）通过对一次测量设备的维护和保护逻辑的改进，提高了机组运行的可靠性，改造取得了预想的成果，在解决问题、实施改造过程中取得了宝贵的工作经验。

2）对于类似的"二拖一"新建机组或有改造机会的机组，建议主蒸汽截止阀FV-058采用液压驱动方式，那么FV-058可以在2～3s内关闭，大大缩短异常锅炉与汽轮机的隔断时间，完全可以避免由锅炉联跳汽轮机的事件发生。

3）对于水位测量信号故障跳机的这个保护信号，如果已经有低温保护，可以考虑取消，因为该保护回路主要是防止水位测量信号故障时发生保护拒动，但加了低温保护后，可靠性有很大的提高。

三、危险气体报警紧急停机事件

1. 事件经过

2016 年 4 月 28 日 14：46，2 号机负荷 340MW，运行监盘发现 2 号机危险气体测点 9A、9B、9C 三点浓度分别为 1％LEL、4％LEL、7％LEL，运行人员立即通知检修，同时到就地燃料气小室进行检查，怀疑燃料气小室内天然气管路或阀门存在天然气泄漏情况。值长立即联系电网调度要求停机，调度同意后，准备正常停机。15：05，2 号机突发危险气体高高报警，2 号机组跳机。危险气体测点 9A、9B、9C 三点浓度为量程最大值。

2. 事件原因查找与分析

停机后对燃料气小室内天然气泄漏情况进行检查，发现 PM4 燃料气控制阀出口管道上一仪表管接口处断裂，天然气泄漏，地面有一小段断裂的仪表管，见图 5-29。其他管道、阀门、管道各接口法兰未发现泄漏。此仪表管曾因振动大进行过移位改造，封堵了该测点，但当时没在根部焊接封堵，留了一小段管，在另一端进行封堵。

图 5-29　仪表管接口断裂

（1）PM4 燃料气控制阀出口仪表管接口（近管道侧）断裂，造成燃气泄漏，触发危险气体高高报警、2 号机组跳机。

（2）仪表管接口断裂原因。检查仪表管断口发现，断口纹路痕迹有一半较旧；表管断口较斜，将管路在断口处复原，推测仪表管应在断点发生折弯，说明仪表管曾经发生过外力碰撞，产生裂纹，在长时间管道振动影响下发生断裂。

3. 事件处理与防范

（1）将该仪表管接口重新封堵，采取直接从端口根部进行封堵措施。

（2）排查其他机组存在的类似情况，进行彻底治理。

（3）加强设备管理，对仪表管路注意防护，防止碰撞，对受外力影响造成管路折弯的仪表管需进行全面检查。

四、仪表管径偏小引起燃料清吹故障停机事件

1. 事件经过

某燃气轮机发电有限公司现役的两套 9F 级单轴燃气蒸汽联合循环发电机组，是国家"西气东输"配套发电工程，分别于 2006 年 12 月、2007 年 3 月投入商业运营。每套联合循环机组的燃气轮机为美国 GE 公司设计的 MS9001FA 系列 PG9351FA 重型单轴燃气轮机，其中压气机 18 级，燃气轮机透平 3 级；汽轮机型号为 D-10 型、3 压、一次中间再热冲动凝结式联合循环汽轮机，汽轮机由高中压合缸和低压缸组成，其中高压有 12 级，中压有 9 级，

低压有 2×6 级，以及 1 台无补燃三压再热型余热锅炉（武汉锅炉厂供货）及其辅助设备。

2013 年发生如下两次非停事件。

2013 年 4 月 12 日 05：43，1 号机组满负荷运行过程中跳闸。调出报警记录发现，跳闸前存在燃气温度高报警（G1.L30FTGH_ALM），报警时间为 05：41：34，随后画面上性能加热器水侧 4 个进出口门关闭。05：43：36 发出燃气清吹故障跳机信号（G1.L4GPFT_ALM），机组跳闸。

2013 年 5 月 4 日 05：59，1 号机组的性能加热器进水二次门在运行中自动关闭，与此同时，进水一次门状态反馈异常，经过手动操作后，该二次门正常开启。08：43，1 号机组发"性能加热器进口一次门不一致"报警，运行检查发现性能加热器进水一次门显示关闭，进水二次门强制关闭，手动开启性加一次门、二次门失败，天然气温度逐渐下降，08：49，1 号机组 RUNBACK，08：56，跳出燃气清吹故障跳机信号 G1.L4GPFT_ALM，09：00，1 号机组解列。

两次事故诱因均来自天然气性能加热器解列，引起天然气运行温度波动，机组变工况响应，过程中燃气清吹故障跳机。在机组停运后，针对故障现象、报警提示、趋势分析，重点对燃料清吹阀活动试验，多次结果如下：静态试验符合 GE 设计，但对 4 月 12 日、5 月 4 日两次跳机数据追忆中，清吹阀 VA13-1 在机组满负荷时关闭时间分别为 10s 和 7.4s，超出了设计要求。经讨论决定在 2 号机调峰停机过程中，模拟 1 号机两次非停的诱因，改变天然气WOBBE 指数，视 2 号机满负荷工况响应，试验成功，工况切换正常、各类阀门动作正常，前期的焦点集中在 1 号机清吹阀 VA13-1 的热态关闭时间上了。

2. 事件原因查找与分析

燃气轮机系统精炼设备少，现场设备安装多以模块化集中布置，上述燃料清吹系统设备均集中安装在面积不足 10m² 的燃料模块中，施工维护空间狭小，一旦发生天然气泄漏或更换阀门等作业，处理起来十分费劲，清吹阀系统中热控系统部件、仪表管线、气动元件、仪表接头经常在交叉作业中损坏。参照同类燃气轮机电厂维护经验，对燃料清吹阀的仪表管系、电磁阀、气动组件进行了移位，将清吹阀 VA13-1 等气动阀的上述设备做了异动，移位出了燃料模块，减少了燃料模块中仪表管系漏点，方便了对电磁阀动作、漏气等维护检查，但增加了气动执行器动作的管容。现场清吹阀 VA13-1 选用进口气动门。

气动执行器为得气开、失气关，增设气动阻尼部件实现慢开，在缸体侧布置流放部件实现快关；配置行程开关接线盒，实现控制信号反馈与就地反馈。

在初步判断了焦点问题方向后，将清吹阀 VA13-1 移位出仓的流放部件重新移回执行器缸体上，快关问题得以保证。再次，机组调峰运行后，实验验证问题得以解决。

专业异动改善现场设备装配的初衷没有问题，实施中是否有些不妥？在仔细对 1、2 号机组燃料模块清吹阀气动组件移位执行情况复查后，发现 2 号机现场仪用气管为 1/2″管，在1 号机同样位置却有不少 3/8″管。

查阅有关气动元器件的资料，获得一简易验算配管内径经验公式：

$$D \geqslant \sqrt{(4Q) \div (3600 \times 3.1415 \times v)}$$

式中　D——代表配管内径，m；

　　　Q——配管内的有压流量，m³/h；

　　　v——配管内流速，m/s。

现场执行器气缸容积估算在 $0.5 \mathrm{m}^3$，要求在 4s 内将气泄完，Q 为 $7.5 \mathrm{m}^3/\mathrm{h}$。

v 配管内流速在小通径的情况下，取 20m/s。

如此推算出此次改造配管内径最少应大于 0.0115m。

计算验证 1 号机现场仪表管取用偏小。

3. 事件处理与防范

加强设备异动管理，仔细核对异动的每个细节，避免出现异动过程考虑不周，留下隐患造成机组运行异常事件发生。

五、F 级燃气轮机 HCO 系统异常事件

1. 事件经过

某厂燃气轮机配置 2 台西门子 SCC5-4000F（X）型联合循环机组，其中燃机型号为西门子 SGT5-4000F（X）。该型燃气轮机采用了先进的燃气轮机液压间隙优化（hydraulic clearance optimization，HCO）技术，通过安装在压气机进气端轴承座内主、副油动机调整机组运行中透平动叶叶顶间隙，提高机组最大出力和效率。

在机组启动后，当燃气轮机充分暖机（全速至少 1h，排气温度满足要求）后，即动静间隙不再变化时，通过 HCO 系统液压装置将转子由原来的副推位置沿着逆气流方向移动 $2.4\sim3\mathrm{mm}$ 距离至主推位置，使燃气轮机的透平动叶叶顶间隙减小，同时压气机端的相应间隙增大，由于燃气轮机机械设计的优点，燃气轮机压气机端由此损失的功率比透平端增加的功率要小，这样就可以使燃气轮机达到更高的效率和功率。

在 2 号机组顺利通过 168h 试验后约 4 个月，HCO 系统在运行中出现主、副推腔室压力无法正常保持的现象，从图 5-30、图 5-31 中可以发现无论 HCO 系统在主推状态还是副推状态各腔室压力均无法正常保持，主推时从 HCO 油泵压力建立至下次启动的间隔时间仅仅为 02 时 38 分，而副推时则更短，只要 02 时 11 分。短短 1h 内 HCO 油泵启动次数分别为 21、25 次，这对设备及机组的安全运行造成了极大的安全隐患。

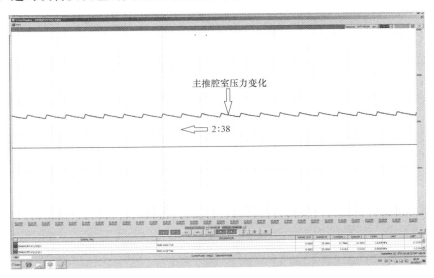

图 5-30　主推时腔室压力变化曲线（1h）

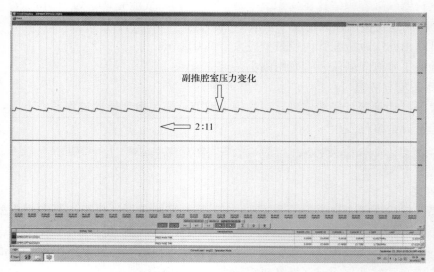

图 5-31　副推时腔室压力变化曲线（1h）

2. 事件原因查找与分析

HCO 系统在主、副推状态下腔室压力均无法正常保持，HCO 油泵启停异常频繁，通过分析 HCO 系统结构情况，认为系统母管、主副推腔室及内部管路接头、各回油截止阀等均有可能存在泄漏，需要对可能存在的故障原因进行逐项排查处理。

（1）主、副推回油阀冲洗及更换，检查回油阀。鉴于 HCO 系统在运行中可能产生固体污染物（金属碎末、活塞密封磨损等），而这些固体物极有可能导致主、副推回油电磁阀卡涩进而无法关严，同时主、副推回油阀均有可能出现内漏故障，因此通过同时将主（副）推腔室进、回油电磁阀开启进行带压冲洗，在带压冲洗完成问题仍旧存在，后对主、副推回油阀进行了更换，然而主、副推腔室油压保持情况依然没有改善。

（2）HCO 系统短接试验，检查漏点位置。整个 HCO 系统可分为 HCO 模块及外部管路、HCO 活塞腔室及内部管路（压气机轴承座内）两个部分，为确认故障原因进行了 HCO 模块外部管路在其与压气机连接处短接进行保压试验，也就是将外部管路短接（不连接活塞腔室及内部管路）后系统压力保持情况与正常运行系统压力保持情况对比分析，从而进一步查找原因。保压试验数据见表 5-7。

表 5-7　保压试验数据

试验状态	测试位置	冲洗次数	持续时间（min）	起始压力（bar）	结束压力（bar）
外部管路短接（不连轴承座）	副推	5	20	180	175
外部管路短接（不连轴承座）	主推	5	20	170	168
连接轴承座	副推	5	<5	180	150
连接轴承座	主推	5	3	180	150

从上述试验数据可以看出，在连接轴承座腔室后系统压力保持时间明显变短，由此可确

认故障点位于 HCO 活塞腔室及内部管路（压气机轴承座内部）。

3. 事件处理与防范

因 HCO 活塞腔室及内部管路均位于燃气轮机压气机轴承座内，对该部分进行检查相对较复杂，主要分为三步：

（1）拆卸进气系统轴保护套部件、内锥外护板、轴承密封环上半、端盖和相关仪表。

（2）检查轴承座内部泄漏情况。检查 HCO 管路与压气机轴承座的连接情况，确保正常连接。启动 HCO 模块，使主副推力侧单独工作，分别检查轴承座内部 HCO 管路接头处是否存在漏油情况。轴承座内部 HCO 管路共有 3 组共 12 个管接头。

（3）修复和复位。根据第 2 步的试验情况，修复漏点处的管接头直至 HCO 系统保压情况恢复至正常水平。修复结束后，将压气机轴承座端盖和进气系统轴保护套部件复位。

经过 2 号轴承外盖打开后检查，发现 2 号轴承 HCO 油腔进回油接头松动导致漏油泄压，分别为主推回油接头、副推进回油接头等 3 个接头，见图 5-32。对所有松动接头进行紧固处理后，HCO 主副推腔室油压保持正常，见图 5-33、图 5-34。

图 5-32　松动漏油接头

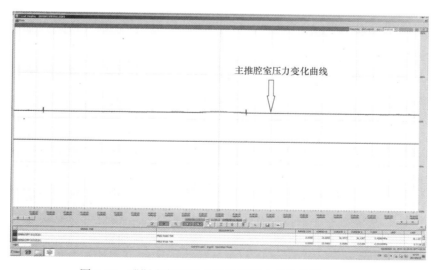

图 5-33　泄漏点紧固后主推腔室压力变化曲线（24h）

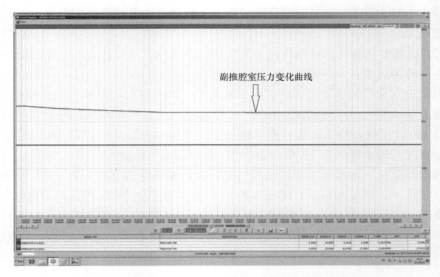

图 5-34　泄漏点紧固后副推腔室压力变化曲线（12h）

第五节　线缆故障引发机组运行异常

本节收集了因线缆异常引起的机组故障 6 起，分别为：补偿电缆绝缘故障导致燃气轮机排气分散度高跳机事件、电缆接线端子处受潮短路导致循环水回水电动门自动关闭事件、AST 电磁阀故障导致机组跳闸事件、火灾保护端子接触不良导致机组跳闸事件、电缆绝缘下降引起火灾报警保护动作导致机组跳闸事件、多股线头误碰引起燃气轮机组低压 CO_2 气体灭火系统误喷事件。

线缆管路异常是热控系统中最常见的异常，导致机组跳闸案例时有发生，应是热控人员重点关注的问题。

一、补偿电缆绝缘故障导致燃气轮机排气分散度高跳机事件

1. 事件经过

2007 年 7 月 16 日 10：58，某厂 2 号燃气轮机"燃烧故障"报警，经查 18 号排气热电偶数值向上跳跃，现场 14 个喷嘴压力正常。11：00，2 号燃气轮机 18 号排气热电偶数据达 1170K，2 号燃气轮机出现"排气分散度高跳闸"报警，2 号发电机跳闸，燃气轮机熄火。7 月 16 日 11：00 开始至 7 月 17 日 17：00，2 号燃气轮机转入水洗，同时开始抢修。机组于 7 月 18 日 6：28 并网转入正常运行。

2. 事件原因查找与分析

脱开燃气轮机排气热电偶元件及 MARK Ⅴ 机柜端子，用 500V 绝缘电阻表检查，发现热电偶补偿电缆（共 36 芯）半数以上补偿线接地电阻为零，检查电缆发现穿地电缆管内充满积水，是由于蛇皮管老化靠地面处出现破损，雨水进入穿地金属套管，遂更换补偿电缆，对穿地电缆管排水；检查还发现 18 号排气热电偶元件损坏，对其进行更换；就地热电偶接线箱端子有部分接地现象，拆下清洗，烘干后绝缘恢复正常。

18 号排气热电偶元件坏，正常情况下 CRT 显示应为－118K，燃气轮机控制系统会自动剔除该点信号，但由于补偿电缆绝缘不好，使得 CRT 显示为 1170K，控制系统不能识别该点为坏信号，造成排气分散度高跳闸。

综上分析，事件原因是电缆安装时剥线位置不规范，位置偏低，靠近地面，也未做电缆头，致使雨水进入电缆内部，造成绝缘损坏。

3. 事件处理与防范

(1) 更换 18 号排气热电偶和连接的绝缘损坏的补偿电缆。

(2) 加强对排气热电偶元件的检查，发现问题及时更换；及时安排 1 号燃气轮机排气热电偶及电缆管线的检查；对其他位置较低的穿地金属套管进行检查，防止内芯积水。

二、电缆接线端子处受潮短路导致循环水回水电动门自动关闭事件

1. 事件经过

2013 年 5 月 18 日，1 号、2 号机组 A 级检修，3 号、4 号机组运行。17:10 运行主值发现 4 号机真空下降至－88kPa，汇报值长，值长查看 DCS 画面，发现 4 号机真空已下降至－80kPa，立即下令调厂用电，同时将供热调至 4 号机高压减温减压。

17:12，单元长发现 4 号机真空已急剧下降至－30kPa，而汽轮机低真空保护未动作，立即将 4 号机手动打闸停机，故障停机。检查发现 4 号机大气防爆门有一只破损。

17:21，运行主值发现 4 号机循环水回水电动门 2 已自动关闭，立即在 DCS 画面上打开该阀门。单元长派巡检到就地查看该阀门状态，巡检到就地查看 4 号机循环水回水电动门 2 已打开，单元长下令巡检将该阀门电源切除，以防止该阀门再次自动误关闭。

17:30，运行主值发现 4 号机真空又急剧下降，且 4 号机循环水回水电动门 2 又再次自动关闭（巡检停电前），此时巡检汇报已将该阀门电源切除。

17:31，运行主值立即要求巡检重新送上该阀门电源，并立即在 DCS 画面上打开该阀门。在巡检确认 4 号机循环水回水电动门 2 开到位后，单元长令巡检将 4 号机循环水回水电动门 2 切至"就地"控制，切除电源，又令其将 4 号机循环水回水电动门 1 切至"就地"控制，切除电源。因真空下降较快，副值将高旁开度调小至 7%。

17:36，3 号炉高压汽包压力从 4.0MPa 快速上升至 6.3MPa，3 号炉高压汽包水位从－400mm 降低至－720mm，3 号炉低水位保护动作，3 号燃气轮机跳闸。同时联系热用户，因机组故障影响供热参数，做好相关措施。

17:44，现场全面检查无异常后，经安全生产部主任同意，值长下令启动 3 号燃气轮机，3 号燃气轮机启动后，通知热用户供热各参数已正常（处理期间供热汽压最低 1.27MPa，满足用户 1.2MPa 要求）。18:04，3 号燃气轮机并网。18:35，4 号机与系统并网。18:55，6kVⅡ段调由 4 号高压厂用变压器供电。19:08，供热由高压减温减压调至 4 号机供热。

2. 事件原因查找与分析

因连续阴雨天气，4 号机循环水回水电动门 2 设计安装在地坑中，循环水回水管温度 40℃散热，汽水蒸发严重湿度大，电动门远控控制电缆接线端子处受潮短路，关阀回路接通，阀门自动关闭。

运行人员未能及时调整并控制好锅炉高压汽包水位，造成 3 号炉水位保护动作。

低真空保护压力开关延时动作，初步分析原因是制造厂真空试验模块节流孔板孔径太小、取样管太细，造成压力开关反应延时。

3. 事件处理与防范

（1）运行加强对循环水回水电动门地坑有无积水的巡查，应保持干燥，防止因有积水造成电气电缆或电动门进水受潮短路，造成误关现象。

（2）若运行中循环水回水电动门自动误关，值盘人员应及时控制好其他相关参数，加强监视真空、油温、瓦温重要参数，立即派人至就地将误关阀门打开。

（3）循环水回水电动门阀门正常开足后，切除电源防止误动（因仅在循环水母管阀门检修需要隔离系统时才关闭）。

（4）加强运行人员技能培训，提高事故处理能力。

（5）大修时清洗低真空保护试验模块，扩宽取样管径。

三、AST 电磁阀故障导致机组跳闸事件

1. 事件经过

某机组容量为 265MW，空分采用开封空分厂设备，气化炉采用华能清能院两段式气化炉，1 号机为西门子低热值燃气轮机，2 号机为上海汽轮机厂生产的蒸汽轮机。DCS 系统采用霍尼韦尔 PKS 系统，燃气轮机 TCS 采用西门子 T3000 控制系统，汽轮机 DEH 采用西门子 T3000 控制系统。机组于 2012 年 12 月 06 日投产。

事故前 1 号机组负荷 164MW，2 号机组负荷 76MW，机组总负荷 240MW，各系统运行正常。2016 年 6 月 8 日 06：17，1 号机组负荷 140MW，2 号机组负荷 75MW，机组总负荷 215MW，汽轮机高压、中压蒸汽系统投运，低压蒸汽系统未投运，其他系统运行正常。

6 月 7 日 17：01，2 号机报"RM7TRP"，逻辑中为遮断油压力低保护动作 2 号机跳闸，跳闸负荷曲线见图 5-35。

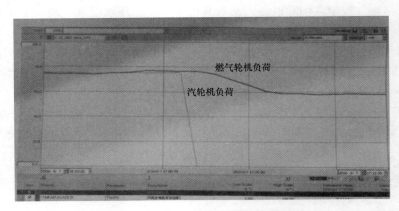

图 5-35　6 月 7 日 2 号机跳闸负荷曲线

空分、气化及 1 号机运行正常，经检查 2 号机跳闸原因为汽轮机跳闸电磁阀（AST 电磁阀）供电空气开关 Q6.02 下口 X7：5 接线松动导致。6 月 8 日 01：18，经对电磁阀（AST 电磁阀）供电空气开关 Q6.02 下口接线紧固后，汽轮机发电机并网成功。

6月8日06:17:20，具备投入低压补汽条件，运行人员开始投低压补汽系统。06:17:21，2号机报"RM7TRP"，逻辑中为遮断油压力低保护动作，2号机跳闸，跳闸负荷曲线见图5-36。

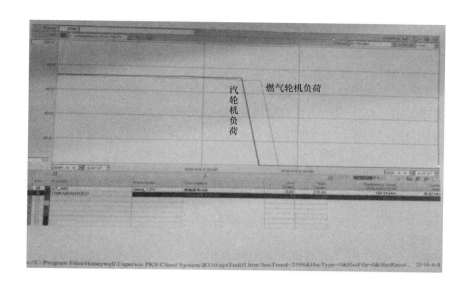

图5-36　6月8日机组跳闸负荷曲线

06:17:26，2号机跳闸触发高压旁路开启至100%。06:17:40，2号机高压旁路投入压力自动模式，高压旁路开始关闭。06:18:06，2号机高压旁路全关至0%。6:18:41，触发"燃气轮机负荷大于50MW，高压旁路小于3%延时30s"跳机保护，连锁1号燃气轮机跳闸，空分装置、气化装置运行正常。13:24，经检查原因并处理后燃气轮机发电机组1号机并网。14:32，汽轮机发电机组2号机并网。

2. 事件原因查找与分析

6月7日17:01汽轮机跳闸原因是汽轮机跳闸电磁阀（AST电磁阀）供电空气开关Q6.02下口X7:5接线松动导致。AST电磁阀工作电压为AC220V，正常时带电闭合，机组跳闸时AST电磁阀失电开启，并卸载汽轮机遮断油压。Q6.02空气开关为AST电磁阀总电源空气开关，下口接线松动使AST电磁阀供电失去，导致AST电磁阀全部失电开启，并卸载遮断油压，触发遮断油压力低保护，导致2号机跳闸。松动的AST电磁阀电源空气开关供电端子见图5-37。

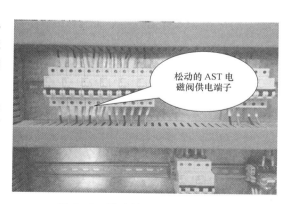

图5-37　松动的AST电磁阀电源
空气开关供电端子图

6月8日机组跳闸后，检查2号机低压补汽电磁阀时，测得电磁阀线圈电阻为0Ω，并存在外观烧损现象，判断为电磁阀线圈短路烧损。电磁阀工作电压为220VAC，初步判断电磁阀烧损原因为工作环境温度较高、设备老化,在投入低压补汽过程中,低压补汽主汽阀开启,电磁阀瞬时带电时发生短路故障,见图 5-38(低压补汽电磁阀图)。由于低压补汽电磁阀与汽轮机 4 个 AST 电磁阀共用一路电源,当低压补汽电磁阀短路时,4 个 AST 电磁阀电源总开关 Q03 因过流断开,导致 2 号机 AST 电磁阀全部失电开启,并卸载遮断油压,触发遮断油压力低保护动作,导致 2 号机跳闸。

烧损痕迹

图 5-38　低压补汽电磁阀图

2 号机跳闸后,高压旁路快速开启至 100%,5s 后转入自动调压模式。由于高压旁路快速开启导致高压主汽压力下降较快,在自动调压模式下高压旁路开始关闭,由于高压旁路关闭后,运行人员手动干预不及时,延时 30s,触发"燃气轮机负荷大于 50MW,高压旁路开度小于 3%延时 30s"燃气轮机保护,导致 1 号机跳闸。

3. 事件处理与防范

(1)将控制系统机柜端子全部进行紧固,举一反三,对其他控制系统接线松动的隐患进行排查。

(2)由于时间仓促,现临时将低压补汽跳闸电磁阀和 4 个 AST 电磁阀的电源由原先 1 路电源改为 3 路独立电源,分别为低压补汽跳闸电磁阀、高压侧跳闸电磁阀 AST1/3、低压侧跳闸电磁阀 AST2/4 供电,3 路电源独立供电,互不影响。由于汽轮机 4 个跳闸电磁阀采用串并联结构,任何一路电源故障掉电时不会导致汽轮机跳机。下一步将利用机组检修机会,将以上 5 个电磁阀电源进行改造为单独供电方式。

(3)更换低压补汽跳闸电磁阀,同时制定 IGCC 及临港燃气轮机重要电磁阀清单,定期测试电磁阀阻值,进行阻值对比分析,发现异常及时处理,并制定重要电磁阀定期更换制度,对重要电磁阀定期更换。

(4)增加 2 号机 ASP 油压模拟量测点,通过监视两组 AST 电磁阀间的油压值,及时发现 AST 电磁阀的故障情况。

(5)优化完善 2 号机高中压旁路压力控制逻辑,增加如下逻辑功能:

1)当汽轮机跳闸时,自动控制方式下,运行人员未干预之前,高压旁路压力设定值预设为 4.5MPa。

2)当汽轮机跳闸时,自动控制方式下,高压旁路开度 PID 调节输出下限为 10%,当运行人员手动干预高压旁路时,输出下限取消。

(6)进一步完善热控专业定期检查、试验工作内容,完善热工报警定值梳理、分级工作。

(7)完善热工机柜图纸张贴工作,将机柜内部布置图和接线图张贴于机柜内部。补充完善热工控制机柜内部设备标识牌、线号。

(8)加强人员培训,提高人员应知应会能力,提升人员技能水平。完善汽轮机跳闸事故应急预案及相应技术措施,并加强事故演练。

(9)加强技术监督和隐患排查治理,完善定期维护、定期检查、定期试验项目,将技术监督各项工作落实到人,落实设备区域责任制,提升各岗位人员隐患排查能力,做到分工明确、职责落实。举一反三，对燃气轮机机组 AST 电源回路及接线进行排查，检查是否存在类似情况。

1. 事件经过

2013 年 8 月 1 日，1、2、3、4 号机组运行。1、2 号机组负荷 162MW，3、4 号机组负荷 155MW，3、4 号机组 AGC 投入运行。

10:29，控制室 1、2 号机组控制盘 4 台电脑和值长台 1 台电脑突然黑屏，查看发现 1、2 号机组负荷到零，3、4 号机组负荷正常，迅速联系电气、热控人员。随后电脑显示正常，查看燃气轮机控制电脑发现 10:29:10:690，1 号燃气轮机发 "1 号油雾分离器低电流" "油雾分离器反馈故障" "气体小间通风故障" "负荷间反馈故障" "透平间反馈故障" "发电机通风反馈故障"。10:29:30:690，燃气轮机发 "透平间失去通风跳机" "负荷间失去通风跳机" "74/86G-2A 闭锁继电器跳闸" "励磁跳闸"，1 号燃气轮机跳闸，联跳 2 号汽轮机，安排人员到燃气轮机就地、6kVⅠ段、400VⅠⅡ段、电子设备间检查，发现 1 号燃气轮机所有辅机跳闸，备用辅机启动。

经省调同意 1 号燃气轮机机组手动解列。联系电气、热控人员检查为火灾报警盘 45FTX（X17）接点两头接线到 MCC 控制柜两端子 23、24 的 23 接触不良，处理后 14:05，1 号燃气轮机发启动令，14:24:1 号燃气轮机并网，14:56 2 号汽轮机并网。

2. 事件原因查找与分析

控制回路端子接线接触不良。具体原因为火灾报警盘 45FTX（X17）接点两头接线到 MCC 控制柜两端子 23、24 的 23 接触不良引起，造成所有风机跳闸导致燃气轮机跳闸。因火灾保护控制回路中有接点串入燃机各风机的电气控制回路中，所以在这些接点故障时会引起燃气轮机跳闸。

3. 事件处理与防范

（1）运行人员加强对火灾保护相关技能知识的学习，各测点分布区域若有故障能迅速判断是哪个区域，好及时处理。

（2）运行中加强对燃气轮机火灾保护控制柜巡查，若报警指示灯亮应立即汇报值长。

（3）停机后，热控人员对火灾保护端子接线进行全面检查，消除安全隐患。

（4）燃气轮机火灾保护动作后，注意就地检查故障情况及燃机本体有无异常声音。

（5）运行查班时发现受潮及时处理，防止燃机就地控制室下受潮积水引起保护误动。

1. 事件经过

某热电有限公司一期工程为两套 9E 燃气蒸汽联合循环机组。第一套机组于 2014 年 9 月 2 日正式投产，第二套机组于 2014 年 11 月 9 日正式投产。2015 年 01 月 21 日 16:08，1 号机组燃气轮机负荷 73MW，汽轮机负荷 32MW，机组 AGC 方式运行，运行参数正常。16:08，1 号燃气轮机负荷间火灾报警保护动作，2 台 88BT 风机全部停运（88BT 为轮机间冷却风机），1 号燃气轮机跳闸，联跳 2 号汽轮机。经检查处理后，1 号燃气轮机 20:00 点火，

20:30 并网，恢复正常运行方式。2014 年 12 月 28 日，1 号燃气轮机曾发生过火灾报警保护动作，并解除了火灾报警保护动作联跳燃气轮机信号。

2. 事件原因查找与分析

（1）原因查找。机组跳闸后，现场检查发现 1 号燃气轮机火灾报警盘显示轮机间及负荷间 4 个火灾感温探头（45FT1A、45FT8A、45FT8B、45FT9B）同时变红报警，触发火灾报警保护动作，联动 2 台透平间冷却风机全停、燃气轮机跳闸。18:32，待负荷间温度降至正常温度后（机组运行时环境温度在 110℃以上）进入检查，未发现有任何着火迹象，各设备运行正常。对火灾报警保护动作冷却风机停运原因进行检查，发现在火灾报警盘柜中，有一路火灾报警综合信号（常闭点）送至 MCC 盘，经硬接线联跳风机电源开关（正常情况下该接点闭合，火灾报警情况下接点断开，重动继电器失电返回，联跳风机电源开关）。因冬季供热需求同时为确保机组安全，决定解除此硬接线联锁保护（将常闭接点短接），联系中调开机，20:30 并网。

1 号燃气轮机连续 2 次因火灾报警误动造成机组停运（上次时间 2014 年 12 月 28 日），在本次机组停运后，公司联系相关单位（南京汽轮机厂、南京消防公司、华电电科院）于 2015 年 1 月 24、25 日对火灾报警系统进行了详细地检查及分析，具体如下：

1）与南京消防公司技术人员对消防保护系统逻辑进行了认真核对，逻辑正确。

2）做好防范措施后，在就地 TCC 转接间首先测量了 45FT-1A 45FT-8A、45FT-8B 45FT-9B 信号线间电压，线间电压测试数值见表 5-8。

表 5-8　　　　　　　　　　　　线间电压测试数据

名称	线间电压（V）	标准值（V）	是否正常
45FA-1A	7～10	14.3	不正常
45FT-8A	5～10	14.3	不正常
45FT-8B	7～10	14.3	不正常
45FT-9B	7～9	14.3	不正常

3）在接线间将 45FT-1A 45FT-8A、45FT-8B 45FT-9B 就地侧线缆解除，用万用表检查 45FT-1A 、45FT-8A、45FT-8B 45FT-9B 信号回路检测电阻正常，回路电阻测试数值见表 5-9。

表 5-9　　　　　　　　　　　　回路电阻测试数据

名称	检测电阻（kΩ）	标准值（kΩ）	是否正常
45FA-1A	4.62	4.75	正常
45FT-8A	4.73	4.75	正常
45FT-8B	4.60	4.75	正常
45FT-9B	4.51	4.75	正常

4）到二区就地火灾探头接线箱，用 1000V 绝缘电阻表对该端子箱到 TCC 小室的信号电缆进行绝缘检查，线地、线间阻值均无穷大，绝缘正常。但对端子箱至探头信号电缆的绝

缘进行了测量，发现异常，绝缘电阻测试数值见表 5-10。

表 5-10 绝缘电阻测试数据

名称	信号线 1 对地绝缘	信号线 2 对地绝缘	线间绝缘电阻
45FT-8A	<0.5MΩ	<0.5MΩ	<0.5MΩ
45FT-8B	<0.5MΩ	<0.5MΩ	<0.5MΩ
45FT-9A	无穷大	无穷大	无穷大
45FT-9B	<0.5MΩ	无穷大	无穷大

由于 45FT-1A 探头接线端子箱所处环境温度过高，无法检查就地控制箱到探头之间的线缆以及探头情况，待停机后检查。但从 TCC 转接小室用万用表测量线地阻值分别为 150、220kΩ，明显偏低，不合格。

5）火灾报警系统在检测探头通断的同时，还具有检测信号传输线缆是否通断的功能。在正常的情况下，即无信号发出且电缆连接正常的情况下，触摸屏相应测点显示绿色；当线缆开路时，触摸屏相应测点显示黄色；而信号节点闭合时，触摸屏相应测点变成红色。其工作原理是在探头附近的端子盒里信号节点输出端并接了一个 4.75kΩ 电阻，当开路时检测回路电流为零，信号报故障变黄；当检测回路为检测电流值时信号正常变绿；当检测回路为动作电流值时信号动作变红。将故障的 4 个探头回路隔离，在 TCC 小室端子排拆线处——并接 4.75kΩ 电阻，触摸屏相应测点变绿。经长时间观察，消防控制柜未发现异常。

（2）原因分析。

1）燃气轮机跳闸原因是 2 台法轮机间冷却风机全停所致。

2）2 台透平间冷却风机全停原因为：因 45FT8A、45FT8B 感温探头同时触发火警，保护动作。一路接点信号至 MARK Ⅵe 盘联跳燃气轮机、风机（1 月 5 日，在 MARK Ⅵe 控制逻辑里已将火灾报警联跳风机及燃气轮机联锁保护切除），另一路接点信号送至燃气轮机 MCC 柜，通过硬接线联跳风机（联跳 88BT、88VL、88VG、88GV、88TK、88QV 风机电源开关）。该保护动作，2 台 88BT 风机停运延时 30s 联跳燃气轮机。

3）火灾报警保护误动原因：45FT-8A、45FT-8B、45FT-9B 就地接线盒至探头间的信号电缆对地绝缘电阻偏低，造成信号线间电压不正常（经观察当电压小于 7V 左右时信号动作），最终导致火灾报警信号发出。

4）线缆绝缘偏低原因分析：①安装工艺不规范，就地信号线缆敷设在钢管内，钢管为现场配装，可能存在尖锐的边缘、毛刺等情况，从而损伤电缆，导致电缆偶然接地或短路造成信号发出；②现场温度较高（约 200℃），线缆在长期高温环境下绝缘能力降低导致信号发出；③探头故障造成绝缘能力降低。具体需待机组停机后检查确认。

（3）暴露的问题。人员技能有待于提高，设备维护人员对火灾保护系统原理、图纸不熟悉，不清楚火灾保护系统存在此硬接线联跳风机回路，对上次火灾报警保护动作防范措施落实不到位，保护解除不彻底，致使机组再次因火灾报警系统保护动作联跳 1 号燃气轮机。

3. 事件处理与防范

（1）暂时解除火灾报警系统中的联跳冷却风机电源开关的硬接线保护，切除故障探头回路。

（2）制定火灾报警停机消缺方案，准备材料备品，一旦条件允许立即排查与消除故障，及时恢复相关保护。

（3）运行人员加强对 1 号燃气轮机火灾报警信号及现场环境温度的监视，并做好相关的记录，发现有火灾情况时，及时手动停止燃气轮机、风机，并喷放 CO_2。

（4）加强对维护人员的培训，提高维护人员的问题分析与消缺技能。

（5）举一反三，利用合适机会对机组保护及相关回路等进行排查，彻底掌握机组主要保护实现及信号连（转）接情况。

（6）认真吸取本次非停教训，加强规范化管理，根据"四不放过"要求，从制度、组织、措施等方面加强"非停"事件的分析管控。

六、多股线头误碰引起燃气轮机组低压 CO_2 气体灭火系统误喷事件

某燃气轮机电厂建有 4 台 M701 燃气轮机联合循环机组，在每台燃气轮机罩壳内分别设置一套独立的低压 CO_2 灭火系统，每套独立的灭火系统由两套独立的喷放管网组成，一套喷放管网为大流量喷放，另一套喷放管网为小流量喷放。低压 CO_2 灭火系统设有手动和自动相结合的火灾探测和报警装置，由手动报警按钮、报警探测器和消防控制设备等部分组成。所用手动报警按钮、报警探测器和消防控制设备都连接在火灾控制盘的不同位置上。

1. 事件过程

2017 年 2 月 25 日，21:30，4 号机组停运，消防人员接到当班值长通知：4 号机组燃气轮机罩壳低压 CO_2 灭火系统喷发。

21:45 左右，消防人员到达 4 号机低压 CO_2 灭火系统 CO_2 储罐间，首先查看低压 CO_2 灭火系统灭火控制器报警情况和气体喷射情况，检查确认：

（1）一、二次喷放气动阀为关闭状态，一、二次喷放气动阀后压力开关未动作，防火挡板动作关闭，防火挡板气动阀后压力开关动作。

（2）CO_2 储罐出口至一、二次喷放气动阀管道结冰。

（3）消防控制盘报"4pt 燃气轮机罩壳 CO_2 手动喷放信号""4 号燃气轮机罩壳防火挡板启动管路压力开关报警"。

以上检查确认说明低压 CO_2 灭火系统发生了误喷。

2. 事件原因查找与分析

消防人员经当值值长协商，暂时不对灭火控制器进行复位，先根据报警信息"4pt 燃气轮机罩壳 CO_2 手动喷放信号"，对现场 6 个手动喷放按钮控制箱（LCP）进行检查，"手动喷放"信号接线图见图 5-39，接线箱内均为并联连接。

在消防模块箱 MJ40304 内，拆除手动喷放信号监视模块进线电缆，测量手动喷放信号监视模块两进线电缆对地绝缘为∞，线间无电压，两根进线电缆对地电压 3VDC～7VDC 之间波动，对地电压异常，线间电阻为 56kΩ（回路中并接有 47kΩ 终端电阻），正常。

分别拆除 6 个手动喷放按钮控制箱（LCP）内的"手动喷放"线路端子排的上端子，对各个手动喷放按钮回路进行检查测试，手动喷放按钮回路正常。对从接线箱至手动喷放按钮控制箱（LCP）线路进行测量，发现线路还是有对地电压，两根进线电缆对地电压均为 3VDC～7VDC 之间波动，判断线路有问题。

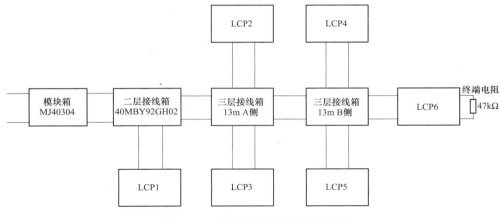

图 5-39　"手动喷放"信号接线图

注：LCP 为手动喷放按钮控制箱

3月2日，热控人员和消防人员对手动喷放线路再次进行检查，对接线箱、模块箱、控制箱（LCP）之间的线路逐段拆线检查，除燃气轮机罩壳东侧 6.5m 层 LCP6 控制箱线路异常外，其他线路对地、线间绝缘阻值均为∞，线间无电压，线对地电压均为 0VDC，线路正常。

LCP6 控制箱线路异常检查：当拆除 13m 层 B 侧消防防爆接线箱到 LCP6 控制箱"手动喷放信号"线路后，测得线路线对地绝缘阻值为∞，线间无电压，两根出线电缆对地电压 3VDC～7VDC 之间波动，线间电阻为 56kΩ，初步判断为此段线路电缆可能有接地导致"手动喷放"信号误发。

针对上述情况热控人员和消防人员对此段线缆进行了外观检查并把此段电缆全部退出电缆套管检查，发现没有明显破损，当重新进行接线后，再次测量时发现电缆各项数据已正常，线对地、线间绝缘阻值为∞，线间、线对地电压均为 0VDC。"手动喷放"信号误发原因未明。

3月15日，结合4号机组停机机会，热控人员和消防人员对整个处理过程进行重新整理后，认定误喷放唯一可能存在原因是 LCP6 控制箱进线线路存在异常，对 LCP6 控制箱进线电缆全部退出电缆套管重新进行了检查，未发现异常。对 LCP6 控制箱内接线线路进行模拟试验，发现 LCP6 控制箱内端子排"手喷信号"的负极和"止喷信号"的正极，因接线相近，同时均为多股电缆，存在有短接的可能，并且短接时故障现象与"手喷信号"误喷时的现象完全一致，短接时"手动喷放信号"两根出线电缆对地电压在 3VDC～7VDC 之间波动。低压 CO_2 灭火系统控制盘会触发"燃气轮机罩壳 CO_2 手动喷放"信号，LCP6 控制箱内端子排接线图见图 5-40。

经过上述检查和分析，认为本次4号机组燃气轮机罩壳低压 CO_2 灭火系统异常喷放的原因为：LCP6 控制箱内端子排"手喷信号"的负极和"止喷信号"的正极，因接线相近，同时均为多股电缆，在设备早期接线不规范、有裸露线头隐患存在的情况下，因振动等原因发生了短接，导致"燃气轮机罩壳 CO_2 手动喷放"信号误发，低压 CO_2 灭火系统误启动。

本次事件暴露：设备隐患排查不彻底，端子排接线存在隐蔽缺陷未被发现，说明设备点检水平仍需提高。

手喷信号负极　　止喷信号正极

图 5-40　LCP6 控制箱内端子排接线图

3. 事件处理与防范

为保证安全生产，避免此类故障重复发生，针对设备存在的问题采取如下处理措施。

（1）将全厂 4 台 M701 燃气轮机低压 CO_2 灭火系统手动喷放按钮控制箱内的接线线头，全部改为 Y 形冷压绝缘端子。

（2）对全厂所有的热控保护信号接线端子进行仔细检查，针对多股接线线头并接至同一端子的统一改为 Y 形冷压绝缘端子。

（3）对端子接线的信号进行分类标记，配以不同颜色套管。主保护类信号采用红色；一般保护信号采用黄色。

第六节　部件异常引发机组故障

本节收集了因部件异常引发的机组故障 9 起，分别为：油质原因（滤网）导致燃气轮机保护动作跳机事件、PG9171E 燃气轮机油系统造成启动失败事件、压气机滤芯故障导致燃气轮机压气机进气滤网压差大停机事件、燃气轮机压气机进气滤芯失效事件、燃气轮机空气滤网压差大燃烧器压力波动大停机事件、燃气轮机 IGV 导叶故障事件、燃气轮机 IGV 伺服阀故障停机事件、燃气轮机供气压力低跳闸保护动作停机事件、9E 型燃气轮发电机组透平框架冷却系统冗余不足事件。

这些部件异常直接导致了机组的保护动作，其重要性程度应等同于重要系统的 DCS，应给予足够的重视。

一、油质原因（滤网）导致燃气轮机保护动作跳机事件

1. 事件经过

2010 年 12 月 26 日 16：11：17，某发电厂 3 号机组在负荷 386MW、OTC（排气温度）573℃，IGV（进口导叶）开度 88％的运行工况下，由于燃气轮机加速度保护 GW3 动作（燃烧室 ACC 高于 8g）引起机组跳闸，负荷减至 0MW。经电厂、电试院和能源公司技术中心的反复分析查找下，最终查明跳机故障原因；其查找过程的经验与教训，大家可作参考。

2. 事件原因查找与分析

事件发生后，热控人员查阅 3 号机组历史曲线和 WIN-TS 记录数据，跳机时参数曲线见图 5-41。

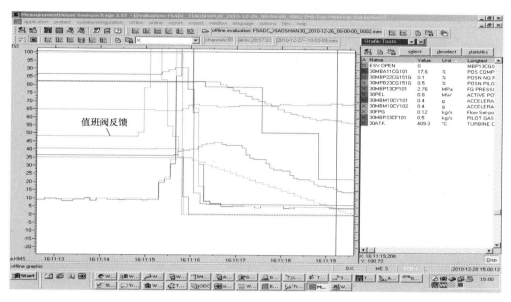

图 5-41　跳机时有记录曲线

根据记录曲线，26 日 16:11:15，在天然气值班气控制阀指令不变的情况下，天然气值班气控制阀突然从 48% 开至 100%，使值班气流量急增，燃烧室 ACC 高于 8g 跳机，最大到达 11.96g，ESV 关断，3 号燃气轮机负荷减至 0MW，机组解列。根据曲线分析和西门子回复传真件认可，认为导致 3 号机组跳闸的直接原因是因 ACC 值高引起。

热控专业随即对故障现象进行了全面检查与分析。事件发生前天然气值班控制阀的指令信号并没有明显的变化，但阀门位置反馈却发生了突变，引起反馈异常的原因可能有三种：一是反馈装置本身损坏；二是控制用信号电缆屏蔽接地不良，失去抗干扰作用；三是位反装置抗干扰能力弱，有干扰信号就跳变。同时咨询了其他兄弟单位和西门子办事处，得到的反馈信息是天然气扩散、预混、值班阀的抗干扰能力不强，见图 5-42。查阅西门子提供的设备说明书，内有该阀门区域慎用对讲机的说明。根据这个思路，对 3 号燃气轮机天然气值班气控制阀的回路进行了下列的检查和处理。

（1）检查过程。

1）检查 3 号燃气轮机天然气值班气控制阀反馈装置。在 SIMADYN D 中强制使天然气值班气控制阀全开全关；强制该阀以 25% 开度逐步开大和关小，反复多次，未出现位反显示异常的情况，基本排除反馈装置本身损坏的可能。

2）检查控制用信号电缆屏蔽接地。对 3 号燃气轮机天然气值班阀的控制电缆、中间端子接线箱及相关的电缆桥架进行了全面的检查。电子室至就地接线盒的电缆接地为"两点接地"，符合西门子 TCS 的接地要求，在检查中发现天然气值班气控制阀到就地接线盒的电缆没有接地，并完善了就地电缆的接地。随后强制天然气值班气控制阀开至 50%，在就地值班气控制阀附近（1~2m）使用对讲机模拟干扰信号，出现天然气值班气控制阀突然开至

141

图 5-42　燃气轮机罩壳内天燃气扩散、预混、值班阀现场布置

100％的现象，阀门扰动非常的明显，见图 5-43。

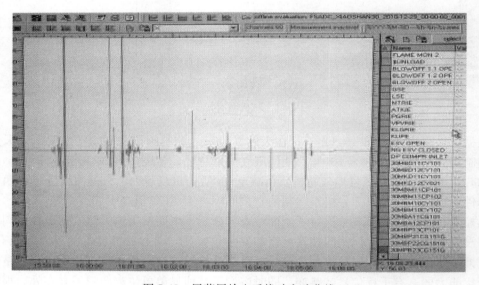

图 5-43　屏蔽层检查后扰动实验曲线

在 3 号燃气轮机罩壳内的就地中间接线盒处，断开 SIMADYN D 的输出指令，接恒流源信号，控制天然气值班气控制阀，同时使用对讲机模拟干扰，用万用表测试反馈信号，发现天然气值班气控制阀关死的情况下，反馈信号大幅波动，出现反馈到 100％的现象。

通过上述检查基本排除了由于信号控制电缆屏蔽接地不良所导致阀门反馈波动的可能。

3）检查 3 号燃机天然气值班气控制阀自身抗干扰能力。SIMADYN D 中强制使天然气值班气控制阀开至 50％，在就地 3 号燃气轮机罩壳内值班气控制阀附近（1～2m）使用对讲机模拟干扰信号，天然气值班气控制阀开度会出现大幅晃动的现象，最大可达到 100％，同时相邻的扩散阀也不是非常稳定，情况和值班阀相似，预混阀情况稍好些，试验曲线见图 5-44。

将对讲机移至 3 号燃气轮机罩壳外进行干扰试验，3 号燃气轮机天然气值班阀没有出现异常开启情况；热控人员将对讲机移至电子室 3 号燃机 SIMADYN 控制柜附近进行干扰试验，3 号燃气轮机值班阀没有出现异常开启情况。

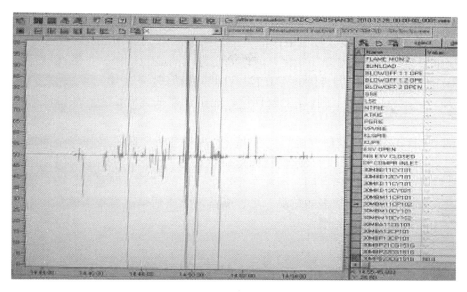

图 5-44　对讲机干扰试验曲线

在 4 号燃气轮机对天然气扩散、预混、值班阀进行相同的干扰试验，阀门开度最大扰动也可达到 40％左右，未出现全开全关的现象。

通过上述检查基本判定 3 号燃气轮机天然气值班气控制阀自身抗干扰能力很差，该区域的扩散阀、预混阀都存在类似问题。

（2）处理过程。

1）更换了全新的阀门位反装置。模拟干扰信号，值班阀受干扰的影响明显削弱了很多，大部分干扰只能影响值班阀在 5％～10％之间的范围晃动。其中有两次较大的异常开启的现象是热控人员把对讲机的天线直接靠在反馈装置上进行干扰引起的，见图 5-45。

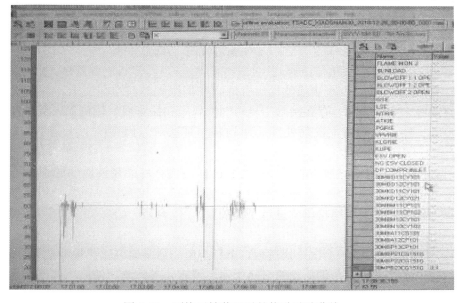

图 5-45　更换反馈装置后的扰动试验曲线

2）机务专业配合热控进行了 3 号燃气轮机天然气值班气控制阀电液伺服阀的更换。

3）用 100 目铜丝网包裹 3 号机组天然气值班阀、扩散阀、预混阀，模拟干扰信号，值班阀位置反馈只有 2％左右的开度变化，就地阀门也无明显的动作。扩散阀的情况也明显好转，反馈装置的开度变化控制±5％，阀门没有明显的动作。

4）1 月 18 号，德国西门子控制专家到厂，现场检查试验后认为，故障原因可能在阀门本身。

5）1 月 25 日，电力科学研究院热控所来人到现场分析原因。经现场全面检查，查看图纸后，提出了可能是油系统问题（此前已向电厂提出过），要求拆热工阀门上滤网检查，由于该厂油质自行化验结果为四级油，因此在是否是滤网问题有不同意见，但最终机务专工拆滤网检查，发现滤网上有非常多的结晶。更换新滤网上去后情况有很大改观，记录曲线有明显好转，但还是频繁突变，见图 5-46。

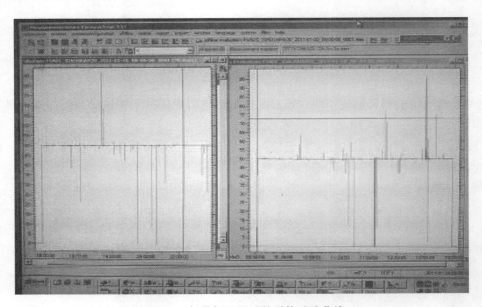

图 5-46　加装铜丝网后的干扰试验曲线

6）进一步现场检查，发现更换滤网后有油滴在伺服阀的航空插座上，并发现德国专家检查后航空插座未完全紧扣，存在接触不良可能性，紧扣插座后，让机务人员对油路节流孔情况进行检查。经 24h 观察，发现处理后问题基本解决，但仍有一个 4％的小毛齿，见图 5-47。

7）根据上面记录曲线，参与故障分析的人员提出仍有可能是油质问题引起，建议清除航空插座内外的油质，同时继续滤油，或检查阀门油路等。之后因油越滤油质越差，联系德方，德方提出换油。计划机组检修中进行了换油。

（3）原因分析。

1）故障主要原因。基于上次查找过程，电厂与电力科学研究院热控专业人员分析认为，本次跳机故障的主要原因，是油质不符合机组运行要求，导致滤网油皮堵塞严重；运行过程中，在压力作用下时堵时通，油压瞬间下降，导致油压波动引起机组跳闸。

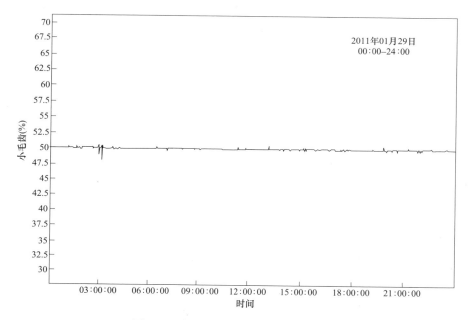

图 5-47 加装铜丝网后的干扰试验曲线

2）经验教训。

本次故障的分析与查找过程，由于相关人员的疏忽，增加了故障分析查找的难度：

a. 油质化验结论错误，从而错误的转移了专业人员故障分析查找思路。

b. 德国专家检查航空插头后未紧扣航空插头使问题分析查找变得进一步复杂化。

c. 跳机故障分析时，需要拓展视野，类似干扰现象要从多专业分析考虑，不要局限于热工专业。

3）关于阀门的抗干扰。通过本次故障的检查和处理，发现西门子 V94.3 燃气轮机的天然气扩散阀、值班阀、预混阀抗电磁干扰的能力差，3 号燃气轮机天然气值班气控制阀位反馈装置抗干扰能力特别差，兄弟电厂都有类似的情况存在，西门子要求信号电缆屏蔽两点接地，这种方式对克服控制回路所受的电磁干扰是有效的，但无法克服装置本身抗干扰能力差的弱点。同时西门子公司在同类型燃气轮机曾出现过相同阀门问题的情况下没有履行告知、提醒义务。

3. 事件处理与防范

（1）为消除单点信号保护，联系西门子公司对燃气轮机机组的天然气扩散、预混、值班阀的反馈传感器进行改造由单反馈改为反馈（但由于德方的更换时间条件不符合电厂运行时间要求，目前未进行）。

（2）3、4 号燃气轮机运行时，在燃气轮机罩壳内禁用无线电对讲机、移动手机等有强干扰源的通讯设备；燃气轮机罩壳进门处应张贴明显的警示标记。

（3）热控专业进一步对 3 号、4 号机组跳机保护回路的电缆接地、电缆的裸露备用芯进行全面的检查。

（4）加强油质等化验的管理工作，保证油质等级的可靠性。

二、PG9171E 燃气轮机油系统造成启动失败事件

1. 事件经过

某 300MW 燃气-蒸汽联合循环发电机组由 2 台 GE PG9171E 燃气轮机和 1 台 ALSTOM 100MW 汽轮机组成。燃气轮机的液压油系统包括电液伺服阀、液压柱塞泵等精密元件，油系统中若含有固体杂质，就会造成元件磨损、剥蚀、振动、控制阀窗口堵塞、阀芯卡住等故障，由此会引起元器件性能下降、寿命缩短、工作不正常，甚至导致自动控制系统失灵，造成机组非正常停机。近几年，曾发生 3 次启动中燃气阀门检漏程序通不过，造成启动失败事件。

2. 事件原因分析与处理

解体检查发现，一起为燃气控制阀（GCV2）卡涩；另两起为燃气速比阀（SRV）卡涩引起。其直接原因确认为液压油中带有细小杂质，造成阀门卡涩。

液压油来自润滑油母管，液压油系统的正常运行依赖润滑油系统，而润滑油循环冷却轴瓦，不可避免带有杂质颗粒及水分，影响执行机构的控制精度和伺服阀的使用寿命；更严重的是可能造成阀门卡塞，发生机组跳闸事故。经调研，燃气轮机及其联合循环电站中相当一部分事故是由于液压油和润滑油系统的污染造成。为防止润滑油的污染、劣化影响液压油油质，给机组日常安全运行造成风险。电厂决定对燃气轮机油系统进行改造，将液压油系统独立出来，实现液压油与润滑油的分离，以提高系统的可靠性。

（1）机务改造实施情况。保留原辅助液压油泵、主液压油泵、出口控制模块及相关管路；保留原油动机上跳闸油接口及其管路中跳闸电磁阀、压力开关和进、回油管路接口的基础上，增加以下设备：

1）增加高位液压油箱，为液压油主油泵组、液压油辅助油泵组供油。高位液压油箱带滤油、冷却装置。增加的高位油箱带油箱自循环的相关设备。

2）增加高位液压油箱的支架以提供露天状态下对设备的防护。

3）在燃气小室的油动机回油总管及 IGV 油动机回油管处各增加一套回油蓄能器组件。

4）增加一套滤油、冷却装置的控制柜及动力电缆。

5）增加相关 I/O 点、电缆。

改造后液压油系统的原主液压油泵和辅助液压油泵有以下改变：

1）吸入口改接至新增的高位液压油箱而不再由润滑油母管提油。

2）各电磁阀液压油回油并接后经蓄能器稳压，接入高位液压油箱。

跳闸油系统不变，仍由润滑油母管提供，作为执行机构的跳闸油，跳闸油的泄油仍回原润滑油箱。

燃气小室 4 个油动机（GCV1、GCV2、GCV3、SRV）的液压油回油接至高位液压油箱，并在回油总管处增设一套低压蓄能器组件。IGV 油动机的液压油回油接至高位液压油箱，并在回油管处增设一套低压蓄能器组件。

新增的高位液压油箱，自带液温、液位等热工仪表，具有加热、过滤、冷却等辅助功能。

（2）改造后实施的控制策略。由于主液压油泵及辅助液压油泵的保留，只是改变了吸油口位置，因此主液压油泵及辅助液压油泵的主控逻辑未做大的变动，主要修改：

1）取消了润滑油压力低跳辅助液压油泵逻辑。

2）新增高位液压油箱设三个独立的液位低低开关（200mm），经三取二表决后机组跳闸。

3）新增高位液压油箱液位低于 250mm 延迟 1s 或液压油箱油温低于 20℃，禁止启动机组逻辑。

4）新增高位液压油油箱加热器控制逻辑，低于 20℃ 投运加热器，高于 38℃ 停运加热器。

5）新增液压油冷油泵控制逻辑，当液压油加热器处于运行状态时液压油冷油泵自动投运。

3．改造中问题与效果

（1）改造调试中的问题。调试时发现机组运行中新增高位液压油箱油位有持续下降现象，每 12h 下降约 2cm。经多次检查分析后，确认燃气轮机 SRV 及 3 个燃气控制阀电液伺服阀（GCV1、GCV2、GCV3）存在液压油窜入跳闸油现象，造成液压油油位下降。

虽然可以通过更换 SRV 及 3 个燃气控制阀电液伺服阀解决此问题，但由于所有阀门均需进口采购，此种方法耗资大且耗时长。

针对此问题，经过对改造后系统的多次试验数据分析和论证下，在不改变燃气轮机 SRV 及 3 个燃气控制阀电液伺服阀（GCV1、GCV2、GCV3）现状情况下，按照以下措施对系统进行相应的整改：

1）燃气小室 4 个油动机（GCV1、GCV2、GCV3，SRV）跳闸油与进口可转导叶（IGV）跳闸油分开，IGV 跳闸油仍由润滑油提供；燃气小室 4 个油动机跳闸油通过液压油减压后提供，并回油至新增气体小室跳闸油回油箱。

2）新增气体小室跳闸油回油箱。

3）气体小室各电磁阀液压油回油并接后回高位液压油箱。

4）气体小室各电磁阀跳闸油回油并接后回跳闸油回油箱。

5）跳闸油回油箱增装跳闸油回收泵，跳闸油回油箱油位高至一定值后，自动启动将油打回高位液压油箱。

（2）改造效果。经过以上改进后，至今已运行近 2000h，各系统运行正常，各油箱油位正常，未再发生高位液压油箱油位持续下降现象。

改造后液压油与润滑油实现分离，在一定程度上提高了油质，避免由于油质恶化带来的控制风险。液压油系统独立后，便于设备的检修，液压油系统设备检修将摆脱需停运润滑油系统条件的影响，缩短了检修工期。

新增液压油系统完全采用国产化改造，避免了进口设备采购周期长、费用昂贵等不利影响，设备可靠性提高，并降低了维修成本。

三、压气机滤芯故障导致燃气轮机压气机进气滤网压差大停机事件

1．事件经过

2013 年 4 月 22 日，3、4 号机组调停。21：10 天气小雨，1 号燃气轮机空气湿度接近 100%，1 号燃气轮机压气机进气滤网 96CS-3 达 170mmH$_2$O，1 号燃气轮机值盘人员向值长

汇报，下令解 1、2 号机 AGC 降负荷运行，根据规程规定燃气轮机 63CS-3 保护动作定值及参照安全生产部下发"3 号燃气轮机压气机进气滤网压差 96CS-3 高报警技术措施"，要求维持 96CS-3 在 160mmH$_2$O 左右，随后降负荷至 170MW 左右，将 1、2 号机 AGC 解除及降负荷情况汇报省调等部门。要求加强监视，根据 1 号燃气轮机压气机进汽滤网压差及时调整负荷。此后，根据 1 号燃气轮机压气机进汽滤网压差 96CS-3 数值，值盘人员逐渐降负荷，保证 96CS-3 在 160mmH$_2$O 左右。

01:30，1、2 号机组负荷最低降至 70MW 左右（空气湿度接近 100%），将上述情况汇报，要求：向调度联系尽量比计划早点开 3、4 号机。03:00，1、2 号机组负荷降至 55MW 左右，值长汇报省调因雨水天气，空气湿度大，1 号燃气轮机压气机进气滤网压差大，负荷较低，申请 3、4 号机提前开机，调度同意，值长下令给单元长启动 3 号燃气轮机。

03:03，2 号发电机负荷降至 25MW 左右，值长下令将 6kV Ⅰ 段由 4 号高压厂用变压器调至 1 号启动变压器供电，并做好调供热准备。

03:20，1 号燃气轮机 96CS-3 数值上升较快，1 号燃气轮机负荷已降至 10MW 左右，96CS-3 数值仍在 174mmH$_2$O 左右，可能跳机，值长将此情况汇报主任。

03:21，3 号燃气轮机并网，值长下令将供热调至 4 号机减温减压器供。

03:23，1 号燃气轮机因压气机进气滤网压差 96CS-3 高，燃气轮机值盘人员已降负荷至 4MW，汇报省调后发手动停机令，自动减负荷到零后，1 号燃气轮机解列，同时 2 号机值盘人员手动打闸停机。停机后对进气滤芯进行了检查，并更换了 1 号燃气轮机压气机第 1、第 2 层进气滤芯，滤芯更换结束后于 14:25 启动 1 号燃气轮机。

2. 事件原因查找与分析

2012 年 10 月 14 日，1 号燃气轮机更换了全部压气机滤芯，10 月 18 日开机后满负荷时初始压差 96TF-1 为 39mmH$_2$O，96CS3 为 76mmH$_2$O。至 2013 年 3 月 9 日运行了 2869h，由滤芯厂家用压缩空气清理过滤芯表面，开机后 96TF-1 由原先 80mmH$_2$O 下降至 75mm H$_2$O 效果不明显。3 月 23 日利用停机时间将进气滤芯拆下，用压缩空气进行内外部清理，并将第一层和第五层互换，开机后 96TF-1 由原来的 80mmH$_2$O 下降至 58mmH$_2$O 左右，效果明显。经讨论后决定，待 5 月 1 日机组检修时对滤芯进行整体更换。4 月 23 日因下雨空气湿度大（接近 100%）引起 1 号燃气轮机压气机进气滤网压差突升。

停机后检查压气机进气滤芯发现，滤纸非常潮湿且污染程度较重。该套滤芯总计运行 3787h，未达到预期运行 5000h 数。

从投产至今的滤芯运行情况分析，1 号燃气轮机滤芯运行状况始终比 3 号燃气轮机压差大，初步判断认为 1 号燃气轮机排油烟机出口处离滤芯进口太近，造成有油烟吸入，影响了滤芯的使用寿命。

3. 事件处理与防范

（1）运行人员加强对 1 号燃气轮机压气机进气滤网压差（96TF-1、96CS-3）监视，并每小时记录温、湿度表。如发现 1 号燃气轮机压气机进气滤网压差 96CS-3 超过 168mmH$_2$O，则人为降负荷使 96CS-3 值不大于 168mmH$_2$O，汇报有关领导并做好事故预想。如燃气轮机负荷降至 60MW 以下 96CS-3 值仍不下降，应立即汇报值长及有关领导申请停机处理。

（2）利用检修机会，更换 1 号燃气轮机压气机进气滤芯。

（3）在机组检修中，将 1 号燃气轮机排油烟机出口管移位。

四、燃气轮机压气机进气滤芯失效事件

1. 事件经过

2012 年 10 月 14 日 5:39，3 号燃气轮机压气机进气压差 96CS-3 达 177mmH$_2$O，燃气轮机发"L63TFH"透平进气差压高-自动停机报警，后运行人员手动干预（降负荷运行以减少压气机进气量，控制 96CS-3 值在 165～170mmH$_2$O），维持燃气轮机运行。

从 7 月底到 10 月初起，2 台燃气轮机进气滤压差呈不断上升趋势，见表 5-11、表 5-12。针对此现象逻辑说明见表 5-13。

表 5-11　　　　　　　　　　　1 号燃气轮机 96CS-3 变化趋势

设备名	时间	inH$_2$O	mmH$_2$O
96CS-3	7 月 28 日	4.5	114.44
	9 月 10 日	4.03	103
	9 月 28 日之前	变化平稳不超过 4.527	115
	9 月 28～10 月 11 日	由 4.527 升至 6.379	115～162
	9 月 30 日 15:22～10 月 01 日 16:43	出现 5 次波动，波动范围为 3.62～4.99	92～127
	10 月 1 日 16:43 到 10 月 06 日 00:24	升至 6.015 后开始下降	153
	10 月 6 日 00:24 到 10 月 6 日 11:44	为 5.454，然后开始上升	139
	10 月 6 日 11:44～ 10 月 11 日 12:00	升至 6.167～6.311	157～160.3

表 5-12　　　　　　　　　　　3 号燃气轮机 96CS-3 变化趋势

设备名	时间	inH$_2$O	mmH$_2$O
96CS-3	7 月 1 日	4.88	124
	9 月 3 日	5.15	131
	9 月 17 日之前	变化相对平稳不超过 5.447	138
	9 月 17 日～9 月 30 日出现波动	波动范围在 5.7～5.0	127～145
	9 月 30 日出现波动～ 9 月 30 日停机时	5.67	144
	10 月 4 日开机后	差压为 5.896，缓慢上升	150
	10 月 4 日～10 月 11 日	升至 6.343	161

表 5-13　　　　　　　　　　　　　　逻辑说明

设备号	MARK Ⅵe 逻辑	inH$_2$O	mmH$_2$O
96TF-1	5.62inH$_2$O（1.4kPa）报警	5.62	142.75
96CS-3	1.1kPa 闭锁进气滤反吹（AAF 规定，不在控制逻辑内）	4.33	110
96CS-3	7inH$_2$O（1.7kPa）发停机报警，自动降负荷	7	178
96CS-3	8.8inH$_2$O（2.2kPa）跳机	8.8	224

电话调研其他燃气轮机电厂和滤芯制造厂商：

（1）华电××：使用的是××滤芯。第一次更换滤芯是因为运行中跳机，96CS-3在晴天时为150mmH$_2$O（运行了3800~4000h），遇下雨天时突然增大直至跳机值；之后每次96CS-3达150mmH$_2$O时就考虑更换滤芯。

（2）苏州××：使用的是××滤芯。正常在96CS-3达到80~90mmH$_2$O（运行了5000~6000h）时，即有机会就更换滤芯。

（3）咨询××过滤器厂家：建议当压差达96TF1值到80mmH$_2$O（运行4000~4500h）时应考虑进行滤芯更换。

（4）公司1号燃气轮机压气机进气滤芯6月17日更换（更换前运行约2016h，96CS-3为150mmH$_2$O左右），至10月12日运行了2695h就出现压差高的现象，10月13日联系压气机滤芯供货厂家技术人员到厂，对1号燃气轮机的滤芯进行现场检查。厂家人员到厂检查后带了2只滤芯回厂分析，并书面承诺尽快给出处理意见。3号燃气轮机自3月16日第一次点火成功至10月14日止，共运行了4369h，至9月30日前96CS-3一直维持在140mmH$_2$O以内。10月4日开机后就在持续上升，10月13日96CS-3达162mmH$_2$O，要求运行人员加强对3号燃气轮机96CS-3的监视，若超标且发生自动降负荷现象时手动干预，维持96CS-3在170mmH$_2$O以下运行。10月14日5:39，3号燃气轮机运行中96CS-3达177mmH$_2$O，发"L63TFH"透平进气差压高自动停机报警，自动降负荷。运行人员手动干预维持负荷在171MW，96CS-3在170mmH$_2$O。期间3号燃气轮机负荷最低降至103MW，联合循环总负荷最低降至163MW。

2. 事件原因查找与分析

根据运行历史曲线，2台燃气轮机的96CS-3都从10月初开始快速上升，分析主要原因如下：

（1）公司厂区周边环境较差，对运行极为不利。观察拆卸下来的过滤器滤芯，主要污染物都是灰色粉尘，见图5-48。

分析主要原因是当地已经一个多月未下雨，但空气湿度较大（10月13日测湿度为60%），含尘量大。公司厂区西侧有水泥厂、管桩厂，运河边上的码头卸水泥、石子等材料，每天产生的粉尘很大，加之以前农民焚烧秸秆，造成公司厂区周边的环境污染非常严重。

图5-48 拆卸下来的过滤器滤芯

（2）运行中不应经常投入压气机过滤器反吹。观察拆卸下来的过滤器滤芯，滤芯内部的钢网有明显的锈蚀现象（见图1），说明空气湿度太大或仪用压缩空气系统内含水。据悉300MW燃煤机组曾发生过仪用压缩空气系统结冻现象。若反吹空气含水，则会造成过滤器滤芯的加速老化和板结现象，对滤芯的使用寿命造成极大影响；滤芯内钢网锈蚀，长时间运行可能会有锈迹进入压气机，对压气机的安全运行造成极大危害。

（3）××过滤器滤芯结构形式不太合理。××过滤器滤芯为制造厂配套供货产品，1号燃气轮机在6月17日第一次更换滤芯时，原装滤芯只运行了2016h，过滤器压差为150mmH$_2$O。当时主要怀疑为3~5月柳絮污染。自6月17日更换后，至10月12日运行了

2695h，压差已达 160mmH$_2$O。

从本次更换下来的滤芯污染情况分析，污染物主要吸附在褶皱顶部，而褶皱内部绝大部分未被污染，说明未能充分利用其过滤面积，滤芯未能充分起到过滤作用，反而增大了压差（初始压差较高），××过滤器滤芯的结构形式不太合理。

3. 事件处理与防范

（1）改善厂区周边环境。改善厂区周边环境，通过环保部门，减少水泥厂的排放物和管桩厂、码头的扬尘；在厂区西围墙外侧种树，选用春季时生长快、枝干高的树种进行防尘遮挡，以有效减小西侧水泥厂、管桩厂及码头扬尘对运行滤芯的影响。

（2）利用停机时进行反吹。运行中反吹时，每次反吹最多只能造成滤芯表面的污染物松动再重新吸附在滤芯表面，滤芯外表面的污染物根本吹不下来。若反吹压缩空气含水，则会造成滤纸的板结，加速老化。建议利用停机时进行反吹。

（3）过滤器滤芯重新选型。2 台燃气轮机在试运行时 96CS-3 的初始压差太高，使用的是××厂配套供货的滤芯：1 号燃气轮机 3 月 2 日带满负荷进入 72h 调试时的 96CS-3 值为 71.2mmH$_2$O，运行到 6 月 17 日 1 号燃气轮机更换滤芯前 96CS-3 为 133.9mmH$_2$O，更换××滤芯后的初始压差高达 82.44mmH$_2$O。3 号燃气轮机 4 月 3 日带满负荷进入 72h 调试时的 96CS-3 值为 97.42mmH$_2$O。

该厂过滤器滤芯结构形式较为合适，从实物看，通透性较强，且褶皱数较原装滤芯多约 30 道，所以有效过滤面积较大。建议选用××滤芯，见图 5-49。

（4）制订压气机过滤器滤芯的维护管理规定。参照其他燃机电厂经验，结合实际情况，制订出压气机过滤器滤芯的检查和使用管理规定，规定检查周期和更换周期并严格按制度执行。

密切关注天气预报，在雨天空气湿度大的情况下，压气机进气压差会较晴天有较大

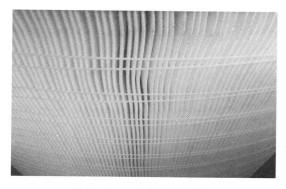

图 5-49　××过滤器滤芯

的升高。燃气轮机专业管理人员要制定出相应的技术措施和事故处理预案，运行人员需严密监视燃气轮机 96CS-3 的变化，做好事故预想，防止出现因压气机进气压差突然变大造成跳机情况的发生。

综上所述，燃气轮机压气机进气滤失效时间取决于现场运行环境，虽然同为 9E 机组，各个电厂周围环境不同结果就不同：电厂 1 可运行 5000～6000h，其压差 96CS-3 才到 80～90mmH$_2$O；电厂 2 只运行了 3800～4000h，96CS-3 到 150mmH$_2$O 更换。根据公司实际运行情况，现 1、3 号燃气轮机已更换为电厂 1 使用的过滤器，在 96CS-3 到 150mmH$_2$O（可运行约 4000h）时申请停机更换，以保证燃气轮机运行安全。

五、燃气轮机空气滤网差压大燃烧器压力波动大停机事件

1. 事件经过

2010 年 3 月 14 日，1 号燃气轮机带供热运行，机组负荷 365MW。09：56：57，由于雨雪

天气，燃气轮机压气机入口空气滤网差压增大，10：08：07 发出"19 号燃烧器 HH2 频段压力波动越限"报警；10：08：11，发出"3、18 号燃烧器 HH2 频段加速度越限"报警；10：08：12，发出"燃烧器压力波动大降负荷"信号；10：08：13 又发出"1、2 号燃烧器 HH2 频段压力波动越限"报警；10：08：14，1 号燃气轮机因燃烧器压力波动大跳闸保护动作停机。

2. 事件原因查找与分析

（1）根据燃气轮机公司设计，其燃烧器是通过调整燃料流量和空气流量来控制燃烧状态。其中，扩散燃烧（值班喷嘴）与预混合燃烧（主喷嘴）的燃料比通过值班燃料控制信号（PLCSO）进行控制；进入燃烧器的空气量通过燃烧器旁路阀（BYCSO）进行控制。为了抑制燃烧振动增加，保持燃烧器最佳连续运行状态，燃气轮机公司设计了燃烧振动自动调整系统，由自动调整系统（A-CPFM）和燃烧振动检测传感器组成。燃烧振动检测传感器共24 个，包括安装于 1～20 号燃烧器的压力波动检测传感器和分别安装于 3、8、13、18 号燃烧器的加速度检测传感器。自动调整系统（A-CPFM）根据燃烧振动检测数据和燃气轮机运行参数，对燃烧器稳定运行区域进行分析，并根据分析结果自动对 PLCSO 和 BYCSO 进行修正，从而实现燃烧调整优化。

（2）1 号燃气轮机控制系统对燃烧器压力波动传感器和加速度传感器检测数据分为 9 个不同的频段进行分析，分别为 LOW（15～40Hz）、MID（55～95Hz）、H1（95～170Hz）、H2（170～290Hz）、H3（290～500Hz）、HH1（500～2000Hz）、HH2（2000～2800Hz）、HH3（2800～3800Hz）、HH4（4000～4750Hz）。在不同频段针对燃烧器压力波动传感器和加速度传感器，分别设置了调整、预报警、降负荷、跳闸限值，其中，调整功能由 A-CPFM 系统完成；预报警、降负荷、跳闸功能由燃气轮机控制系统实现。当 24 个传感器中任意 2 个检测数值超过降负荷限值时，触发燃气轮机降负荷；当 24 个传感器中任意 2 个检测数值超过跳闸限值时，燃烧器压力波动大跳闸保护动作。此次燃气轮机跳闸即是由于 1、2、19 号压力波动传感器 HH2 频段检测数值均超过跳闸限值引起。

（3）根据燃气轮机公司对燃气轮机跳闸前后运行数据进行的分析，在燃烧器压力波动 HH2 频段数值出现越限报警时，H1 频段数值也出现异常升高。此外，由于 3 月 14 日降雪天气的影响，压气机入口空气滤网差压在原有基础上出现异常增大，最高达到 1.6kPa。压气机入口空气滤网差压增大，说明进入燃气轮机的空气流量减少。在空气流量减少的情况下，燃气轮机运行区域非常接近燃烧器压力波动 H1 和 HH2 频段越限报警区域。由于公司燃气轮机日计划出力曲线为 10：00：00 从 360MW 升到 370MW，由××市调 AGC 自动控制，见图 5-50。

燃气轮机负荷上升燃料阀打开，此时要求进口空气量同时增大，以满足合适的燃空比，由于压气机入口空气滤网差压大造成进入燃气轮机的空气流量减少，造成燃烧不稳定，引起燃烧振动，见图 5-51。

燃烧振动出现后燃气轮机控制系统 ACPFM 已动作进行调整。而且当振动值达到报警值时 RUNBACK 功能也启动，但是由于振动值升高太快，调节系统的调节发挥调节作用前，燃烧振动达到跳机值，见图 5-52，导致燃气轮机因燃烧器压力波动越限跳闸。机组跳闸时运行工况见图 5-53。

（4）空气滤芯为纸质材料，纸纤维遇潮膨胀使得过滤器差压升高。遇雨雪天气（尤其是小雨雪），空气湿度大时空滤器差压升高，雨雪停止，空气湿度降低，差压会快速下降。

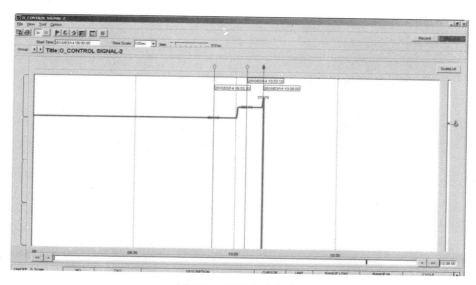

图 5-50　机组负荷指令

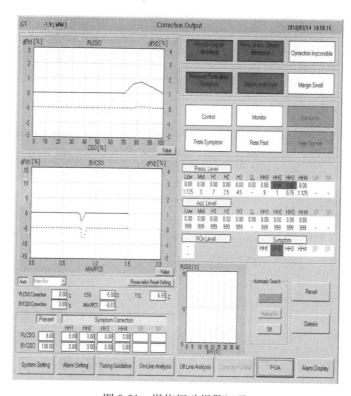

图 5-51　燃烧振动报警记录

在用的入口空气过滤器滤芯是 2009 年 10 月更换，由于进入冬季供热后机组长周期高负荷运行，空气滤芯差压上升较快。而且今冬北京大雾及雨雪天气较多，对纸质空气滤芯来说是恶劣运行工况。由于机组在供热季必须连续运行，而空气滤芯又不能在机组运行中更换，

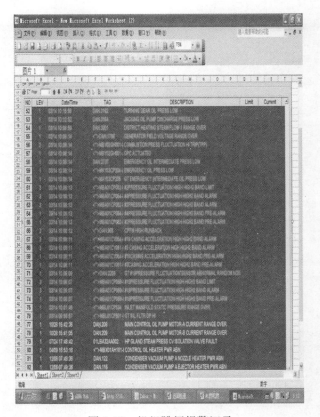

图 5-52　机组跳闸报警记录

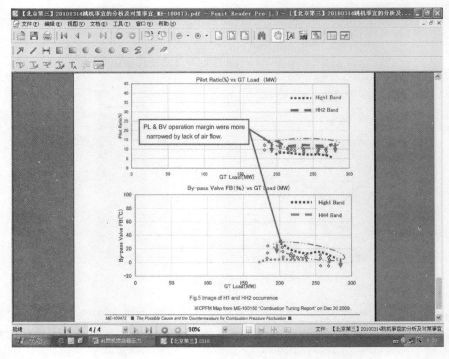

图 5-53　机组跳闸时运行工况

针对今冬空气滤芯差压升高的现象，为保证机组连续高负荷运行，满足供热需求，开展了以下几个方面的工作以缓解差压上升的趋势：①多次进行在线人工清理，并在清理后增加一层包面，减少灰尘进入空气滤芯；②连续投入反吹系统，减少灰尘在滤芯上的积累；③在空气进气口外侧搭设防雨雪棚，减少进入空气过滤器的雨雪量。

3. 事件处理与防范

（1）机组跳闸后，立即启动 2 台启动炉，一方面向热网系统供蒸汽，使热网系统能够低温运行；另一方面为燃气提供轴封蒸汽，维持凝汽器真空，为燃气轮机的随时启动做准备。

（2）立即进行机组运行数据的分析工作，通过数据分析认为是由于空气滤网差压大，在机组涨负荷过程中由于空气量不足造成燃烧振动，机组跳闸。同时将数据发送到燃气轮机公司总部，要求燃气轮机公司立即进行数据的分析。燃气轮机公司也十分重视，由于是周末，燃气轮机公司领导亲自指示技术人员加班进行分析。3 月 15 日 04:00，对方提供初步分析结果，和公司分析结果一致，确认燃气轮机本体及燃烧器正常，机组跳闸就是由于空滤器差压大，涨负荷时空气量不足造成燃烧不稳，出现燃烧振动。

（3）机组跳闸后，立即组织人员连续作业，进行空气过滤器的更换，至 3 月 15 日 07:00 完成滤芯的更换工作。并计划在压气机空气入口原有单级滤网基础上，增加粗滤，以减小恶劣天气情况下对滤网差压的影响。

（4）燃气轮机公司 3 月 15 日 10:00，提交了最终分析结果，确认燃气轮机本体机燃烧器正常，跳闸原因确认为空气流量不足造成。得到答复后，立即向市调进行汇报沟通，市调同意机组再次并网。机组于 3 月 15 日 13:30 启动，15:30 并网，并网后机组运行正常。由于机组跳闸时（机组在高负荷工况），机组的自动燃烧控制系统已进行调节，调节参数已改变，因此机组启动后需在高负荷段进行燃烧调整，重新对调节参数进行确认、优化，以保证燃烧稳定。燃气轮机公司的燃烧调整专家 16 日到达公司，经过和市调申请，市调安排 3 月 17 日 00:00 开始燃烧调整，3 月 17 日 16:30 完成燃烧调整工作。

（5）对于雨雪天气情况下空气滤芯差压升高，而且不能在线更换滤芯，影响机组长周期连续运行的问题，公司已进行技术论证，已多次和燃气轮机入口空气系统的设计制造商美国××公司（燃气轮机公司的分包商）进行技术交流，确定了技术方案，计划在进气系统的入口加装 PE 材质的初滤系统。加装的初滤系统能过滤大部分灰尘和雨雪，大量减少进入后面纸质空滤灰尘和雨雪，由于初滤不是纸质材料可以在线进行水清洗。这样一方面可以有效控制空气系统差压，确保机组安全运行，另一方面能极大延长空气滤芯的使用寿命，经济较好。此项目计划于 2010 年 9～10 月安装并投入使用，保证 2010～2011 年供热季的安全运行。

六、燃气轮机 IGV 导叶故障事件

1. 事件经过

（1）液压缸故障 IGV 导叶不能及时开启至 57° 跳机。按设计，启动时 IGV 导叶在约 84% 额定转速时开始从 34° 开启，约 87.5% 额定转速时开启到 57°，在实际转速 TNH≥95% 额定转速时 IGV 开度小于 52°，燃气轮机跳机。运行中，IGV 实际开度小于开度基准 7.5°，延时 5s，IGV 故障报警；IGV 实际开度大于 IGV 开度基准 7.5°，延时 5s 跳机，并发 IGV 故障报警。

2004 年末和 2005 年初，2 号燃气轮机启动时因 IGV 故障多次跳机。故障现象为：当燃气轮机启动升速到 84％额定转速时开启 IGV，但 IGV 不能连贯地动作且开启缓慢，最后停在约 40°的开度，未及时开到 52°以上，至 100％额定转速后 L4IGVTX 出口跳闸。查跳闸油泄放阀正常、液压油和跳闸油压力正常、液压油滤网正常，导叶开度反馈装置正常。IGV 在手动硬接线校验时，从 34°开至 57°、84°，或是从 57°、84°关至 34°都正常。为了保证机组正常开起来，只能在开启 IGV 导叶时用手锤不断敲击连接杆，导叶才跌跌撞撞地开到 54°。2005 年初更换油动机液压缸后，IGV 导叶各项工作都恢复正常，因此造成 IGV 导叶不能及时开启至 57°的主要原因就是液压缸工作不正常。

该液压缸为 Milwaukee 公司的产品，型号为 H22C5351。活塞密封为软密封，由 2 道氟橡胶和塑料王 O 形圈密封，从 1998 年使用至今，没有解体检验过，之前也没有发生过任何故障。对更换下来的液压缸解体，发现活塞表面和缸体内壁拉缸比较严重，垂直方向的沟痕很多，有的深度达 0.2mm，并且单边受力拉缸，说明活塞上下移动时存在偏心。当活塞缸体摩擦力变大，另一方面也造成高压侧液压油泄漏到低压测，使液压作用力降低。

（2）IGV 导叶叶片腐蚀和疲劳裂纹。2003 年 2 台燃气轮机第一次大修检查，IGV 导叶叶片探伤检查正常，各间隙也基本正常，IGV 导叶未解体检修。2007 年和 2008 年 2 台燃气轮机第二次大修，IGV 导叶根部间隙部分超标，解体发现 IGV 叶片有不同程度的腐蚀，叶片根部衬套微磨损。着色探伤发现 1 号燃气轮机有 3 只叶片根部有裂纹，2 号燃气轮机 2 只叶片有裂纹。

分析叶片产生裂纹的原因：一是腐蚀裂纹。早期燃气轮机公司 IGV 导叶的材质为 AISI-403，也就是以 Cr12 类马氏体不锈钢为主，Cr 含量为 12％，C 含量为 0.11％左右，由于 C 含量较高而含 Cr 量不高，因此 AISI-403 抗电化学腐蚀能力不高；再加上电厂处于南方沿海地区，空气比较潮湿，且含盐量高，空气腐蚀性高；电厂又处于化工区内，空气中含酸性物质，叶片容易产生点状腐蚀。当点蚀坑产生并进一步腐蚀后，加剧的腐蚀会诱发微裂纹，微裂纹进一步扩展会使叶片断裂。二是疲劳裂纹。燃气轮机一般起调峰作用，基本上是早上开机，晚上停机，再加上负荷变动大，这样 IGV 导叶动作频繁，开停机在 34°～57°变化，正常运行时在 57°～84°变化，由于通过气流量大，对叶片作用力较大，又由于 IGV 叶片已使用长达 2 个大修周期，运行时间达 5 万 h，叶片根部间隙增大导致叶片晃动引起疲劳损坏。

（3）IGV 起始角度过小或过大。2006 年 1 号燃气轮机启动前角度为 31.8°，燃气轮机闭锁启动，后经过检查发现主要有两方面原因：一是导叶连接杆螺纹连接固定松掉，造成连接杆长度变化，使活塞行程变化，导致导叶起始角度变小，一般通过调节连接杆螺纹就能解决；二是由各部件磨损，间隙变大引起的。IGV 导叶是通过液压缸的活塞上下运动来操作连接杆，拉动齿条，通过齿轮传动而开启和关闭的。铜制的导叶传动齿轮和特弗隆材质的导叶上下端衬套长久运行后发生磨损，造成齿轮与齿条间隙变大，导叶连接杆就有一定的惰性。导叶关闭时，上端泄油，油缸活塞往上关，关到 34°时，活塞停止移动，如停机时间长，液压油无油压，而压气机还是有一部分空气流通，对导叶有一个关小的作用力，该力会克服齿轮与齿条的间隙使 IGV 导叶继续关小。

2. 事件原因查找与分析

（1）IGV 导叶的维护。定期进行角度检查；通过手动开启试验，检查导叶开启时有无异声，叶片有无摩擦。小修、中修时对 IGV 传动齿条和齿轮进行润滑检查；更换 IGV 液压油滤芯。

（2）IGV 导叶大修。IGV 导叶大修一般随机组大修进行，大修内容主要有：叶片拆卸并探伤检查；更换衬套和垫片；齿轮检查和更换（定位销孔只能打 2 次，2 次后必须更换）；油缸解体检查；叶片角度校验。

IGV 导叶装复步骤如下：当导叶安装环装复后，在内外环上先装衬套；把导杆顶到全开位置，也就是顶到卡块，然后定位，一定要定位牢固，否则容易导致导杆松开，造成人员受伤和设备损坏；把叶片装到内圈上，用专用工具把叶片全部调到 90° 位置上，然后打入定位销，检查间隙，恢复其他附件；再根据导叶的机械角度调整信号反馈，使机械角度与信号反馈角度一致。

3. 事件处理与防范

（1）IGV 导叶系统是燃气轮机中一个简单但非常重要的系统，该系统的任何一个故障都可能导致燃气轮机无法启动或设备损坏的事故。尤其是南方沿海调峰电厂，空气潮湿，要时刻关注导叶叶片的裂纹和腐蚀情况，防止导叶断裂进入气缸而造成"剃光头"的重大事故。平时要加强对 IGV 导叶系统的维护，大修时要对叶片进行各项检查，叶片出现裂纹时要及时更换。

（2）在运行中如发现 IGV 导叶故障时，应及时将机组 AGC 解除，维持机组稳定运行，保证 IGV 实际开度小于开度基准 7.5°，检查故障，如故障能排除，则机组恢复正常运行，如故障不能排除，则汇报申请停机。

（3）检修人员：定期进行角度检查；通过手动开启试验，检查导叶开启时有无异声，叶片有无摩擦。小修、中修时对 IGV 传动齿条和齿轮进行润滑检查，更换 IGV 液压油滤芯。大修时检查：

1）叶片拆卸并探伤检查。

2）更换衬套和垫片。

3）齿轮检查和更换（定位销孔只能打 2 次，2 次后必须更换）。

4）油缸解体检查。

5）叶片角度校验。

（4）管理规定：制定设备维护台账，对每一台设备制定检查周期，定期对设备的健康状况进行检查，将故障消除在萌芽状态。

七、燃气轮机 IGV 伺服阀故障停机事件

1. 事件经过

2010 年 7 月 4 日，机组二拖一纯凝工况运行，AGC 投入，总负荷 580MW，其中 1 号燃气轮机负荷 180MW，2 号燃气轮机负荷 180MW，3 号汽轮机负荷 220MW。2 号燃气轮机速比阀前压力 p_1 为 32.07kg/cm²，速比阀前压力 p_2 为 29.83kg/cm²，IGV 开度 51%。14:18，2 号燃气轮机跳闸，跳闸首出原因为 "EXHAUST OVER TEMPERATURE TRIP" 排气温度高跳闸。2 号燃气轮机跳闸后，运行人员立即该报告相关人员到场处理并按照正常操作程序进行停机操作，并维持 1、3 号机组维持稳定运行。此时 1、3 号机一拖一稳定运行，总负荷 269MW，1 号燃气轮机负荷 170MW，3 号汽轮机负荷 99MW。

2. 事件原因查找与分析

相关人员到场后，调阅历史趋势曲线见图 5-54。

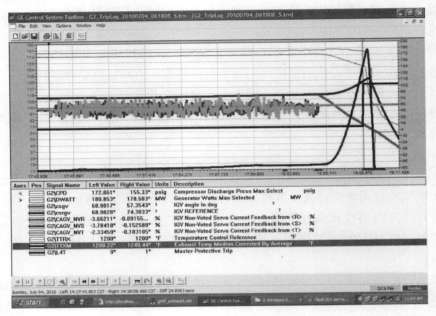

图 5-54　跳闸趋势曲线

　　分析历史趋势曲线发现：14：18：08 平均排气温度到达 1240.44K，超过保护动作值 1240K，保护正确动作。从历史趋势分析，14：18：05，2 号燃气轮机 IGV 导叶在指令未变化情况下关小，此时 IGV 指令增大，指令与反馈偏差不断增大，平均排气温度迅速上升，14：18：08，IGV 指令 74%，IGV 反馈 57%，排气温度越过跳闸值，机组跳闸。从以上过程来看，IGV 阀的失控是导致排气温度上升的直接原因。从 IGV 伺服阀电流曲线发现，14：17：44 开始 IGV 伺服阀电流异常波动，至 14：18：05 伺服阀电流失去。初步认为燃气轮机压气机进口可变导叶伺服阀故障引起 IGV 开度减小，燃气轮机压气机进风量减少，导致燃气轮机排气温度高，超过设定值而燃气轮机跳闸。

　　随后，集团电力生产经营部专业主管、燃气轮机公司维护项目代表、××热电有关技术人召开分析会，认为 IGV 控制伺服阀故障。对 IGV 控制伺服阀模件及电缆检查，无异常。IGV 控制伺服阀传动试验，IGV 伺服阀电流仍有波动，电流波动曲线见图 5-55。

　　20：50，更换 IGV 控制伺服阀。

　　21：00，IGV 控制伺服阀传动试验正常。更换 IGV 伺服阀后传动电流曲线见图 5-56。

　　23：10 向调度请示启机，23：46 机组启动，IGV 工作正常，00：56 机组并网。

　　分析原因如下：

　　（1）通过与伺服阀制造商的沟通，并结合已采集到的数据信息进行分析，可能的原因主要如下：

　　1）伺服阀阀体内喷嘴或节流孔堵塞，导致控制油油路不通，伺服阀控制失灵；

　　2）伺服阀阀球或阀芯阀套磨损量偏大，引起伺服阀偏置电流的波动，伺服阀控制失灵。

　　针对以上情况，检查了最近几个月 2 号燃气轮机润滑油的油务监督报表，报表显示在此

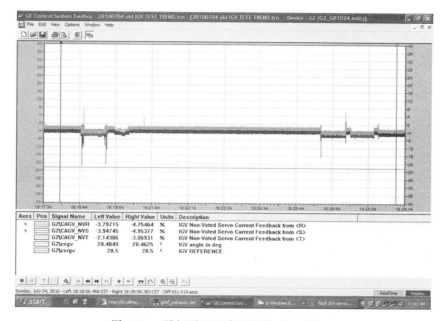

图 5-55　跳闸后 IGV 伺服阀传动电流曲线

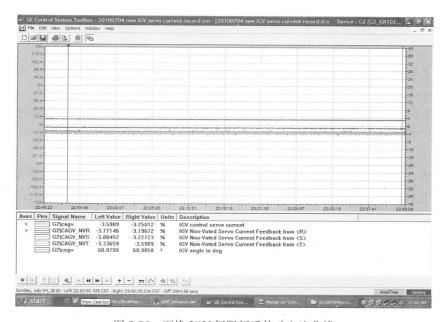

图 5-56　更换 IGV 伺服阀后传动电流曲线

期间，燃气轮机润滑油的油质始终合格。另外，燃气轮机控制油的来源取自润滑油供油母管，经过液压油泵加压后供给各液压控制阀，在液压油泵出口和各液压控制阀供油管上均配置有高精度的过滤器，即供给伺服阀的液压油油质优于油务监督的结果，满足伺服阀对油质的要求。

（2）按照伺服阀制造商的要求：每两年应进行清洗检测的定期工作。此次故障的伺服阀是 2009 年 4 月检修期间，更换到 2 号燃气轮机 IGV 执行机构上的全新的伺服阀，截止到事故前，投入运行一年，未到定期清洗检测期。

伺服阀于 2010 年 7 月 5 日送上海 MOOG 控制有限公司检测，结果为内部磨损，属偶发故障。

经调研同类燃气轮机电厂 IGV 伺服阀情况，故障率均很低。可基本确定故障为产品质量偶发故障。

（3）事故暴露出来的问题：设备管理存在不足。

3. 事件处理与防范

（1）严格按照伺服阀制造商的建议，定期清洗检测伺服阀，保证伺服阀良好的工作性能。

（2）充分调研并吸取同类型燃气轮机电厂在伺服阀检修方面的经验，将伺服阀的检修纳入到燃气轮机小修的标准项目。

（3）深入学习并掌握伺服阀的工作原理和结构，提高事故分析和解决问题的能力。

（4）保证伺服阀备件合理的库存数量，将关键设备的伺服阀备件作为事故备件储存。做好滤油工作，防止油质恶化，做好油务监督。

八、燃气轮机供气压力低跳闸保护动作停机事件

1. 事件经过

2008 年 2 月 28 日 10:37:48，主控 TCS 发燃气供气压力低报警，天然气调压站进站压力 3.34MPa 出站压力 2.98MPa，天然气压缩机变频器有报警及跳闸信号，10:39:13 主控 TCS 发燃气轮机供气压力低跳闸信号，机组跳闸。检查发现天然气压缩机变频器控制柜内有烧熔物，根据报警故障信息，检查可控硅整流器单元，测量 4U4C 整流器各元件，发现缓冲电容被击穿，导致变频器故障，压缩机跳闸，1 号燃气轮机供气压力低跳闸保护动作，机组解列。

2. 事件原因查找与分析

（1）天然气压缩机变频器可控硅整流器单元 4U4C 整流器缓冲电容存在质量问题。

（2）春季变频器室内灰尘较多。

3. 事件处理与防范

（1）目前天然气压缩机单机运行，无备用，旁路阀为手动开启，不能满足在压缩机及控制系统故障情况下的快速切换，建议尽快将天然气来气旁路阀由手动阀改为气动阀，并增加变频器跳闸启动旁路，在压缩机跳闸时，或与压缩机、变频器厂家联系，增加 1 台变频器，实现一用一备的运行方式，避免类似事故的再次发生。

（2）对新进电子元器件进行检测验收，在备品备件使用前再次进行检测校验。

（3）加强对变频器室的环境治理，发电部定期对变频器室等的地面卫生进行清扫；维护部定期更换控制柜的空气滤网、清扫柜内卫生。

九、9E 型燃气轮发电机组透平框架冷却系统冗余不足事件

1. 事件经过

某 9E 型燃气轮发电机组投运后，发现该类机组的透平框架冷却风机系统存在冷却风总

容量不足的缺陷，对同类机组调研结果也证明了这一缺陷并非偶然。

2. 事件原因查找与分析

机组原设计 2 台 50％容量的透平框架冷却风机，其基本作用是冷却透平排气框架以及透平缸外层。若燃气轮机运行中框架冷却风机发生故障导致汽缸外层及排气框架等高温部位冷却风瞬时失去或者冷却风量骤然下降，会使机组排气框架及汽缸的受热工况发生变化，引起局部过热，造成一定变形，不但影响相关零部件的运行寿命，而且汽缸变形可能导致动静摩擦，异常振动导致燃气轮机叶片受损，诱发重大设备事故。加上燃气轮机热通道部件价格昂贵且修理周期较长，因此冷却系统能否正常运行，将对燃气轮机的正常运行带来重要影响。

该机组每台风机出口设有 1 个压力开关及 1 个止回阀，机组启动点火后，风机依次启动，但每台风机只有 50％容量，当管道风压达到压力开关设定值时，压力开关闭合，表示风机启动正常，机组可继续运行。当风机风压低于 3.81kPa 时，压力开关动作，发出风机故障报警，此时需手动降负荷，维持燃气轮机透平排气温度不高于 490℃，同时密切注意燃气轮机轮间温度、振动、燃气轮机透平排气温度等，若出现异常需立即降负荷停机。如果 2 台风机同时故障报警，则机组自动降负荷停机。

3. 事件处理与防范

针对框架冷却系统冷却风总容量不足问题，研究提出两种主要的优化方法：对风机本身进行扩容改造（50％容量的风机改造成 100％容量的风机）和增加 1 台 50％容量的风机。

（1）扩容改造技术虽然比较成熟，但缺乏制造厂基础资料，操作维护手册上的产品资料与现场设备严重不符。扩容改造后叶片尺寸的变化带来机、电动机的基础改变，风机隔声罩也要重新设计安装，这在现场实施有较大的难度，代价大。且控制系统方面（MARK Ⅵe）存在不少技术难点，关键技术有待研究。因此，经研究否定了原风机扩容的方案。

（2）增加第 3 台 50％容量风机该方案，安装调试相对简单，但燃气轮机原配风机为法国 Flakt 公司制造的离心式风机，价格昂贵。但研究其风机铭牌参数为常见型，调研对比某公司生产的 88TK-No9A 型风机，额定流量为 4300～10 672m³/h，风压为 10 189～14 704Pa，与原配风机参数基本一致，标准工况下出口压力与流量还略高于原风机。因此综合安全性和经济性两方面考虑后，选择该型号风机，在原风机外侧平行的位置安装第 3 台风机，见图 5-57。在启动程序上选择第 3 台风机作为备用风机，由于国产风机噪声偏大，因此在该风机外加装独立的防雨隔声罩，使离心风机的噪声得到有效控制。

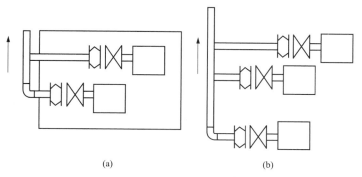

(a)   (b)

图 5-57 增加风机布置图
（a）原风机布置图；（b）增加 1 台风机后的布置图

增设第 3 台 TK 风机（TK3）后，除在燃气轮机 "UNITCONTROL" 下的 "MOTORS" 画面上，增加风机 TK3 的状态显示外，控制逻辑进行以下优化设计：

1）TK3 风机的控制信号由燃气轮机 MARK Ⅴ 控制系统发出，其运行反馈也送至燃气轮机 MARK Ⅵe 控制系统。

2）TK1、TK2 中任意一台风机的风压低时，报警并启动第 3 台 TK3 风机。风压报警消失后 3s，风机停运。

3）TK1、TK2 风机风压低且第 3 台 TK3 风机未启动，燃气轮机减负荷。

优化改造后，画面增加强制启、停风机操作块。通过通道测试，监测风机振动情况并记录启动电流和运行电流，测试改造前、后风机运行参数见表 5-14。

表 5-14　　　　　　　　　　　改造前、后风机运行参数测试数据

项目	改造前		改造后		
	11 号风机	21 号风机	11 号风机	21 号风机	31 号风机
启动电流（A）	817	831	830	829	854
运行电流（A）	79	82	81	83	82
振动（μm）	16	18	15	22	18

试运行测试结果表明，增加风机后的运行参数与原风机各参数基本一致。

风机正式投入使用并在机组运行时进行试验，试验时严禁投 IGV 温控，以考察其实际使用情况。为保证机组运行安全，在机组停机前手动关闭 TK2、TK3 联锁启动；再次试验时人为 TK3 自启动不成功，机组进入停机程序。燃气轮机试验负荷为 6W，保持该负荷 15min。记录燃气轮机排气温度、轮间温度并观察燃气轮机振动，见表 5-15。

通过比较试验，逻辑上任意一台风机失去，备用风机自启动；在实际出力工况下，风机启动后，燃气轮机排气温度、轮间温度都能保持稳定，实现了改造的目标要求。

该项目完成，大大提高了燃气轮机运行可靠性，彻底解决了由于透平框架冷却风机设计冗余不够，对机组的安全、稳定运行构成的威胁。

表 5-15　　　　　　　　　　　风机联锁试验时相关参数

运行组数据（TK1 和 TK2 运行）							
风机编号	轮间温度（℃）						排气温度（℃）
	1 前	1 后	2 前	2 后	3 前	3 后	
11 号	371	408	412	377	406	267	475
21 号	367	407	414	378	402	268	477
对比组数据（加装风机 TK3 和原风机 TK1 运行）							
风机编号	轮间温度（℃）						排气温度（℃）
	1 前	1 后	2 前	2 后	3 前	3 后	
11 号	370	404	411	374	401	265	474
21 号	368	405	413	376	397	264	472
31 号	365	402	407	372	398	263	479

第六章 运行、检修、维护不当故障案例分析与预控

机组从设计到投产运行必然要经过基建、运行和检修维护等过程，各阶段面对的重点不一致，对热工自动化系统可靠性的影响也不同。总体来说，新建机组的可靠性主要在于基建过程中的把控；投产年数不长的机组，其可靠性主要在于运行中的预控措施；而运行多年的机组，其可靠性则主要在于检修维护中的工艺水准。

本章对上述三个阶段中的 35 起案例进行了分类，分别就安装过程、运行过程和维护过程中的热工系统与设备故障引发的事故进行了分析和提炼。其中安装过程中的问题，主要集中在组态修改、接线规范性和电缆防护等方面；运行过程中的问题，主要集中在运行操作和报警处理等方面；检修维护过程中的问题，则主要集中在试验、检修操作和保护投撤的规范性等方面。希望借助本章案例的分析、探讨、总结和提炼，有助于提高相关专业人员在不同阶段过程中的运行、检修和维护操作的规范性和预控能力。

第一节 安装、维护工作失误引发机组故障案例分析

本节收集了因安装、维护工作失误引发机组故障 20 起，分别为 GE 燃气轮机因冷却风道回路存在泄漏导致轮间温度高事件、燃料清吹系统因控制气源质量引起的机组异常事件、管道杂质使喷嘴燃料分配不均导致燃气轮机排气分散度大停机事件、燃气轮机伺服阀卡涩启动时燃油流量大跳机事件、模式切换时振动大燃机停运事件、燃气轮机人为误动停机事件、燃气轮机模式切换时燃烧不稳停机事件、参数设置不合理导致增压机喘振跳闸燃机事件、消缺时引起燃气轮机火灾保护误动作轮机间 CO_2 喷放事件、逻辑下装导致调压站 ESD 阀关闭事件、燃气轮机供热 PLC 逻辑下载波动大跳机事件、汽轮机伺服卡故障导致高压调节阀无法打开事件、燃气轮机 SRV 阀突发异常造成机组非停事件、功能误判导致燃机天然气压力低保护动作跳机事件、差压变送器平衡阀被误开导致三菱机组燃机末级叶片温度高跳机事件、西门子 F 级燃机机组因低压旁路减温水压力开关进水导致跳闸事件、西门子 F 级机组燃气轮机罩壳风机流量开关滞延跳机事件、某燃气轮机因变送器管路未全开导致中压旁路控制阀在高负荷段突开事件、防喘放气阀位置开关安装脱落导致机组降负荷、信号强制错误造成 PM1 伺服阀指令与反馈偏差导致机组跳闸。

通过对这些机组安装、维护期间发生的事件的分析和总结，可以看出大多事件都与设备的安装、维护过程的不规范性和可靠性措施不到位相关。电力可靠性离不开热控系统的可靠性支撑，要提高和深化拓展电力可靠性，需要重视热控系统各个环节的故障处置与可靠性预控措施的落实。

一、GE 燃气轮机因冷却风道回路存在泄漏导致轮间温度高事件

1. 事件经过

某厂 7 号燃气轮机型号为 PG9171E，由美国 GE 公司设计制造，该机组于 1998 年投产，

设计燃料为重油。在 2011～2012 年间，机组实施了油改气（DLN1.0）改造工程。机组在升负荷至 65MW 以上时，1AO1 温度大于 482℃ 开始报警，至 90MW 以上时，1AO2 温度也大于 482℃ 开始报警，至基本负荷（112MW）时，1AO1 温度稳定于 630～640℃ 左右，1AO2 温度稳定于 530℃ 左右，两点温度均高报警，并且两点温度温差大报警。

2．事件原因查找与分析

针对轮间温度高现象，结合机组检修维护手册，分析各种影响因素，初步确定以下几种原因：

（1）热电偶的位置不正确；

（2）热电偶本身故障；

（3）透平的密封磨损；

（4）透平的静子有过度变形；

（5）燃烧系统故障；

（6）外部管路有泄漏；

（7）冷却空气管路中的节流出现故障。

由于机组刚经历大修，通过对检修记录的查询，透平本身密封没有问题，透平静子完好，未发现过度变形情况，外部管路检查未见明显泄漏，燃烧系统为最新部件，经过 GE 公司调整，无明显异常。通过上述排查，故障原因基本集中在（1）、（2）、（7）几个方面。考虑报警时两个热电偶差值较大，基于对透平冷却回路的理解以及其他类似机组的运行经验，首先考虑热电偶本身测量问题以及热电偶的位置出现偏差。为此，进行了以下工作：

1）对这两支热电偶进行更换；

2）热电偶插入的深度进行多次复测对比。

上述工作完成后，进行了对比试验，试验数据见表 6-1。

表 6-1　　　　　　　　　　　　　　　第一组轮间温度测量对比数据

日期	负荷 （MW）	1AO1 （℃）	1AO2 （℃）	2FO1 （℃）	2FO2 （℃）	说　明
2012.5.19	110	630.6	526.1	452.8	434.4	2012 年油改气后首次开机
2012.5.20	110	640.0	536.0	461.0	442.0	1AO1 更换后
2012.5.21	109	590.0	506.0	490.0	480.0	1AO1、1AO2、2FO1、2FO2 四支热电偶都拔出 30mm

将试验数据和 GE 公司提供的二级喷嘴温度场分布图进行比对，发现试验数据和模型较为吻合，对二级喷嘴的结构与冷却原理进行了分析，并对热电偶的安装情况做了多次检查与试验对比，基本验证了二级喷嘴温度场的分布。热电偶经更换及插拔后位置到位，热电偶测量正常，由此排除热电偶测量及位置问题。因此重新回归到冷却系统分析，希望通过增加冷却空气流量达到降温的目的，按照 GE 公司的分析建议，对一级复环的 17 个定位销由长销改为了短销，以增加至二级喷嘴的冷却空气，但开机运行后，1AO1、1AO2 温度无明显的变化。轮间温度见表 6-2。

表 6-2　　　　　　　　　　　　　　　　第二组轮间温度测量对比数据

日期	负荷 (MW)	1AO1 (℃)	1AO2 (℃)	2FO1 (℃)	2FO2 (℃)	说　明
2012.5.20	110	640.0	536.0	461.0	442.0	1AO1 更换后
2012.6.29	95	635.6	519.4	478.3	467.2	1AO1、1AO2、2FO1、2FO2 四支热电偶全部复位。另外一级复环共有 17 个销子改为短销

通过上述数据表明，整个二级喷嘴冷却回路进风量已足够，无法通过增加进风量来达到实际冷却效果。利用停机机会，对机组热通道通过内窥镜检查，发现二级透平静叶处有多处密封片损坏现象，决定进行开缸检查。

利用机组检修机会，对燃气轮机进行了开缸检查，检查后发现以下情况：

（1）缸后发现二级喷嘴的密封片有变形，其中 5、6、7、8 号喷嘴扇段密封片损毁严重（都位于上半缸轮间温度相对较高点的喷嘴），见图 6-1。

对下半缸部分二级喷嘴进行检查，密封片偶有变形，基本正常。同时由于二级喷嘴密封片变形将一级动叶相应的密封齿磨损了 1～2mm，此处的通流间隙值已接近上限。

（2）一级复环及冷却通道情况：从现场透平缸吊出后检查情况看，整个一级复环的

图 6-1　2013 年 5 月上缸二级喷嘴密封片情况

冷却通道畅通，无堵塞现象。GE 公司技术人员对一级复环的定位销进行了检查，17 个销子已改为短销，其余均为长销。

由此可见，二级喷嘴处确实存在温度过高情况，轮间温度热电偶测量数据正确反映了当前的温度场情况。通过了解 GE 公司的二级喷嘴冷却形式的历次改进情况，目前大多数机组已使用了非压力型设计的喷嘴，使用该形式喷嘴可以有较好的冷却效果，由此决定在开缸检修过程中进行更换。

二级喷嘴更换后，于 2013 年 5 月开机，机组 70MW 时 1AO1 温度即高于 482℃开始报警，至满负荷时温度最高可达 575℃。1AO2 温度最高至 480℃左右，未超过 482℃的报警值，但一级后轮间温度差值大仍报警。更换二级喷嘴后，一级后轮间温度有明显下降，1AO1 与 1AO2 温度比修前有 80～90℃的下降，但 1AO1 温度仍大大高于报警值，问题没有得到根本消除。

进一步分析燃气轮机整个静叶冷却回路，并检查机组检修记录，发现经过 5 万 h 左右的运行，一级复环底座从未更换过，只在油改气大修过程中更换了一级复环的面板（维修件）。

一级复环长期运行后，会出现漏气情况，如果部分复环出现漏气，会引起静叶冷却空气流量下降，轮间温度升高，而泄漏地点的不同，也会导致两个温度测点出现不同步现象，与机组出现的情况比较吻合。通过论证，决定在下次 C 修时对一级复环进行更换。

一级复环更换，由两块式复环更改为主流的一块式复环，见图 6-2。

同时更换了二级喷嘴及三级动叶，2014 年 5 月 7 号机首次开机。

表 6-3 数据表明，一级复环更换后，在相同负荷下，一级透平后轮间温度与修前有明显下降（50～60℃的温降），满负荷时一级透平后轮间温度最高值 510℃/447℃，报警值为 482℃，目前仍有一点温度高于报警值，且一级透平后轮间温度两个测点温度有 60℃的温差，不符合正常运行工况。

图 6-2　一级复环、一级动叶与二级喷嘴之间的配合图
（另一台改进型的机组照片）

表 6-3 　　　　　　　　　　第三组轮间温度测量对比数据

日期	负荷 （MW）	1AO1 （℃）	1AO2 （℃）	2FO1 （℃）	2FO2 （℃）	说　明
2012.5.20	110	640.0	536.0	461.0	442.0	1AO1 更换后
2012.6.29	95	635.6	519.4	478.3	467.2	1AO1、1AO2、2FO1、2FO2 四支热电偶全部复位。另外一级复环共有 17 个销子改为短销
2013.10.11	94.4	559.0	469.0	442.0	438.0	二级喷嘴有压力型改为非压力型，机组燃烧温度提至 2055°F
2014.5	97	503	446	443	428	一级复环更换，重新按照 GE 要求开冷却孔，燃烧温度调整后

考虑到随着运行时间的增加一级透平后轮间温度有上升趋势，在高温天气下轮间温度也会高于目前数值，因此在高负荷情况下机组仍在报警值以上运行，会给设备带来安全隐患，影响热通道及转子的寿命。

通过上述检查分析，确认该厂燃气轮机透平轮间温度高的原因主要是在冷却风道回路上存在泄漏，由此造成了冷却不均及冷却流量不足。通过更换一级复环，轮间温度下降，证实了异常原因。但由于目前仍然存在一级后轮间温度两点偏差及高负荷下温度超限问题，需要进一步进行冷却回路分析，通过观察发现透平间存在较大的漏气问题，可能是经过长期运行后机组外缸存在过度变形情况，导致压气机较多排气漏出，由此导致机组冷却回路冷却空气供应量不平衡。

3. 事件处理与防范

（1）建议在二级喷嘴静叶持环处增加压力监视回路，通过该监视回路更好地判断整个冷却回路的实际工作情况，由此确定是否需要进行燃气轮机外缸更换。

（2）针对环境温度高时轮间温度易超温现象，建议开启燃气轮机进气冷却装置，降低燃气轮机进气温度，保证机组的安全稳定运行。

二、燃料清吹系统因控制气源质量引起的机组异常事件

1. 事件经过

9E 燃气轮机燃料清吹控制阀是燃料清吹系统的主要设备，在燃气轮机启停周期中，清吹阀与燃料控制阀有多次配合，从而实现多种工况下燃料与空气的相互置换或隔离，清吹阀

故障将导致燃气轮机无法正常运行。

某燃气发电有限公司燃气轮机多次在启机过程中升负荷进行燃烧模式切换时，发现气体切换清吹控制阀 VA13-3 和 VA13-4 故障，燃烧切换模式失败，燃气轮机发 L30PGTOF_ALM（气体切换清吹阀无法打开）和 L86PGVL_ALM（气体切换清吹阀无法打开降负荷）报警。

2012 年 12 月 18 日，接班时 1 号燃气轮机燃烧模式为 LL-POS，负荷为 50MW，接班后升负荷进行燃烧模式切换，切换时发现清吹阀 VA13-3 和 VA13-4 故障（无法正常开关），燃烧切换失败，1 号燃气轮机发 L30PGTOF_ALM（气体切换清吹阀无法打开）和 L86PGVL_ALM（气体切换清吹阀无法打开降负荷）报警，立即进行主复位，但是因为清吹电磁阀 VA13-3 和 VA13-4 故障一直存在，无法进行复位，立即派人去就地检查清吹电磁阀 VA13-3 和 VA13-4 正在很缓慢地打开（当时 VA13-3 和 VA13-4 开度约为 30），直到 1 号燃气轮机负荷降至 5.7MW 左右，清吹电磁阀 VA13-3 和 VA13-4 故障才消失，立即进行主复位，重新发启动令，并带负荷至 20MW。就地继续观察清吹电磁阀 VA13-3 和 VA13-4，并重新升负荷进行燃烧模式切换，负荷升至 30MW 时燃烧模式由 PRIMARY 切换至 L-LNEG，降负荷至 20MW 后燃烧模式重新切换至 PRIMARY。08:58、09:12 进行切换都是相同情况。

2012 年 12 月 22 日，3 号燃气轮机由 30MW 加负荷至 80MW 燃烧模式切换时，VA13-4 阀出现卡涩现象，打开速度较 VA13-3 慢，且没有完全触碰到限位开关即返回关闭，关闭速度也较 VA13-3 慢，导致切换失败，切换三次均不成功。

2012 年 12 月 23 日，3 号燃气轮机由 30MW 加负荷至 80MW 燃烧模式切换时，VA13-4 阀出现卡涩现象，关闭速度较 VA13-3 慢，VA13-4 打开过程停留在 50%，导致切换失败，再次降至 20MW 才缓慢打开到位。

2. 事件原因查找及分析

分析发现这三次故障有以下共同特点：

（1）故障发生时就地检查清吹控制阀 VA13-3 和 VA13-4，阀门本体正在很缓慢地打开（当时 VA13-3 和 VA13-4 开度约为 30），说明控制阀的控制电磁阀动作正常，同时排除信号反馈出现故障的可能。

（2）停机以后通过逻辑强制试验控制阀 VA13-3 和 VA13-4，动作正常，不存在阀门本体卡涩现象。

（3）故障发生时间都是在早晨，当地气温达到 -10℃ 左右，空气湿度达到 80%，每次上午 10:00 左右故障现象自然消除，说明控制气源管路没有问题。

通过系统检查发现，两个清吹阀的控制气源是通过轴流压气机提供的清吹主管路接来的，而故障都是燃气轮机启机升负荷时 LEAN_LEAN MODE 与 PREMIX SS 燃烧模式切换期间发生的清吹控制阀无法关闭。查历史曲线，燃气轮机夜间 22:00 停机以后至第二天早晨 06:00 启机，DLN 的环境温度达到 -10℃，而 DLN 阀站进风加热器启动定值是 10℉（-12℃），因此确认是由于当地的空气环境湿度大，控制气源长期不流动，在极端温度情况下造成空气冷凝产生冰碴，引起控制气源管路不畅，白天温度升高后自然化冻后运行正常。通过分析最终确定故障为控制气源质量引起的。

3. 事件处理与防范

（1）改善控制气源的质量。清吹控制阀气动门的电磁阀用仪用压缩空气的供给，以实现气动门的开关。由于仪用压缩空气经过干燥过滤，可减低气中带水产生冰碴的可能。

（2）提高控制阀所处的 DLN 阀站环境温度。更改 DLN 阀站进风加热器启动逻辑，将

10℉（-12℃）启动改为 39℉（4℃）启动，并且机组停运以后立即停运 88VL 风机，控制 DLN 阀站空间温度。

（3）考虑到清吹系统气动门的电磁阀在 DLN 阀站内，夏天阀站温度较高，电磁阀内的密封圈易老化，造成电磁阀严重漏气，使阀门不能操作。因此将电磁阀移至 DLN 阀站外面，并集中布置，不仅美观，也方便维护。

（4）对气动阀机械传动装置进行焊接式固定，并对不能焊接的限位开关固定螺栓用 AB 胶进行加固。

自 2014 年 3 月实施以来，上述隐患得到消除，保证控制阀的正确可靠动作，至今未发生清吹控制阀动作异常情况。

三、管道杂质使喷嘴燃料分配不均导致燃气轮机排气分散度大停机事件

1. 事件经过

2012 年 3 月 18 日 04：00，某厂运行人员发现，1 号燃气轮机排气分散度变大，TTXSP1 由 18℃上升至 48℃；TTXSP2 由 18℃上升至 46℃。22、23 号热电偶值由 542℃下降为 517℃、519℃，经省调汇报申请停 1 号燃气轮机，并于 16：30 机组滑参数停机，燃气轮机远控降负荷，18：13 燃气轮机降至 20MW 发停机令。18：30 投盘车。

2. 事件原因查找与分析

天然气分输站至调压站输送管道为新建成，管道清洁程度不够（中石油施工），虽然调压站和前置模块单元都有过滤器滤芯进行过滤，仍会有杂质进入燃气轮机喷嘴中导致燃料分配不均，从调压站过滤器滤芯取样检测分析看，杂质主要成分是 Fe_2O_3 和 SiO_2。

3. 事件处理与防范

（1）对燃烧器积炭进行清洗。

（2）加强对 1 号燃气轮机排气分散度的监视和分析。如发现为单一的燃气轮机排气测点异常（过高或过低），基本可以确认为测点故障，联系热控人员检查确认。如发现在燃气轮机排气异常测点左右相邻测点出现相同的变化趋势，监视图面中的棒状图中成 U 形或 n 形，并且燃气轮机的 NO_x 排放异常升高，基本可以判定为燃烧出现故障，及时汇报并做好申请停机的准备。

（3）加强对调压站过滤器和前置模块过滤器压差的监视，及时更换滤芯。

四、燃气轮机伺服阀卡涩启动时燃油流量大跳机事件

1. 事件经过

某厂在一次燃气轮机启机点火过程中，两台燃气轮机均跳机，首次报警为"63 L2SFT STARTUP FUEL FLOW EXCESSIVE TRIP"（启动燃油流量大跳机），因当时轻油油箱油位偏低，只有 0.5m 可用油，认为是因油位低导致油压调节品质不好，点火时燃油压力偏高导致。于是在重新启动 3 号机过程中，由运行人员就地控制轻油回油手阀开度，使压力偏低一些，将点火常数 FSKSU-LIQFI 由 19.8%改为 19%，降低点火时燃油回油量，同时分析 MARK V 中该保护逻辑，油量 FQL1 在点火时大于 0.74%延时 2s 跳机，将延时改为 4s，避开压力波动引起的瞬时流量偏大，再重启 3 号机时燃油流量短时偏大后归于正常，点火成功。接着开 1 号机时，也采用同样方法，但燃油流量大保护动作。因当时怀疑热工流量测点有问题，将延时增加到 10s，同时点火时密切观察排气温度，随时准备手动打闸。点火后燃

油流量仍直线上升，同时排气温度页面温度直线上升报警，立即手动按紧急停机按钮打闸。

2. 事件原因查找与分析

因燃气轮机点火时转速较低（12.1%），此时压气机出口风量风压也较低，相应燃烧系统与热通道处冷却风量小，为避免对设备热冲击过大或油量过多温度过高烧坏设备，组态中设置了点火流量大延时跳机，见图 6-3、图 6-4。

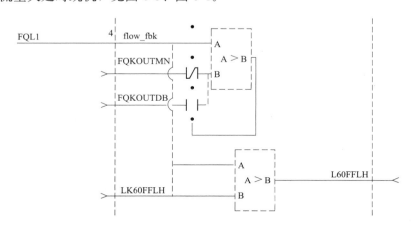

图 6-3　流量大跳机信号发出逻辑

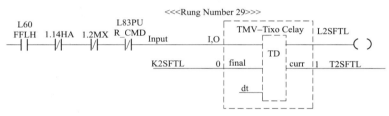

K2SFTL　—Stmrtup Liquid Fucl Flor Ercessive　　　　　　　　　　　　　　　　　　　　scc ＜2 scc＞

　　　　SEQ_TRB2 29

1.141HA　—HI⁹ Speed-Acceleratink apeed　　　　　　　　　　　　　　　　　　　　　　　LCCIC

　　　　SEQ_TRB1—4　SEQ_TRB1 119　SEQ_TRB1 146　SEQ_TRS2 29　SEQ_TRB2 39

　　　　SEQ_TRB3 58　SEQ_TRBS 10　SEQ_TRB6 89.2　　SEQ AUX 84

K2SFTL　—Stnrtup LIquid Fuel Flow Excexsive　　　　　　　　　　　　　　　　　　　　LOGIC

　　　　SEQ_TRB-29　　SEQ_TRR2 30

L2VX—Turbine Tnraup Canpkccc-Incicusc Fucl

　　　　SEQ_TRB1 38.4 SEQ_TRB2 29　SEQ_TRB3-101.14　SEQ_TRB5 73　SEQ_TRB5 79

　　　　SEQ_TRB5 94　　SEQ_TRB5 97　SEQ_TRB6 41　SEQ_TRH6 55

L60FFLH—Liquid Fuel Flov High　　　　　　　　　　　　　　　　　　　　　　　　　　LOGIC

　　　　SEQ_TRB2 29　　SEQ_TRB5-115

L83PUR_CHD—Heavy Fuel Line Purge Connand　　　　　　　　　　　　　　　　　　　LOGIC

　　　　SEQ_TRB2 29　SEQ_TRB3 4　　SEQ_TRB3 55　　SEQ_TRB3 64 SEQ_TRB5 7

　　　　SEQ_TRB5 39

T2SFTL　—StartupLicpud Fuel Flow Excessive　　　　　　　　　　　　　　　　　　　　sce

　　　　SEQ_TRB2-29

图 6-4　流量大跳机信号发出逻辑

当燃油流量 FQL1 大于 LK60FFLH 所设常数 7.4% 时会触发高报警 L60FFLH 为 1。

L60FFLH 为 1 后延时 K2SFTL 所设 2s 后发 L2SFTL 流量大信号跳机，L14HA 取非是转速 TNH 小于 40％，L2WX 取非是暖机结束前，L83PURCMD 取非是机组冲油操作时保护不动作。

如受液压油、燃油品质或流量分配器卡涩等原因影响，导致伺服阀在点火时动作滞后，燃油旁通阀开阀不及时，常常会导致流量偏大跳机。这时应更换伺服阀、检查燃油旁通阀，紧急启机时可用改小点火 FSR 的办法避开，采取延长保护动作时间的方法要慎之又慎。

1 号机最后一次跳机趋势曲线见图 6-5。

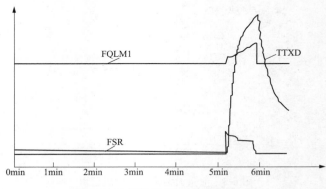

图 6-5　1 号机最后一次跳机趋势图

可以看到点火后 FSR 下降暖机时，燃油流量 FQLM1 随转速直线上升，同时排气温度也直线上升，说明流量实际上确实在增加，流量测点 77FD-3 没有问题。跳机后热控人员做传动试验，发现燃油旁路阀卡涩不动作。

3. 事件处理与防范

由于燃气轮机液压油不像汽轮机单独采用一个抗燃油系统，而是由滑油升压而来，燃气轮机轴承可承受的温度高达 120℃，但轴承周围的密封空气温度更高，油膜温度可达 130℃甚至 140～150℃，已达到或超过矿物油及添加剂的温度极限。而且暴露于密封空气中，油的氧化非常剧烈，因此油的品质更易老化。而汽轮机抗燃油在温度最高的阀门回油处正常为60℃左右，所以燃气轮机的伺服阀相对来说更容易发生脏污卡涩现象，另外，停机后烧轻油时间过短，流量分配器卡涩等情况也会影响旁通阀动作灵敏性。因此建议：

（1）平时对燃气轮机的润滑油系统要加强化学监督工作，油污染颗粒度增加极易造成伺服阀堵塞、卡涩，同时形成颗粒磨损，使阀芯的磨损加剧；酸值的升高会对伺服阀部件特别是伺服阀阀芯及阀套锐边产生腐蚀作用。

（2）燃气轮机的伺服阀应按要求每年送至有资质的厂家清洗检查一次，并要有性能试验合格报告。

（3）热控人员在长时间停机后的开机前也要做旁通阀的活动试验，平时要做好及时更换伺服阀的准备，减少故障处理时间。

五、模式切换时振动大燃机停运事件

1. 事件经过

2008 年 10 月 23 日，某厂 1、3 号机组运行，1 号燃气轮机负荷 100MW，3 号汽轮机负荷 65MW，总负荷 165MW，AGC 退出。2 号燃气轮机备用。

10 月 23 日 23：50，1 号燃气轮机拖 3 号汽轮机性能试验结束，燃气轮机调试人员进行最后一次燃烧调整后，通知安全运行人员机组可以投入协调控制及 AGC 运行，并告知运行人员，1 号燃气轮机燃烧模式的切换点降负荷时为 100MW 左右，升负荷时为 115～120MW。

10 月 24 日 00：00，由于 AGC 总负荷指令为 180MW，此时 1 号燃气轮机负荷达到 110MW，燃烧模式由先导预混（PPM）模式切向预混（PM）模式。由于燃气轮机在先导预混模式下，烟囱会有黄烟冒出，值长联系网调，接网调令退 AGC 并协调将燃气轮机负荷升至 120MW，00：08 燃气轮机负荷升至 115MW 后，由于 2 号轴承振动达到 21.2mm/s，超过自动停机保护定值 20.8mm/s，1 号燃气轮机发自动停机令。主值对 1 号燃气轮机进行主复位，重新发启动令成功，将 1 号燃气轮机负荷稳定在 90MW。值长将情况通知生产保障部并汇报部门领导。

00：50 值长接调度令重新升负荷至 130MW，尝试冲过燃烧模式切换点，00：55，1 号燃气轮机负荷升至 115MW 后由于 2 号瓦振动达 24.5mm/s，再次发自动停机令。主值再次对 1 号燃气轮机进行主复位，重新发启动令成功，将 1 号燃气轮机负荷稳定在 90MW。值长将情况汇报给部门领导。

热控人员联系厂家燃气轮机人员，燃机人员通知热控人员将燃烧模式切换点的燃烧基准温度由 2280℉ 改为 2290℉，并告知运行人员在该切换点可减小振动，冲过切换点。

10 月 24 日 06：54，热控人员更改燃烧模式切换点的燃烧基准温度后，运行主值人员再次升负荷冲燃烧模式切换点时，1 号燃气轮机 2 号轴承振动达 26.84mm/s，超过燃气轮机振动保护跳机值 25.4mm/s 跳机。

2. 事件原因查找与分析

燃烧模式切换时，由于燃气轮机厂家 TA 对切换点选择不当，造成燃气轮机内流体波动大，1 号燃气轮机发生振动，振动超过燃气轮机跳机保护动作值跳机，联跳 3 号汽轮机。1 号燃气轮机在性能试验开始前燃气轮机燃烧模式切换设定点（由 PPM 模式切换至 PM 模式）为 2260℉，模式切换正常；10 月 23 日完成性能试验后，燃气轮机公司进行火焰筒 DLN 调整，燃气轮机现场工程师将设定值改为 2280℉，并将 FXKSG1、FXKSG2、FXTG1、FXTG2、FXKG1ST、FXKG2ST、FXKG3ST 等相关参数也进行了修改，更改时间为 2008 年 10 月 23 日 22：00。

10 月 24 日燃气轮机厂家现场工程师再次将燃烧模式切换（由 PPM 模式切换至 PM 模式）温度设定值改为 2290℉，燃气轮机于 06：54 进行燃烧模式切换时因轴承振动大跳机。

该厂要求燃气轮机公司查清跳机原因并做出解释，燃气轮机公司解释燃烧调整参数修改为燃气轮机公司技术部门下发的定值，可能与现场机组情况不完全匹配，并决定由燃气轮机公司现场工程师将 1 号燃气轮机燃烧模式切换（由 PPM 切换至 PM）温度设定值改回性能试验前稳定运行时的设定值 2260℉，由于 DLN 设备已经拆除，燃气轮机公司现场工程师并未对其他模式切换相关参数做相应的修改。

由于燃烧调整由燃气轮机厂家全部负责并进行技术封锁，需要专业的设备和软件，故由于燃烧调整参数设定问题引起的振动无法查出其产生原因，需要燃气轮机厂家现场工程师再次用 DLN 设备进行燃烧调整并解决；要求燃气轮机公司尽快派相关人员和设备来现场解决燃烧模式切换引起振动大问题。

3. 事件处理与防范

（1）燃气轮机厂家技术服务人员技术把关不严，针对燃气轮机模式切换的调整考虑不周。

（2）热控人员对设备的管理薄弱，对厂家的调整试验、参数修改没有进行进一步分析。

（3）运行人员在两次燃气轮机因为振动大触发自动停机程序的情况下，仍然第三次切换燃烧模式温度，暴露出运行把关不严的问题。

（4）运行人员在机组非计划停运后，下意识地直接将机组转入计划检修，没有及时汇报上级部门，没有认真履行事故处理程序。

针对上述现象，采取了如下措施：

（1）对燃气轮机厂家的技术服务，热控人员要紧密跟踪，尽快提高技术技能，加强分析和处理故障能力。

（2）安全运行部加强管理，提高运行人员的故障处理能力，严格执行事故处理和汇报程序。

六、燃气轮机人为误动停机事件

1. 事件经过

2010 年 5 月 11 日，某厂 2、3 号机组纯凝工况运行，总负荷 366MW，2 号燃气轮机负荷 244MW，3 号汽轮机负荷 122MW，1 号燃气轮机停运。20:35，2 号燃气轮机做完燃烧调整试验，进入 baseload（基本负荷）开始性能试验。20:50，热控人员联系运行人员做停运的 1 号燃气轮机 PM4 清吹阀传动试验。20:53，经运行值长许可后进入工程师站，误将运行中的 2 号燃气轮机 PM4 清吹阀做了传动试验。20:54，2 号燃气轮机 PM4 清吹阀故障报警，保护动作跳 2 号燃气轮机，联跳 3 号汽轮机。机组跳闸后，值长立即通知相关人员到场，并要求运行人员立即对各系统进行检查：汽轮机各主汽阀关闭，转速下降，交流润滑油泵、顶轴油泵联启正常，汽轮机惰走正常；2 号燃气轮机油系统运行正常，惰走正常。运行人员启动锅炉，辅汽系统投入正常。21:20，1 号燃气轮机盘车投入。21:50，3 号汽轮机盘车投入。

由于故障原因明显，准备重新启机。5 月 12 日 00:16，调度令 2、3 号机组启动。机组于 5 月 12 日 01:08 并网。

2. 事件原因查找与分析

（1）事件的原因。热控人员未履行工作票程序，无工作内容、操作和安全措施纪录，未进行危险点分析，工作疏忽，误将运行中的 2 号燃气轮机 PM4 清吹阀关闭，2 号燃气轮机 PM4 清吹阀故障报警，保护动作跳 2 号燃气轮机联跳 3 号汽轮机，是本次故障的主要原因。热控专业管理松懈，未严格工程师站管理制度，检修人员在无监护的情况下单人操作，是本次故障的管理原因。

（2）事件暴露问题。

1）工作票制度的执行存在管理漏洞。

2）热控人员责任心不强，麻痹大意，发生误操作。

3）热控人员夜间工作时，执行工作票制度不规范。

4）热控专业未执行双人操作规定，工程师站管理制度执行不严格。

5）值长未严格执行工作票制度。

3. 事件处理与防范

（1）严格执行各项安全生产管理制度，各部门负责人加强对生产人员执行安全生产管理制度的管理、检查和考核。

（2）各部门加强安全教育，提高责任心，认真监盘，精心操作。

（3）严格执行《电子间、工程师站管理制度》和《生产现场计算机使用和管理制度》，操作时双人进行，一人操作，一人监护。同时对电气 PC 间、电子间、GIS 间、继电保护间加强出入管理，严格执行出入登记制度。

（4）值班时要保持良好的精神状态，操作时精神要高度集中。

（5）利用安全活动月，各部门切实开展反习惯性违章的学习活动。

（6）安全监察部加强检查监督，督促各部门严格执行安全生产制度。

七、燃气轮机模式切换时燃烧不稳停机事件

1. 事件经过

2010 年 5 月 13 日 00:50，某厂 1、2 号燃气轮机拖 3 号汽轮机以"二拖一"方式运行，1 号燃气轮机负荷 110MW，2 号燃气轮机负荷 195MW，3 号汽轮机负荷 200MW，总负荷 505MW。00:51 按调度曲线将总负荷降至 450MW，运行人员将 1 号燃气轮机负荷降至 90MW，根据燃气轮机特点，1 号燃气轮机燃烧模式自动由预混燃烧模式（PM1＋PM4 喷嘴运行）切至亚先导模式（PM1＋PM4＋D5 喷嘴运行）。00:52，1 号燃气轮机报"high exhaust temperature spread trip"（排气分散度高跳闸），1 号燃气轮机灭火，1 号发电机解列，2、3 号机组继续以"一拖一"方式运行正常。1 号机组于 5 月 14 日 22:18 并网。

2. 事见原因查找与分析

（1）事件原因分析。事发后专业人员和燃气轮机公司现场工程师立即到现场进行检查和分析。通过对 1 号燃气轮机跳闸信号和机组当前运行状态分析，得出结论，此次机组跳闸事故的原因是 1 号燃气轮机在降负荷过程中，由于自身特性，当运行负荷低于 90MW 时，燃烧模式自动切换，由预混模式进入亚先导预混燃烧模式后，由于 2、3 号燃烧筒（共 18 个燃烧筒）在燃烧切换后未能有效稳燃，导致灭火，致使在燃烧模式切换完成后燃气轮机排气温度 15、16、17、18、19 号这五个测点温度不升反降（900～1100℉），相比于其他 26 支排气温度（1200～1300℉）较低，最终导致 1 号燃气轮机因排气分散度高而保护动作跳闸。

（2）机组保护动作分析。

1）最高排气温差 TTXSP1（由 18 号排气温度引起 268.492℃）大于允许排气温差 TTXSPL（268.155℃）。

2）次高排气温差 TTXSP2（由 17 号排气温度引起 263.764℃）大于 0.8 倍的 TTXSPL（约为 214.524℃）。

3）延时 2s 后 1 号燃气轮机于 00:52:03 跳机。机组当时运行状态满足保护动作条件。

（3）事件原因查找。查清楚事件原因后，立即与燃气轮机公司亚特兰大总部技术人员进行了联系，通过其燃烧专家远程检查分析后，确定机组跳闸原因，并针对性地提出了机组现场检查的项目和要求，该厂立即组织技术人员按照其要求安排检查，具体检查项目如下：

1）检查 16～9 号排气热电偶的状态；

2）检查 1、2、3、4 号联焰管是否泄漏；

3）检查燃气轮机清吹阀，燃烧调整阀动作情况，重新进行逻辑传动。

按要求进行以上检查均未发现异常，又立即联系燃气轮机总部技术人员，经对方技术人

员再次确认和分析后，燃气轮机方确认其之前燃烧调整的定值在燃烧切换过程中存在部分参数配比不合理的问题，故要求对机组重新进行燃烧切换点的燃烧调整工作，5月14日，1号机组启动并网后在燃烧模式切换点进行两次切换试验，切换正常。

虽然1号燃气轮机再次启动并燃烧模式切换正常，但专业人员已采集近期1号燃气轮机模式切换和5月13日1号燃气轮机故障跳机时模式切换的报警、参数、趋势图继续分析原因，并联系燃气轮机公司人员，要求给出5月13日2、3号燃烧筒灭火的具体原因。

（4）暴露问题：

1）燃气轮机公司进行燃烧调整时参数配比不合理。

2）生产保障部热控人员对燃机燃烧调整的有关技术问题未掌握。

3. 事件处理与防范

（1）要求燃气轮机公司提供正式工作方案和安全措施。

（2）热控人员对尽快熟悉燃气轮机燃烧调整的技术问题。

（3）加强部门专业人员对燃气轮机设备的结构、性能和维护的培训。

八、参数设置不合理导致增压机喘振跳闸燃气轮机事件

1. 事件经过

2008年11月11日，某厂1号燃气轮机运行，负荷20MW，3号汽轮机盘车；AGC退出；2号燃气轮机备用。

00:57，1号燃气轮机MK6突然发出报警"gas fuel pressure low（天然气压力低）""gas fule supply pressure low（天然气供应压力低）"。

1号燃气轮机RB动作，MK6操作站显示天然气压力迅速下降。00:59，1号燃气轮机发出报警"high exhaust temperature spread trip（排气分散度高跳机）"。

01:00，就地检查天然气厂站控制屏显示增压机1号轴承振动大停运。通知热控、机务人员。01:24，1号燃气轮机转速36r/min，盘车投入。03:55，启动2号燃气轮机。05:34，2号燃气轮机发电机并网。

事故后处理情况：

01:05，热控人员赶到现场，查天然气厂站控制屏显示1号增压机振动保护动作导致跳闸，查热工历史趋势记录1号轴瓦振动X向振动值9.65μm，Y向振动51μm，对有关增压机振动保护在线监测的本特利模件、前置器及端子检查未发现异常，保护状态正常，检查振动测点的间隙电压正常。机务人员对增压机本体、联轴器、增压机电动机地脚螺栓及增压机紧固件等设备进行检查，未发现异常现象。

根据检查结果，机务、热控人员分析认为，增压机发生喘振跳机，而增压机本身并无异常，建议重启1号增压机试转，同时启动2号机组。

03:00，启动1号增压机，机务、热控人员就地检查润滑油系统、轴承温度、振动均正常。试运4h后未见异常情况。

检查发现1号增压机IGV入口导叶最小开度设置及控制曲线偏置设置不合理，在低负荷下控制线波动，使增压机运行进入喘振区，引起增压机发生瞬间喘振。

11月12日，经与增压机厂家开专题会决定：优化喘振控制，修改增压机控制参数如下：增压机IGV入口导叶最小开度设置由25%修改为40%；控制线偏置由−1300增加到−2300，使增压机在燃气流量低时，工作点远离喘振区。

11月13日，1号增压机带1号燃气轮机运行试验30min，增压机各项参数正常。

2. 事件原因查找与分析

事故原因：1号增压机IGV入口导叶最小开度设置及控制曲线偏置设置不合理，在低负荷下控制线波动，使增压机运行进入喘振区，引起增压机发生瞬间喘振。1号增压机事故时供气参数为压力3.2MPa、流量4.1kg/s，处于增压机的工作区边界，此时增压机的入口导叶开度只有25%，增压机发生了喘振，造成振动大保护动作跳闸。1号增压机跳闸后，天然气供气压力下降，1号燃气轮机跳闸。

DCS历史数据显示增压机跳机时1号轴瓦振动X向振动值只有9.65μm，经热控人员查实，这是由于DCS历史数据采样死区设置过大，原设置为50.8μm（2$\times$10^{-3}in），振动数据没有真实送到历史记录。增压机振动保护跳闸的逻辑为X、Y向均超过46.99μm（1.85$\times$10^{-3}in）时跳机。现将DCS增压机振动历史数据死区设置为0.254μm（0.01$\times$10^{-3}in）。

由此可见，存在如下问题：

（1）1号增压机在低负荷下喘振现象发生过多次，厂家在调试阶段对1号增压机控制线参数设置不合理。

（2）历史记录数据存在参数设置不合理，数据不真实的现象。

（3）生产和运行人员对以往发生的喘振现象，未能及时发现并采取针对性措施。

3. 事件处理与防范

（1）热控人员、机务人员在1号增压机再次运行时加强监视，总结可能引发振动大的可能因素，跟踪优化后增压机运行状态，加强分析，解决类似问题。

（2）安全运行人员在1号增压机再次运行时加强监视，总结在低负荷运行情况下可能引发振动大的因素，加以分析，减少类似问题的发生。

（3）热控人员检查所有进DCS历史数据库死区的设置，确保进入DCS的数据真实准确。

（4）根据1号增压机出现的问题，检查2号增压机的控制曲线，确保不发生喘振现象。

九、消缺时引起燃气轮机火灾保护误动作，轮机间 CO₂ 喷放事件

1. 事件经过

2013年3月27日，某厂3、4号机组调停。

05：50，热控专工提交3号燃气轮机火灾盘报警检查工作票，工作地点为3号燃气轮机控制室处，工作条件为3号燃气轮机火灾保护不停运，安全注意事项为3号燃气轮机火灾保护退出监视。

06：00，值长在工作票批准一栏中签名。

06：05，单元长办理了工作票许可手续，并派运行值班人员配合工作负责人现场检查工作，没有向值班人员说明轮机间不是检修区域。

06：10，工作负责人和值班人员用钥匙打开3号燃气轮机集控室，对相关设备进行外观检查后，再用钥匙打开3号机轮机间（工作票的工作地点为3号燃气轮机控制室），拆除火灾探头45FA-1A保护盖进行检查探头接线，用螺丝刀将探头接线进行复紧确认接线松动情况，再用同样的办法处理火灾探头45FA-1B过程中火灾保护警笛响，轮机间CO₂模块A区（A1-A45）和B区（B1-B12）喷放。工作负责人对动作信号进行复归后，CO₂模块仍在动作。值长和单元长派运行人员穿棉衣并佩戴正压式呼吸器到CO₂模块小间，将CO₂模块总

阀关闭。

06：35，CO_2 模块总阀关闭后，CO_2 模块停止动作。CO_2 模块动作期间，在控制室发现轮机间温度从 24℃ 降至 6℃，CO_2 模块停止动作后，温度又从 6℃ 升至 14℃。就地对 3 号燃气轮机进行检查未发现异常。

2. 事件原因查找与分析

直接原因：工作票负责人没有严格按照工作票所列地点工作，扩大检查范围，在轮机间工作时，没有切断 CO_2 灭火工作总阀并退出 CO_2 火灾保护，当用螺丝刀检查 3 号燃气轮机 1 号轮机间火灾探头接线时，触发 1 区火灾保护动作，造成 CO_2 喷放。

间接原因：工作票中所列的工作条件（3 号燃气轮机火灾保护不停运）和安全注意事项（3 号燃气轮机火灾保护退出监视）表述不准确，工作票签发人、工作票许可人和工作票批准人未发现也未提出异议，工作票许可人派运行人员配合工作负责人到现场工作，没有向派出人员交代清楚工作地点和安全注意事项。

3. 事件处理与防范

（1）工作票签发人、工作票许可人和工作票批准人要严格执行燃气轮机运行和检修管理规定，凡进入轮机间工作，应切断 CO_2 灭火工作总阀，并退出 CO_2 火灾保护规定，确保人身和设备安全。

（2）工作票签发人、工作票许可人和工作票批准人应认真检查审查工作票的地点、工作内容及安全措施内容，清楚后再办票。

十、逻辑下装导致调压站 ESD 阀关闭事件

1. 事件经过

2010 年 5 月 5 日 10：48，某 3 号机组负荷 150MW 运行，TCS 发 "燃气压力低报警" RB 动作，3s 后报 "燃气压力低跳闸"，3 号机组跳闸。检查发现调压站 ESD 阀关闭，立即将 ESD 阀开启，并按省调要求启动 1 号机组，12：13，1 号机组并网。

2. 事件原因查找与分析

跳机事件直接原因是控制系统厂家技术人员进行 1 号机组 APS 公用系统逻辑下装。

检修热控专业、运行许可人对 1 号机组 APS 公用系统逻辑下装前，没有进行风险评估。

3. 防范措施

（1）提高热控人员技术水平，进行控制系统升级或下装程序时，应充分了解可能对运行设备的影响。

（2）热控专业加强对 DCS、TCS 逻辑修改、下装、强制管理，认真执行审批手续，并严格执行。

（3）对于热工和电气测量元件，应定期检查，防止出现松动现象导致测量出现误差。

（4）调压站 ESD 阀关系全厂 4 台机组安全运行，将 ESD 阀供电改为 UPS 供电，以防发生失电关闭。

（5）合理安排工作计划，对运行机组可能造成安全影响的工作尽量安排在停机后进行。

十一、燃气轮机供热 PLC 逻辑下载波动大跳机事件

1. 事件经过

2010 年 12 月 4 日晚，热网抽汽调节阀出现控制指令与阀位反馈偏差较大现象（最大

16%），分析认为伺服阀油门卡涩或油路堵塞，从而造成阀门无法动作到位。由于燃气轮机运行过程中无法更换伺服阀，现场采取调整执行器油缸弹簧和修改阀门最小开度逻辑限制，使热网抽汽调节阀控制指令与阀位反馈偏差的现象有所缓解，但没有根本解决。若伺服阀异常情况恶化，会导致热网抽汽调节阀无法朝关闭方向继续动作，热网抽汽流量无法增加，进而影响燃气轮机和热网系统正常运行。为解决这一问题，和阀门厂技术人员讨论后，确认热网抽汽调节阀电控部分 PLC 的控制逻辑为：阀门的控制指令和反馈在 PLC 内部进行偏差比较并放大后，输出驱动伺服阀动作；通过修改 PLC 逻辑，增大 PLC 输出，在目前控制指令和阀位反馈存在偏差的情况下，可以增加阀门进油量，进而使阀门可以跟随指令进一步关小，从而达到缩小指令和反馈偏差的目的。

12 月 9 日下午，阀门厂技术人员携上位机组态软件到厂后，对 PLC 逻辑修改方案进行讨论，决定通过修改 PLC 内部伺服逻辑中的比例放大系数来增加 PLC 的输出电压，而且阀门厂技术人员认为修改可在线进行。

12 月 9 日 17:04，运行值班人员发出一张热控工作票，工作内容内容为 1 号燃气轮机中压排汽压力调节阀控制回路逻辑修改。当时燃气轮机带电负荷 350MW，抽汽量约 117t/h，机组 AGC 投入。18:18 热网抽汽降至 80t/h。因热控人员无法完成在线下载，经批准离线下载，运行值班人员将热网抽汽降至 50t/h，并按热控人员要求将热网抽汽调节阀解列为手动调整。

在热网抽汽流量降低至 50t/h，并与运行人员共同确认安全措施都已做到位后，于 19:03:14 开始进行 PLC 逻辑修改离线下载。19:03:24 离线下载完成，随后热网抽汽调节阀动作出现大幅波动，导致热网抽汽量和中压缸排汽压力也出现较大波动。19:03:41，发出"中压缸排汽压力高"报警；19:04:08，发出"中压缸排汽压力低"报警；19:04:50，陆续发出"2、3、7、8 号燃烧器 H1 频段压力波动越限"预报警和报警；19:04:51，触发"燃烧器压力波动大降负荷"信号；19:04:54，1 号燃气轮机因燃烧器压力波动大跳闸保护动作而跳机。

2. 事件原因查找与分析

事件后，热控人员查阅动作趋势曲线（见图 6-6）。分析认为，19:03:14 开始进行离线下载，此时控制指令为 28.31%，阀位反馈为 35.7%；19:03:24 离线下载完成，此时阀位反馈为 39.91%，此后阀门开始关闭，最低关至 14.06%，此过程中运行人员手动开启阀门，指令最大至 50%，但是阀门并没有跟随指令开启，而是继续朝关方向动作，约 20s 后，阀门迅速开启，最高开至 70%；而在此过程中运行人员手动关闭阀门，阀门依然没有跟随指令关闭，而是继续朝开方向动作，约 40s 后又迅速关闭，最低关至 11%。由于热网抽汽调节阀动作出现大幅波动，造成热网抽汽流量和中压缸排汽压力波动，进而引起汽轮机负荷和燃气轮机负荷计算值波动；燃气轮机负荷计算值波动会造成 IGV 阀门动作，进而影响燃气轮机燃料进气量的变化，在燃料量未发生明显变化的情况下（由于此时机组负荷指令未发生变化，因此燃料阀门的动作未发生明显变化），造成 1 号燃气轮机由于燃烧振动引起燃烧器压力波动大跳闸保护动作。

造成热网抽汽调节阀动作出现大幅波动的原因为：

（1）伺服阀油路存在堵塞造成伺服阀阀芯动作卡涩，因此在控制指令变化后，伺服阀不能准确动作到位。现象就是当运行人员手动操作阀门时，阀门没有迅速跟随控制指令动作，直到控制指令和阀位反馈偏差到一定程度时，伺服阀阀芯才动作，造成阀门迅速开启和关

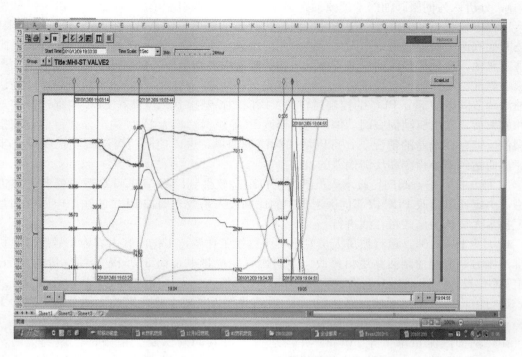

图 6-6　机组动作趋势曲线

闭，从而引起阀门动作出现大幅波动。

（2）厂家对 PLC 逻辑中阀门参数的调整增强了 PLC 的输出作用，造成在离线下载完毕后，阀门向关方向运动较大，影响中压缸排汽压力，同时由于伺服阀阀芯动作卡涩，导致阀门动作出现大幅波动。

由此暴露出如下问题：

（1）对 PLC 逻辑修改、下载工作中存在风险的评估不够仔细全面，虽然已对离线下载会导致阀门异常开启的风险进行了分析，并通过减小热网抽汽量来控制风险；但对于伺服阀已处于故障状态下，调整参数后阀门的异常动作认识不够充分。

（2）热网抽汽调节阀伺服阀在燃气轮机运行过程中无法在线更换。热网抽汽调节阀伺服阀在 PLC 逻辑修改、下载工作中存在异常动作风险，针对热网抽汽调节阀伺服阀存在的问题，在处理前没有制定相应的措施或预案。

3. 事件处理与防范

（1）在逻辑下载前，厂家提供的上位机组态软件信息与下载后实际情况相差较大，导致本次事件发生，今后涉及控制系统逻辑修改、下载的工作时一定要对下载的风险进行仔细、全面的评估，必须对修改后可能造成的问题进行充分讨论，通过技术手段将危险因素进行闭锁。

（2）热网抽汽调节阀作为冬季供热中重要设备，出现故障在燃气轮机运行过程中无法在线更换。计划通过控制油加装隔离阀门实现，并且在热网停运后对热网抽汽调节阀油缸进行冲洗，确保伺服阀工作油质的可靠。

（3）热控人员下载数据时应与运行人员时刻保持通信联系。

十二、汽轮机伺服模块故障导致高压调节阀无法打开事件

1. 事件经过

在汽轮机挂闸后机组开始冲转时，主汽阀已打开，发现高压调节阀无法打开，但做阀门校验时高压调节阀动作正常。

2. 原因分析

HSSO3 模块会在指令与 LVDT 反馈不一致时转到强制手动状态，前面板上强制手动灯亮，此时模块不能接受 DEH 发出的开度指令，只能通过模块接线端子板上开关的干触点接受手动信号去操作阀门。实际上现在大多数电厂基本不用此功能，阀门调试多以组态中修改指令来完成。本次故障原因是热控人员在开机前检查 LVDT 时用扳手紧固螺母，导致反馈波动，使指令与反馈偏差大，导致伺服模块进入强制手动状态。

3. 防范措施

在组态中修改伺服模块指令与反馈完全一致，使伺服模块进入自动状态，也可在软件中做一组态，当强制手动发生时，将指令跳变到 LVDT 实时反馈一次。这样可实现自动复归，同时热控人员在机柜断电及现场动过 LVDT 后要及时查看 HSSO3 模块面板指示是否正常，运行人员应加强异常情况检查。

十三、燃气轮机 SRV 阀突发异常造成机组非停事件

1. 事件经过

2016 年 6 月 20 日 13:57，某厂 5 号燃气轮机 SRV 阀突发性大幅度关小，导致 p_2 压力突然降低，以致火焰筒失去火焰，5 号机燃烧室火焰消失，主保护动作，13:57，5 号燃气轮机掉闸，大联锁联跳 4 号机掉闸，"一拖一"机组停运。首出报警为 L28FDT_ALM（loss of flame trip），失去火焰跳机，联跳 4 号机掉闸。

更换 SRV 的伺服阀，SRV 阀门试验正常后，于当日 16:20 向市调报完工。17:55 市调下令 4、5 号机启动，5 号燃气轮机于 18:28 并网，4 号机于 19:17 并网。

2. 事件原因查找与分析

通过历史报警文件与历史曲线，5 号机 SRV 在无指令情况下瞬间关小，由 51.79% 开度迅速关至 33.01%，此时 p_1 压力瞬间上升，p_2 压力瞬间降低，GCV2、GCV3、GCV4 没有发生波动，只有 SRV 快速关闭。

历史趋势曲线见图 6-7。根据图 6-7，热控人员对 SRV（燃料速比阀）、GCV1-4（1~4 号燃料阀）进行阀门特性试验无异常；检查阀门行程标尺显示、反馈正常；检查阀门无卡涩、系统无漏油现象。对拆下的伺服阀进行宏观检查无异常。

针对该电厂燃气轮机自 2015 年 8 月以来，燃气轮机油系统漆化问题严重，导致机组非停或被迫停备消缺的经验，更换 SRV 的伺服阀，更换后 SRV 阀门试验正常，SRV 阀位与指令的偏差值在 0.1% 之内，伺服电流在 −1.7%~−3.10% 范围内，属于典型值。

由此可见，本次事件原因为：

（1）9FB 燃气轮机安装有 4 支火检探头，火焰强度"四取三"，低于 12.5% 的条件，引发主保护动作跳机。从图 6-7 看，在 5 号燃气轮机 SRV 阀突发性大幅度关小，导致 p_2 压力突然降低过程中，4 个火检火焰强度同时快速减小，主保护动作正确。因此，5 号燃气轮机 SRV 异常瞬间迅速关小是造成机组非停的直接原因。

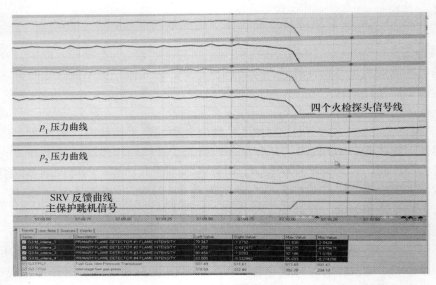

四个火检探头信号线

p_1 压力曲线

p_2 压力曲线

SRV 反馈曲线
主保护跳机信号

图 6-7　历史趋势曲线

（2）导致 SRV 异常迅速关小的原因为，5 号燃气轮机由于润滑油漆化现象的影响，导致伺服阀对燃料阀的控制出现阶跃性的跳变。在伺服阀内部，衔板的两侧分别设置用于控制油路方向的高压油喷嘴，因为漆化油泥堵塞喷嘴致使阀门阀位发生大幅度变化，从而导致燃料阀位突然异常变化。此次非停事故发生前，热控专业 24h 密切监视燃料阀偏差，未发现有异常变化的前兆。

事件暴露出如下问题：

（1）5 号燃气轮机油质漆化问题未能得到有效控制。5 月 16 日取样油的 MPC 指数达到17.3，油质漆化程度不可逆，漆化倾向指数见表 6-4。

表 6-4　　　　　　　　　　　　燃气轮机润滑油 MPC 指数统计

取样日期	1 号燃气轮机	2 号燃气轮机	5 号燃气轮机
2015.11.12	7.7	14.3	12.7
2015.11.27	9.5	14.6	14.9
2015.12.13	15.4	17.7	15.9
2015.12.30	14.2	16.8	14.2
2016.01.27	15.3	13.5	15.4
2016.02.10	14.2	13.6	14.9
2016.03.19	18.3	14.6	14.5
2016.04.20	15.6	14.2	14.5
2016.05.16			17.3

（2）在液压油系统改造前只能通过机组停备或低谷时机更换伺服阀的方式维持液控系统

阀门的正常动作。

3. 事件处理与防范

（1）对燃气轮机液压油系统进行改造，将液压油系统从润滑油系统中分离出来。2 号燃气轮机在本次 C 级检修中进行了液压油系统的改造，机组于 6 月 6 日并网运行，目前运行正常，各液压执行机构动作正常；下步结合机组停备或 C 级检修机会进行 1、5 号燃气轮机液压油系统的改造工作。

（2）针对燃气轮机油质漆化对伺服阀的影响，利用机组停备机会更换伺服阀，并进行阀门特性试验，做到逢停必查。消缺时，加强伺服阀、滤芯更换过程中的质量监督及跳闸阀、液压油模块内调压阀、安全阀检查、清洗的过程监控。

（3）加强对液控阀门伺服阀指令与反馈数值的监测，24h 不间断监测。

（4）加强油务监督，每周进行油质取样化验，观察油膜漆化倾向指数变化趋势。

（5）提高平衡电荷净油机滤芯的更换频率。

十四、功能误判导致燃气轮机天然气压力低保护动作跳机事件

1. 事件经过

2016 年 5 月 19 日 16:20，某厂"一拖一"机组正常运行，5 号燃气轮机负荷 248MW，4 号汽轮机负荷 124MW，"一拖一"机组总负荷 372MW。凝汽器为纯凝模式运行，5 号机协调控制投入，"一拖一"机组 AGC 投入；主蒸汽压力 10.28MPa，再热压力 2.62MPa。主蒸汽温度 540℃，再热温度 538℃。

运行人员监盘发现 5 号机前置模块"SLC Ng Supply"按钮未投入，16:15，联系热控人员确认该联锁块是否具备投入条件。16:22，热控人员建议先将 5 号机 ESD 气动紧急关断阀采取禁操操作后再投入"SLC Ng Supply"联锁模块，避免误动设备。16:23:22 运行人员完成 ESD 气动紧急关断阀"TAG OUT"操作，16:23:25 ESD 阀门关闭，16:23:28 燃气轮机入口天然气压力降至 2.45MPa，5 号机跳闸，4 号机大联锁保护动作跳闸，5 号机跳闸首出为"天然气压力低保护动作"。

2. 事件原因查找与分析

根据图 6-8 跳机时曲线分析，直接原因为 5 号燃气轮机 ESD 气动紧急关断阀自动关闭，切断 5 号机燃料，造成 5 号机燃气压力低保护动作。

机组运行后运行人员在检查画面过程中，发现 5 号机前置模块"SLC Ng Supply"按钮未投入（状态为绿色），见图 6-9，该按钮对 ESD 阀打开和放散阀关闭具有保持功能，目的是为防止人为误操作（"SLC NG SUPPLY"按钮，投入状态为红色，未投入状态为绿色），经过热控人员确认，投入该按钮的过程中存在 ESD 阀误动的风险，因为 ESD 阀为单电控气动阀（即单电磁阀控制且仅有一路电源供电），失气或失电情况下均会导致阀门自动关闭，且无法就地完成防误动措施，所以建议运行人员在 CRT 画面上将 ESD 阀门切换到禁操状态，而西门子系统阀门操作端的禁操状态为将阀门切换至"TAG OUT"位置。

正常情况下，打开 ESD 阀门有两种方式，一是人工直接操作 ESD 阀门（单操），二是手动或顺控投入"SLC NG SUPPLY"按钮从而联锁打开 ESD 阀门。从控制逻辑设计架构上，对于人工单操 ESD 阀门，投入"SLC NG SUPPLY"按钮处于上级，故人工直接操作

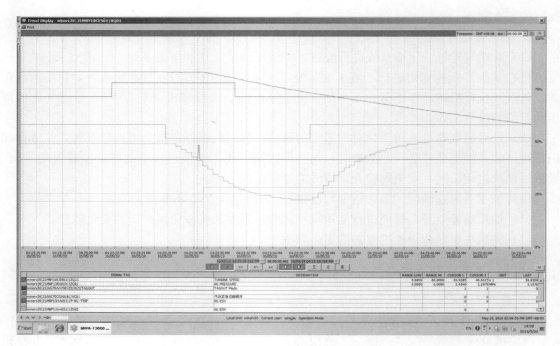

图 6-8　机组跳闸趋势曲线

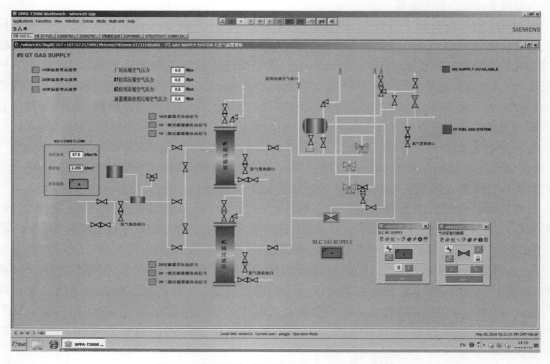

图 6-9　前置模块"SLC Ng Supply"按钮状态

ESD 阀并不会自动联锁投入"SLC NG SUPPLY"按钮；另外，由于 5 号机启动前，运行人员进行前置模块天然气置换作业过程中，通过操作 ESD 阀已将 ESD 阀打开并保留在了打开状态，此时 "SLC NG SUPPLY" 按钮不会被自动投入。

ESD 就地控制单元为单电控气动电磁阀，远方控制指令为长指令（西门子 T3000 系统的单电控电磁阀操作端必须保持长指令），指令消失会使阀门关闭（经询问厂家得知，在 "TAG OUT" 模式下，控制功能被锁定，输出指令置 FALSE 且不接受任何保护、自动和手动指令），电磁阀操作端的 "TAG OUT" 功能不仅能够禁止外部指令输入，还会清除原有指令，热控人员在进行风险评估时并未意识到禁操功能即 "TAG OUT" 功能会切断指令，在运行人员对 ESD 阀操作端进行 "TAG OUT" 操作后，ESD 阀门迅速关闭，导致跳机。

暴露出如下问题：

（1）热控专业人员对阀门操作端功能的认知不全，忽略了禁操即为 "TAG OUT" 模式具有切断指令的重要功能，造成措施不当。

（2）"SLC NG SUPPLY" 按钮具备联锁打开 ESD 阀门功能，但 ESD 阀门同时具备单操功能，容易造成启机前 "SLC NG SUPPLY" 按钮投入的操作遗漏，属于逻辑设计功能不完善，热控专业人员在日常隐患排查工作中并未及时发现这一隐患，导致机组启动后 "SLC NG SUPPLY" 按钮未投入。

（3）燃气轮机前置模块 ESD 阀为单电控电磁阀控制且仅有一路电源供电（供电电源为 24VDC），一旦供电回路出现问题造成电磁阀失电，将会在短时间内导致机组跳闸，存在较大安全隐患。

（4）运行人员对部分系统、设备工作原理及控制逻辑掌握理解不全面，学习不透彻，存在死角；对热控人员的建议分析不够，对重要设备的操作不够谨慎。

（5）生产管理部门的技术培训工作管理不到位，运行人员、专业技术人员的培训工作未有效落实。

3. 事件处理与防范

（1）热控专业组织对全厂 DCS、TCS 控制的阀门和转动设备操作端重新进行梳理，按照主设备、电磁阀、KKS 编码、"TAG OUT" 后的设备状态等条目格式进行统计，总结经验教训，对所有生产人员进行全面的宣贯培训。

（2）热控专业人员对 1、2、5 号燃气轮机前置模块控制系统进行优化，取消 CRT 上 "SLC NG SUPPLY" 按钮，保留 ESD 阀门单操和顺控打开功能。

（3）热控专业人员和运行人员对西门子 T3000 系统逻辑功能进行再学习，重点为 "TAG OUT" 功能、调试功能、两级保护功能、联锁功能和顺控功能，在理论学习的基础上利用机组停机检修机会进行系统测试和验证。

（4）热控专业组织对 ESD 阀门改为双路冗余供电进行论证，如可以实施，将有效避免因为供电回路问题造成 ESD 阀门误动，提高机组正常运行的可靠性。

（5）日常工作中加强技术培训，加强专业内部的技术交流，消除技术死角。

（6）加强运行人员对燃气轮机、汽轮机、锅炉各保护功能和辅助系统设备部件动作关系的培训与学习。

（7）生产管理部门加强对所有生产人员在安全运行方面的培训，要将定期安全技术培训工作真正落实到位，有效提升生产人员的安全意识和能力，确保机组安全稳定运行。

十五、差压变送器平衡阀被误开导致三菱机组燃机末级叶片温度高跳机事件

1. 事件经过

2009 年 3 月 9 号，某电厂 2 号燃气轮机点火，升速过程中因燃气轮机末级叶片温度高跳机。

2. 事件原因查找与分析

检查启动过程历史趋势，跳机后短时间内末级叶片温度达到 720℃，而末级叶片温度跳机保护值为 680℃。拆开 20 号燃烧器后用内窥镜对喷嘴、燃烧筒、燃气轮机透平初级动叶进行仔细检查，同时进入排气道对末级排气叶片进行检查，均未发现异常。

现场检查发现，天然气值班流量和主流量差压变送器平衡阀被打开，阀门前后压差消失。值班燃料和主燃料阀自动开启，瞬时进气量最高达到此状态下额定进气量的两倍，造成进气量过大，导致燃烧器发生爆燃。

3. 事件处理与防范

（1）发生爆燃极易烧坏燃烧器，本次事故虽未造成大的经济损失，但敲响了警钟。

（2）在调试整个过程中一定要加强对设备系统监护，无关人员不能私自操作系统的阀门等设备。

（3）每次机组启动前要仔细全面检查系统，防止此类事故再次发生。

十六、西门子 F 级燃气轮机机组因低压旁路减温水压力开关进水导致跳闸事件

1. 事件经过

2008 年 8 月 17 日，某电厂西门子 F 级机组 3 号燃气轮机单循环启动，燃气轮机带 100MW 负荷时，低压旁路减温水压力故障报警，低压旁路遮断逻辑触发跳机。

2. 事件原因查找与分析

低压旁路减温水压力低遮断为以下两个条件同时满足后，延时 13.2s，跳低压旁路联跳燃气轮机：

（1）低压旁路控制阀指令"＞－41％"。

（2）任一低压旁路减温水压力开关（30MAN63CP021，30MAN63CP022）压力低于 700kPa。

当低压旁路没有投入运行时候，由于低压旁路控制阀指令信号"＞－41％"的条件不可能满足，即使压力开关误动，也不会引起整个保护回路的动作。但当低压旁路投入运行后，其低压旁路控制阀指令信号都是"＞0％"，此时，两个低压旁路减温水压力开关任意一个动作，低压旁路保护就会动作，从而导致燃气轮机跳机。

检查 SOE，发现在低压旁路减温水阀开启后，低压旁路减温水压力开关 2（30MAN63CP022）正常，而低压旁路减温水压力开关 1（30MAN63CP021）压力低仍动作，此时低压旁路的阀位反馈已经＞0％，从而触发跳机。

拆开低压旁路减温水压力开关 1，发现内部有较多积水，触点闭合，从压力开关信号线的金属电缆套管内流出不少黑色污水。检查压力开关 2，触点状态正常，但内部有少量水迹。金属电缆套管内也有少量黑色污水，而电缆引出桥架未见水迹。

分析认为，低压旁路减温水压力开关 1 的动断触点，在低压旁路投入运行后没有及时脱

开，是导致逻辑保护动作的原因。该压力开关的膜片没有破损，内部积水已有较长时间，从而导致触点逐步腐蚀卡涩，引起动断触点无法脱开，见图6-10。

图6-10 原压力开关外貌和压力开关内部积水腐蚀

由此可见，暴露的问题有：

（1）检修不到位，没有做好压力开关的防水措施，导致雨水顺着压力开关信号线进入压力开关。

（2）维护不到位，日常巡检中没有及时发现压力开关防水措施不到位的隐患，未定期开展压力开关校验工作。

3. 事件处理与防范

（1）更换压力开关1，清除压力开关2积水。

（2）对压力开关进线孔处信号线及金属电缆套管进行密封处理，同时进线电缆先向下再向上进压力开关孔，保证雨水不进入压力开关。

（3）为了防止压力开关再度进水，在更换的压力开关1方加装防水防护罩。

十七、西门子 F 级机组燃气轮机罩壳风机流量开关滞延跳机事件

1. 事件经过

某电厂机组为西门子 F 级燃气轮机。某年 7 月 15 日机组满足 READY FOR START 条件后，开始启动 SGC，并网成功后不久跳闸，首次故障信号为燃气轮机罩壳风机流量低保护动作，触发燃气轮机跳闸。整个过程中，燃气轮机罩壳风机一直处于运行状态。现场检查发现燃气轮机罩壳流量开关 1 和流量开关 3 的控制器面板红灯亮，保护继电器动作。撤出燃气轮机罩壳风机流量低保护，对罩壳风机流量开关 1、3 进行强制，机组点火并网成功。

2. 事件原因查找与分析

检查 SOE 记录情况，05:38:54，燃气轮机罩壳流量开关 1 流量低动作，05:44:31，燃气轮机罩壳流量开关 3 流量低动作，05:45:02，燃气轮机罩壳风机流量低保护动作。

西门子 F 级燃气轮机罩壳风机热式流量开关采用德国图尔克公司的热式流量开关，见

图 6-11。

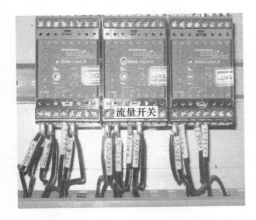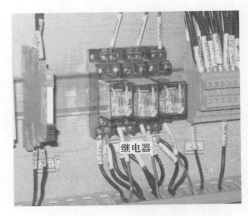

图 6-11　罩壳风机热式流量开关及保护动作继电器

该流量开关有 6 个 LED 指示灯，自上而下 4 个绿灯表示介质流速超出设定点的程度；第 5 个黄灯表示流速等于或高于设定点；第 6 个红灯表示低流速设定点（动作点）。

热式流量开关以探测流体温度变化来测量流量大小。就地圆柱形探头分左、上、右侧三点安装在燃气轮机罩壳出口挡板门后（包括两个温度传感器），与介质保持最优的导热接触，同时彼此隔热。一支传感器加热恒温，另一支具有与介质同样的温度。当介质不运动时两支传感器的温差稳定于一个恒定值，当介质流动时会使被加热的传感器冷却。两支传感器温差的变化取决于流速，可用于监控指定的最小流量。

与温度呈比例的流量值被送到比较仪，输出信号被设置到期望的流量限值，当流量没有达到极限值时，电路输出信号被触发。这种流量测量方法虽能快速反映管道中介质流动情况，但没有一个定量值的概念，给现场整定带来一定的难度。如果风机流量低于对应的动作值时，控制器面板状态显示灯红灯亮，同时触发相应的保护继电器动作，继而触发跳机逻辑。而在 DCS 中没有监视三个流量开关状态点，对流量开关的状态失控。

3. 事件处理与防范

分别启停 31、32、33 号燃气轮机罩壳风机后，观察三个罩壳风机流量开关控制器的动作情况，流量开关 2 动作快捷灵敏，流量开关 3 次之，流量开关 1 最慢。对 1 和 3 流量开关控制器进行微调，使 3 个开关动作同步，处理后故障现象消除。

十八、某燃气轮机因变送器管路未全开导致中压旁路控制阀在高负荷段突开事件

1. 事件经过

某燃气轮机机组负荷 390MW，降负荷过程中，中压旁路控制阀突然逐渐开启。负荷 300MW，开度达 57.7％机组运行曲线见图 6-12，机组停机曲线见图 6-13。

2. 事件原因查找与分析

机组运行过程中，中压过热器出口流量显示值一直偏大。通过检查差压变送器，发现该变送器内部设置正确，正压侧管路通畅，负压侧管路有堵塞。进行三次在线的冲洗疏通，发

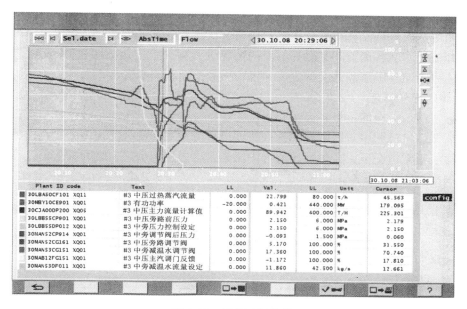

图 6-12 机组运行曲线

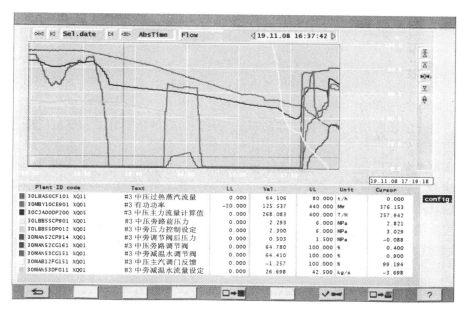

图 6-13 机组停机曲线

现冷凝水排空后，管路中没有明显的蒸汽冒出。继续疏通无效，随即发现该差压变送器负压侧一次门没有完全打开。待全开该一次门，管路中有冷凝水后，中压过热器出口流量显示正常。

中压主蒸汽流量 DAS 点由高压主蒸汽流量和中压过热器出口流量相叠加而成，中压主蒸汽流量是中压调节阀和中压旁路控制阀的主要控制参数。当燃气轮机负荷下降过程中，由于中压过热器出口流量差压变送器的负压侧测量管路未全开，导致正负压侧差压很大，显示值变化相当灵敏，流量瞬间消失。但反映在中压主蒸汽流量上扰动不是很明显，但当它复归时，在机组主蒸汽流量没有明显变化时，相当于在原先的汽量上瞬间叠加了一个虚假的中压过热器出口流量，当各调节阀工况都不变的情况下（高、中压调节阀全开），这部分虚假的流量叠加就只能通过中压旁路来解决，导致中压旁路控制阀开启。

3. 事件处理与防范

（1）启机前，应全面核查各流量和水位变送器一次阀和二次阀是否全开。

（2）后续启机过程中，需观察中压过热器出口流量对中压旁路控制的影响，关注中压过热器出口流量正常情况下，再热器压力与中压旁路压力控制给定值之间的偏差，观察两个参数的下降斜率是否一致。

十九、防喘放气阀位置开关安装脱落导致机组降负荷事件

2017年5月28日，某电厂1号机组负荷330MW，参数显示无异常，正常运行中因防喘放气阀故障突然降负荷。

1. 事件过程

08：52：32，运行发现CRT画面显示G1.L86CBA_ALM（4号防喘放气阀故障报警），同时机组负荷呈现下降趋势。分析判断压气机4号防喘放气阀故障，热控人员立即对1、2、3号防喘放气阀的位置进行检查，对比判断后，确定是4号防喘放气阀关位置反馈故障。

经值长同意对4号位置防喘放气阀关位置信号进行强制处理，避免机组负荷进一步下降及跳机事件发生。

2. 事件原因查找与分析

机组正常停机后，热控人员会同机务人员，第一时间对压气机4个防喘放气阀、2个电磁阀，以及防喘放气阀的位置行程开关进行检查。发现1、2、3号防喘放气阀及行程开关相应的开关位置、电磁阀均正常；但4号防喘放气开关位置的行程开关，安装底座与防喘放气阀脱离，原因是位置行程开关安装底座固定螺栓脱落，引起关位置信号消失，误发阀门故障报警，导致保护系统误动。

分析认为，防喘放气阀及相应的行程开关安装于燃气扩压段，开停机过程中振动较大。故障发生后就地检查发现，限位开关外壳也已掉落（故障发生三天前，即1号机组冷态启动之前，热控人员对防喘阀位置反馈进行过全面检查，且连续三天每晚停机后进行端子和螺栓紧固）；该处管道靠近燃气轮机排气段，温度较高，是开关部件老化、破裂和脱落的原因之一。

事件暴露出热控专业未能预判防喘放气阀行程开关在恶劣环境下工作易损坏、劣化的实际情况，缺少针对性防范措施。

3. 事件处理与防范

对4号防喘放气开、关位置行程开关安装底座与防喘放气阀，用螺栓可靠固定，同时采取以下防范措施：

（1）对重要的防喘放气阀位置行程开关进行定期检查，特别是机组启动前应进行全面检查。

（2）对防喘放气阀位置行程开关进行劣化跟踪分析，在设备使用寿命、可靠性下降到一定程度后，及时进行检查维护或更换。

（3）对防喘放气阀安装位置移位的可行性进行调研，认证后进行改造，尽量远离振动、高温环境，同时确保便于检查、检修工作开展。

二十、信号强制错误造成 PM1 伺服阀指令与反馈偏差导致机组跳闸

2017 年 8 月 16 日，某燃气轮机电厂 1、2 号机正常运行，11 号机负荷 231MW，12 号机负荷 49MW，高压抽汽供热 12t/h、高压减温减压供热 85t/h、中压抽汽供热 130t/h；21 号机负荷 210MW，22 号机负荷 51MW，高压抽汽供热 20t/h、高压减温减压供热 58t/h、中压抽汽供热 160t/h；3 台快炉辅汽备用。因 PM1 伺服阀指令与反馈偏差导致机组跳闸。

1. 事件过程

在 GE 进行"21 号燃气轮机 autotune 退出工作"期间，11:46 监盘发现 21 号燃气轮机跳闸、22 号汽轮机联跳。2 号机 MARK6 首出跳闸报警为"G2 NOT following The reference TR，P"。立即启动 3 台快炉补充，21 号炉利用炉内蓄热维持高压减温减压供热，通知高压抽汽供热量带足 100t/h，期间热网未受影响（高压供热压力最低下降至 4.4MPa，中压供热最低压力下降至 2.2MPa）。

12:09，21 号燃气轮机盘车正常投入（惰走 23min）。

12:56，22 号汽轮机盘车正常投入（惰走 56min）。经检修查明，跳机原因为 GE 人员在"21 号燃气轮机 autotune 退出工作"中强制 fsrg 2 out 输出指令，导致燃气轮机 PM1 反馈指令偏差大跳机。

消除故障后，15:10 经调度同意启动 21 号燃气轮机。

15:50 经调度同意后 21 号燃气轮机发电机并网。

16:06 22 号汽轮机冲转。

16:31 经调度同意后 22 号汽轮机并网。

2. 事件原因查找与分析

（1）直接原因。GE 工程师未按照试验内容工作，在机组运行时强制 PM1 伺服阀指令。造成 21 号机 PM1 伺服阀指令与反馈偏差大于 4%，触发"G2 NOT FOLLOW REFERENCE TRIP"跳机保护。

（2）间接原因。由于近期 21 号燃气轮机伺服阀指令频繁晃动，为排查原因，根据 GE 建议进行在线 AUTOTUNE 退出试验，以观察伺服阀指令晃动是否与 AUTOTUNE 有关。

按照原试验方案，机组运行时只需进行 L43MBCOFF_PB 的投退。但执行过程中，GE 工程师未按照试验内容实施，超范围强制 PM1 指令 fsrg1out，致使 PM1 调节阀反馈被锁住。此时控制器输出的 PM1 指令增加，当该指令与调节阀反馈偏差大于 4% 时，延时 5s，触发保护动作，燃气轮机跳闸。

3. 事件处理与防范

针对该次事件，电厂进一步细化了以下技术措施：

（1）由第三方单位承接的各项检修试验工作，在开工前，电厂应要求第三方单位提供相关检修试验方案，内容需包括详细的操作步骤、可能造成的危险源和预控措施，并由电厂执行相关审批手续后，在电厂相关人员的监护下才能进行检修试验工作，且工作内容必须与方案内容一致。

（2）开工前，电厂相关监护人员应对厂家进行的工作逐条核对，监督厂家严格按照方案内容进行，对超出方案内容的工作应及时制止。

第二节　运行和机务操作不当引发机组故障案例分析

本节收集了因运行和机务操作不当引起机组故障 11 起，分别为误操作主蒸汽隔离阀导致机组汽轮机跳闸事件、运行操作不当导致 9E 燃气轮机燃烧模式切换失败事件、6FA 燃气轮机因天然气温度低导致机组快速降负荷事件、调压站天然气加热水浴炉系统不能满足水温控制要求事件、燃气轮机压气机进气过滤芯寿命短事件、余热锅炉进口烟道膨胀系统漏气事件、燃气轮机燃料变化燃烧器压力波动大停机事件、燃气轮机喷嘴及火焰筒损坏事件、恶劣天气下防结冰系统投入引起 CPFM 振动事件、真空低开关一次门未开导致机组跳闸、运行中保洁人员清扫过程误碰氢温控制阀导致机组跳闸。

运行操作是构成机组安全的主要部分，热控保护系统误动作的次数，与有关部门的配合、运行人员对事故的处理能力密切相关，类似的故障有的转危为安，有的导致机组停机。一些异常工况出现或辅机保护动作，若运行操作得当，本可以避免机组跳闸事件的发生。因此，提高机组的安全、经济与稳定运行，一方面需要安全可靠的热控系统为运行操作保驾护航，另一方面也需要运行加强监盘、规范可操作与故障应急处理水平的培训。

一、误操作主蒸汽隔离阀导致机组汽轮机跳闸事件

1. 事件经过

2007 年 12 月 2 日，某厂 7、8 号燃气轮机，对应 7、8 号余热锅炉带 9 号汽轮机组成一套联合循环机组运行。2017 年 12 月 2 日，9 号机处于滑压运行。16:35:57，8 号炉主蒸汽隔离阀 FV058 突然开始关闭。当时主蒸汽压力 5.2MPa，随着 8 号炉主蒸汽隔离阀 FV058 关闭，主蒸汽压力开始快速下降。16:36:58，8 号炉主蒸汽隔离阀 FV058 全关，主蒸汽压力下降至最低点 3.425MPa。9 号调节阀在 16:38:47 由于主蒸汽压力低保护动作（低于 3.5MPa）才开始关闭，7 号炉汽包水位由于主蒸汽压力下降过快而汽化，产生虚假水位迅速升高。16:38:52，7 号炉汽包水位三高发信，直接出口跳 9 号机。18:30，在确认 7 号炉及 9 号机正常情况下，7 号炉带 9 号机冲转，19:18，9 号机并网。19:37，调令停 8 号机炉。

2. 事件原因查找与分析

通过图 6-14 的过程曲线分析，8 号炉主蒸汽隔离阀 FV058 运行中关闭是引起该事件的首发原因。

检查历史站中的操作记录，发现 8 号炉主蒸汽隔离阀 FV058 系人为操作关闭，当时一个汽轮机本体疏水阀正在检修，需要操作关闭，由运行人员点击操作关闭。进一步检查发现，在该疏水画面中疏水阀旁隐藏了 8 号炉主蒸汽隔离阀 FV058 弹出框，当运行人员点击该阀门时，弹出了 8 号炉主蒸汽隔离阀 FV058 操作面板，导致操作误关该阀门。随后主蒸汽压力开始下降，2min 后，正在运行的 7 号炉汽包水位三高动作，9 号机跳闸。

另外，由于 9 号机控制系统在主蒸汽压力突降的情况下没有自动控制压力功能，是造成事件进一步扩大至 9 号机跳闸的又一个原因。2007 年 10 月，对 9 号机控制系统进行改造，将原 9 号机由 GEM80 控制改造成 ABB 的控制系统，由于 GEM80 控制系统与 ABB 的控制

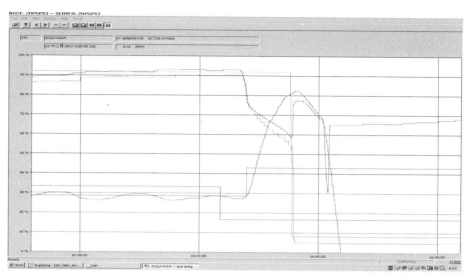

图 6-14 跳机过程曲线

系统属于完全不同的两套控制系统，不能完全照搬原控制逻辑，而是在 ABB 单元制燃煤机组控制策略的基础上进行修改。由于采用两台锅炉带一台汽轮机的母管制并列运行方式，在一台锅炉异常情况下（锅炉跳、锅炉侧主蒸汽隔离阀关闭或旁路突然开启等），因现控制逻辑中无压力下降速率保护或自动调节功能，调节阀不能在压力突降时及时响应，导致主蒸汽压力变化过大，引起另一台锅炉汽包汽化，产生虚假水位，连跳另一台锅炉及汽轮机。

报警设置不合理是故障未能及时发现的重要原因，8 号炉主蒸汽隔离阀 FV058 打开和关闭反馈设置为 4 级报警，运行人员 2min 内未及时发现和处置。

3. 事件处理与防范

经过讨论确定了增加主蒸汽压力下降速率保护的逻辑。

（1）主蒸汽压力下降速率保护逻辑内容。

1）保护动作的允许条件（三个条件任一满足）：

a. 7、8 号余热锅炉均在运行（进汽隔离阀在开位置，2HPS_ACT058ZSH、1HPS_ACT058ZSH 为 1，延时断开 300s），并且下列条件任一满足：

①7 号余热锅炉烟气挡板不在开位置（2WIN_ZS005A 由 1 到 0），180s 时间内；

②8 号余热锅炉烟气挡板不在开位置（1WIN_ZS005A 由 1 到 0），180s 时间内；

③7 号余热锅炉进汽隔离阀不在开位置（2HPS_ACT058ZSH 由 1 到 0），180s 时间内；

④8 号余热锅炉进汽隔离阀不在开位置（1HPS_ACT058ZSH 由 1 到 0），180s 时间内；

⑤7 号余热锅炉进汽隔离阀不在开位置（2HPS_ACT058ZSH 由 1 到 0），180s 时间内；

⑥8 号余热锅炉进汽隔离阀不在开位置（1HPS_ACT058ZSH 由 1 到 0），180s 时间内。

b. 7 号余热锅炉在运行（7 号余热锅炉进汽隔离阀在开位置，2HPS_ACT058ZSH 为 1），7 号余热锅炉蒸汽旁路阀打开超过 10%（PLV2POS>10%），90s 时间内。

c. 8 号余热锅炉在运行（8 号余热锅炉进汽隔离阀在开位置，1HPS_ACT058ZSH 为 1），8 号余热锅炉蒸汽旁路阀打开超过 10%（PLV1POS>10%），90s 时间内。

2）保护动作的触发条件。主蒸汽压力下降速率超过 0.015MPa/s 保护动作，下降速率低于 0.002MPa/s 保护复位。延时 5s 后投入定压方式，压力设定值为当前的压力值。保护动作后退出滑压控制和定压控制方式，以每秒 5% 流量的速率关下调门，保证主蒸汽压力下降速率不至于过大。12 月 12 日进行相关试验。

（2）报警设置的修改。DCS 系统操作站系统改造后画面组态由 CONDUCT NT 改为 PGP 系统，DCS 报警方式与原有系统不同，而且画面转换中有多余的内容应全面清理删除，7 号炉和 8 号炉的报警分级需要重新整理设置以满足要求。

4. 试验验证

针对燃气轮机 60% 负荷和燃气轮机 100% 满负荷的单炉运行和两炉运行四种典型工况下，通过打开旁路阀和关闭蒸汽进汽隔离阀的不同扰动试验，正在运行的汽包水位控制正常，水位波动没有达到保护动作值。试验结果统计表和相关曲线见表 6-5 和图 6-15～图 6-20。

表 6-5　　　　　　　　　　　　　　试验结果统计表

序号	工况	试验前机组负荷	扰动试验	汽轮机调节阀开度变化（%）	9 号汽轮机负荷变化（MW）	汽包水位变化（mm）
1	8 号燃气轮机运行	8 号燃气轮机 63.7MW；9 号汽轮机 39.8MW	打开 8 号炉蒸汽旁路阀 50%，然后关闭	−9	−32.3	8 号炉：+105
2	8 号燃气轮机运行	8 号燃气轮机 107MW；9 号汽轮机 48.3MW	打开 8 号炉蒸汽旁路阀 50%，然后关闭	−11.2	−40.1	8 号炉：+88
3	7、8 号燃气轮机运行	7、8 号燃气轮机 56MW；9 号汽轮机 65.4MW	打开 7 号炉蒸汽旁路阀 50%，然后关闭	−67	−24.1	7 号炉：+39；8 号炉：+38
4	7、8 号燃气轮机运行	7、8 号燃气轮机 57MW；9 号汽轮机 66.4MW	关闭 7 号炉进汽隔离阀，7 号炉停运	−85.1	−36.1	8 号炉：+38
5	7、8 号燃气轮机运行	7、8 号燃气轮机 100MW；9 号汽轮机 95MW	打开 7 号炉蒸汽旁路阀 30%，再至 50%，然后关闭	−80	−50	7 号炉：+27；8 号炉：+17
6	7、8 号燃气轮机运行	7、8 号燃气轮机 100MW；9 号汽轮机 96MW	关闭 8 号炉进汽隔离阀，8 号炉停运	−84.8	−35.9	8 号炉：+17

二、运行操作不当导致 9E 燃气轮机燃烧模式切换失败事件

1. 事件经过

某公司 9E 燃气轮机水洗后从贫燃模式切换至稳定预混燃烧模式，清吹管道或燃气管道内有残留积水未能排尽，在燃烧模式切换时，导致残留积水进入二次燃料喷嘴值班火焰通道，造成二区压力降低，高温焰气回流，产生回火，造成二次燃料喷嘴金属烧熔，模式切换

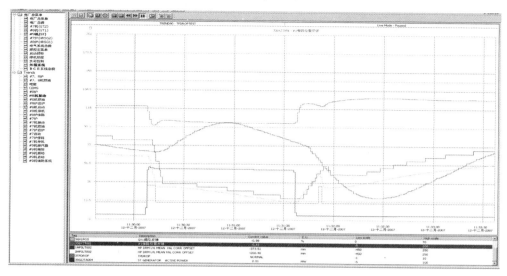

图 6-15　单台炉 60％负荷运行，打开旁路阀 50％，然后关闭

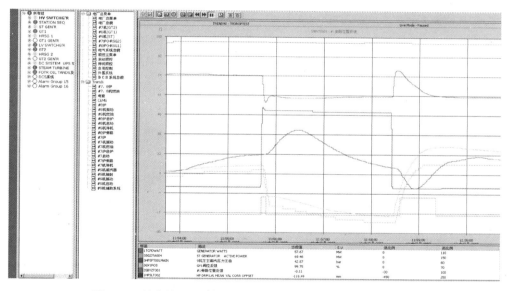

图 6-16　单台炉 100％负荷运行，打开旁路阀 50％，然后关闭

失败。

2016 年 1 月 5 日 00:30，对 3 号燃气轮机水洗，02:20，水洗结束后投入 3 号燃气轮机高盘甩干，03:55 改为低盘；08:18，3 号燃气轮机并网，09:39，4 号汽轮机并网。10:05，3 号燃气轮机负荷为 100MW，燃烧由"预混"模式自动切换为"贫-贫"模式，同时发"L83LLEXT_ALM（扩展 L-L 模式高排放-报警）"，运行人员联系热控人员进行检查，同时降、升负荷进行燃烧模式切换 3 次均失败；12:10，向省调申请停运 3、4 号机组，维持 1、2 号机组运行，调度许可后，12:31，3、4 号机组解列；1 月 12 日，09:20，3 号机并网，10:40，4 号机并网。

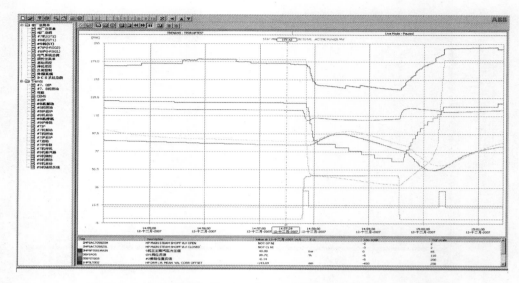

图 6-17　两台炉基本负荷运行，打开 7 号炉旁路阀 50%，然后关闭

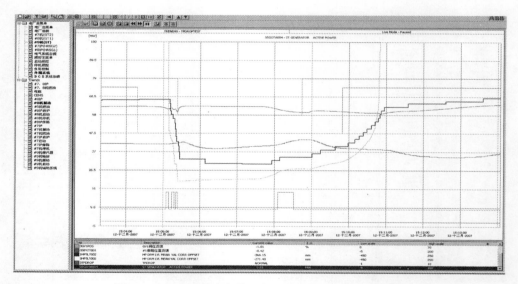

图 6-18　两台炉基本负荷运行，关闭 7 号炉进汽隔离阀

2. 事件原因查找与分析

热控专业调阅历史曲线发现，点火器指令"L2TVX"无变化，因此判断一区重新着火并不是逻辑给出的指令点火，应是回火所致。而故障发生后一区重新着火时，4 个火检均检测到有火，因此排除火检探头灵敏度过高的问题。重新核对 GC1、GCV2、GCV3 三个阀门的行程，其指令和反馈均一致，因此排除阀门问题。当将启机的负荷、分散度、24 支热电偶温度、8 个火检数值、点火器指令等数据汇总后，发现切换失败时负荷为 67MW，24 支排气热电偶中 18、19、20、21 四支热电偶温度偏低（分别为 1030、1039、984、963℉），而其他的热电偶温度大约 1100℉。通过软件分析，认为 6、7、8、9 号喷嘴可能存在问题。

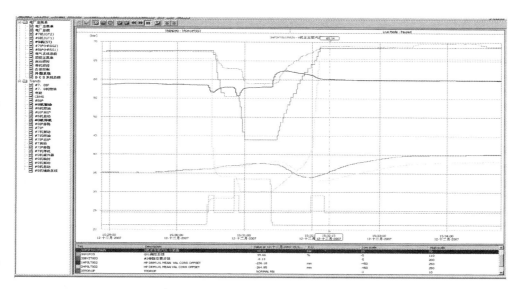

图 6-19　两台炉 100% 负荷运行，打开 7 号炉旁路阀 30%，再至 50%，然后关闭

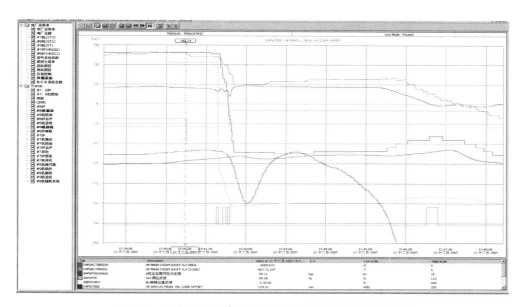

图 6-20　两台炉 100% 负荷运行，关闭 8 号炉进汽隔离阀

机务专业对 6、7、8、9、10 号燃料喷嘴进行孔探检查，发现 8 号二级燃料喷嘴有异样，拆下该喷嘴后发现端部切换吹扫通道金属已烧熔，8 号火焰筒二级燃料旋流器有两处脱焊，因此更换了 8 号火焰筒及二级燃料喷嘴。

随后拆开 3 号燃气轮机水洗段两支排污阀和排气扩散段排污阀，检查未发现有堵塞现象；孔探检查清吹管路和燃气轮机间的三个燃料环管未见异常，检查 DLN 阀站到燃气轮机之间的燃料管路和清吹管路的排污阀未见异常，拆下一级燃料喷嘴底部排污管检查也未见异常。

启机过程中，二次切换模式（SEC_XFER）→预混切换模式（PM_XFER）切换失败。

燃烧室 1 区火焰复燃，经分析有以下 3 种可能原因：

（1）火花塞误动作，引燃一区燃料。

（2）火焰探测器异常，误发一区有火焰信号。

（3）燃烧室内高速文丘里组件失效，使 2 区火焰蔓延至一区。

在机械结构上，燃烧室内的文丘里喉道（文丘里后部的钝角区）和持续进入一区的压缩空气是阻止"回火"再次点燃一区，并形成稳定的预混火焰燃烧区的重要因素。但因为文丘里组件性能的退化或偶然事件导致一区重新燃烧，不能直观发现，只能通过上述原因分析用剔除法进行判断。

专业人员通过曲线证实"回火"再次点燃一区火焰后，对燃烧系统管路重点检查分析，认为：

（1）由于机组水洗后，清吹管道或燃气管道内有残留积水未能排尽，在燃烧模式切换时，导致残留积水进入二次燃料喷嘴值班火焰通道，造成二区压力降低，高温焰气回流，产生回火，是造成此次二次燃料喷嘴金属烧熔的主要原因。

（2）二级燃料喷嘴可能存在质量问题。因长时间运行，导致二级燃料喷嘴金属密封环变形泄漏，天然气漏至吹扫通道内着火，可能是造成此次二次燃料喷嘴金属烧熔的次要原因。

（3）机组水洗后，因排污阀堵塞或排污管路不畅造成最底部燃烧器燃料喷嘴积水，喷嘴处压力降低致使高温焰气回流，产生回火，造成二次燃料喷嘴金属烧熔，这种可能性在理论上存在，但从排污阀检查情况来看，排除排污阀堵塞或排污管路不畅造成喷嘴金属烧熔的可能性。为防止问题再次发生，改造天然气管路系统的排污管路，增加窥窗或其他可目视检查设备，在水洗完成甩干阶段可以检查天然气管路是否仍然有残留积水。

3. 事件处理与防范

机务专业人员经研究，制定了以下整改方案与防范措施：

（1）加强对燃气轮机燃烧室一、二次燃料喷嘴的孔探检查，以便及时发现隐患。

（2）根据同类型机组提供的统计数据，到 2015 年底，国内已发生了 4 起二级燃料喷嘴的损坏故障，均发生在底部的 7 号或 8 号喷嘴。专业应加强与其他电厂及制造厂的沟通，及时了解燃气轮机行业燃气轮机故障情况，及时采取对应防范措施。

（3）延长水洗甩干时间，修改水洗操作票：将水洗完毕后高盘甩干时间延长至 1.5h，恢复安措时间间隔延长 2h；同时增加在机组水洗后启动前，重点检查燃料管路和清吹管路，确保无积水内容。

（4）将对水洗系统排污阀及排污管路检查列入开机检查卡，每次开机前，对水洗系统排污阀及排污管路进行检查，确保畅通。

（5）每季度对调压站、前置模块的滤网进行检查，及时清理和更换；每次开机前对滤网进行排污，防止存积液体。

（6）对天然气排污管路系统进行改造，便于水洗后检查天然气管路是否有残留积水。3 号燃气轮机天然气排污管路的系统改造已完成。

经研究，热控专业人员对控制系统制定了以下整改方案与防范措施：

（1）离线水洗时，手动打开底部排污阀。

（2）检查 VA13-3、VA13-4 应处于关闭状态；否则，通过逻辑强制 L20PGT1X 和

L20PGT2X，关闭这两个阀门。

（3）修改 L20PGT1X 和 L20PGT2X 的逻辑，离线水洗时自动关闭两个吹扫阀（需要提供仪表空气）。

（4）水洗结束，关闭排污阀前，应确认积水排出干净。

三、6FA 燃气轮机因天然气温度低导致机组快速降负荷事件

某公司一期工程为 2×120MW 燃气-蒸汽联合循环机组，机组控制系统为 MARK Ⅵe 操作系统，所有操作均由 MARK Ⅵe 操作系统来完成。整套机组采用分轴联合循环方式，一套联合循环发电机组由一台燃气轮机、一台汽轮机、两台发电机和一台余热锅炉及相关设备组成。燃气轮机由美国 GE 公司生产，型号为 PG6111FA，简单循环机组出力为 77.1MW（设计工况）。启动阶段，SFC 系统将发电机转为同步电机模式，驱动燃气轮机轴系转动。

1. 事件经过

2013 年 12 月 12 日 06:42，2 号燃气轮机发启动令。07:03 燃气轮机点火成功。07:04，巡检人员就地投入 2 号水浴炉，机组长远方检查 2 号换热器出口水温上升，调压站至 2 号机天然气温度上升，判断水浴炉正常运行，开始进行其他启机操作。07:14，调压站至 2 号机天然气温度 24.8℃，随后开始下降。08:01，2 号机组 BASE LOAD，负荷 80.2MW，汽轮机负荷 36.53MW，天然气温度 20℃。

08:55，2 号燃气轮机天然气进口温度缓慢降至 15.6℃，2 号燃气轮机 MARK Ⅵe 上报 "FUEL GAS SYS LOWER DUE TO WOBBE INDEX"（燃气系统韦伯指数低），触发 2 号燃气轮机快速减负荷指令，燃气轮机自动退出 BASE LOAD，负荷开始下降。运行人员发现负荷下降，立即在 MARK Ⅵe 上主复归并重新发启动令，同时派人到调压站检查水浴炉。08:58，燃气轮机负荷降至 17.8MW，汽轮机负荷 31.2MW，总负荷 49MW，"燃气系统韦伯指数低"条件已不满足，主复归，预选负荷 30MW，机组负荷稳定，09:01 燃气轮机负荷 30.4MW，汽轮机负荷 26.3MW，总负荷 56.9MW。09:00，就地检查 2 号水浴炉已熄火，同时检查 1 号水浴炉具备启动条件。09:01，就地启动 1 号水浴炉，天然气温度开始上升，开始逐步加负荷。09:28，燃气轮机负荷恢复至 77.3MW，汽轮机负荷 33.5MW，总负荷 110.9MW。

2. 事件原因查找与分析

（1）2 号燃气轮机入口天然气温度低造成"燃气系统韦伯指数低"，引起燃气轮机降负荷保护动作，是造成此次异常事件的直接原因。2 号燃气轮机入口天然气温度低原因为水浴炉启动后异常停止造成天然气加热系统工作不正常。

（2）燃气轮机投运后，由于水浴炉不工作，2 号燃气轮机入口天然气温度持续下降，监盘人员没有及时发现，直至天然气温度低至"燃气系统韦伯指数低"降负荷保护动作，燃气轮机负荷快速下降，是造成此次异常事件的重要原因。

（3）运行人员经验不足，对燃气轮机逻辑不熟悉，不清楚温度异常降低时燃机动作情况，只清楚停机和跳闸数值（天然气温度低停机值−13.6℃，跳闸值−24.6℃），天然气参数出现异常时未能及时发现，对天然气温度参数异常不敏感，重视度不足，出现异常未能及时发现。

（4）水浴炉设计存在隐患，DCS 画面无法监视其运行状态，只能通过温度间接判断。

3. 事件处理与防范

（1）热控专业增加水浴炉运行状态显示及水浴炉故障的声光报警。

（2）热控专业在 DCS 报警窗中增加燃气轮机入口天然气温度异常报警。

（3）对燃气轮机前置模块电加热器试运后备用，作为两台水浴炉故障情况下后备保证措施。

四、调压站天然气加热水浴炉系统不能满足水温控制要求事件

1. 事件经过

某电厂燃气轮机为 GE-PG9171E 型燃气轮机组，2012 年发生 3 起天然气加热水浴炉系统异常事件：

（1）6 月 4 日两台机组 D 级检修后，水浴炉水温逐渐下降。6 月 9 日厂家派人到现场调整了 II 段火的风量和燃气量，问题未得到解决。厂家提出燃烧器烟道积灰需清理。6 月 16 日两台燃气轮机全停后，与厂家维护人员一起对水浴炉燃烧器烟道进行清理，分别对 I、II 段火进行就地手动点火及 I、II 段火切换试验，均正常，水温加热到 80℃后停水浴炉。

（2）6 月 17 日 01:30，1 号燃气轮机并网，水浴炉手动 I 段火运行。09:15 左右运行人员手动切换至 II 段火时发"燃烧器故障"报警，热控人员到现场后仍切换不到 II 段火运行，只好恢复手动 I 段火运行，水温一直在 29℃左右，联系厂家重新派人处理。

（3）6 月 18 日 07:30，3 号燃气轮机发启动令，因水浴炉水温低，1、2 号机限负荷运行，22:30 才逐渐恢复正常。

2. 事件原因查找与分析

机组设计的调压站天然气入口压力为 4.0MPa，温度约 3~12℃，通过调压站减压至 2.6~2.7MPa 供燃气轮机运行。但天然气减压后吸收气化潜热，导致温度平均下降 6.5~7.5℃，不满足燃气轮机机组安全运行的需求（燃气轮机进口天然气压力在 2.5~2.7MPa，低于 6.7℃时将跳机），为此 9E 机组设计两台机组公用一台水浴炉，连续运行加热提高调压站天然气温度。

但由于水浴炉长时间运行，燃烧器存在检漏不通过、点不着火、管道积灰、一二段火切换中熄火等故障，因未能及时消缺造成水浴炉工作不稳定，从而使机组限负荷运行，而水浴炉故障不能及时投运会导致机组停运。

3. 事件处理与防范

针对水浴炉长期连续运行、工作不稳定问题，经专题研究后，先临时从 1、3 号锅炉连排扩容器至定排出口阀处，接一路热水管至水浴炉底部放水阀对水浴炉进行加热，提高水浴炉的温度，以暂时赢得处理水浴炉燃烧器故障的时间。然后结合场地实际优化改造，在水浴炉东侧（调压站外）设计安装一个换热水箱连接水浴炉，换热水箱连接来自锅炉连续排污热水管和供热蒸汽管的热源管道，对水箱进行加热，并通过下列措施，保证设备运行的安全性、可靠性和控制效果：

（1）换热水箱上设置排污口、溢流口和排空口。

（2）水浴炉进水管道上加装一个电动调节阀跟踪调节水浴炉水温。

（3）水浴炉底部的放水管上加装两台采用变频控制调节的热水泵，热水泵出口设置电动

调节阀跟踪调节水浴炉水位。

（4）供热蒸汽管道上设置电动调节阀跟踪调节换热水箱水温。

（5）从除盐水母管接一路补充水源管到换热水箱作为补充水源。

（6）热水泵出口接一路回收管至对外热水站回收多余热水。

优化改造后系统见图 6-21。

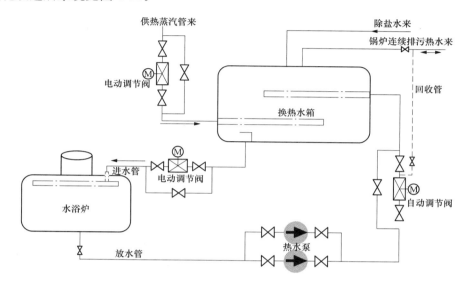

图 6-21 优化改造后水浴炉加热系统

投入运行后，锅炉连续排污热水和供热蒸汽作为热源对换热水箱进行加热，换热水箱的高温热水自流进入水浴炉，换热后的水从水浴炉底部抽出进入换热水箱进行再次加热，全自动控制、变频调节，如此循环，保证运行时的水浴炉水温始终保持在 50℃±2℃ 稳定运行。

但机组运行一段时间后，原换热水箱内部换热管为 $\phi 80 \times 1300mm$ 的 20G 管钻孔接 $\phi 32$ 钢管直接进入水箱中（见图 6-22），由于汽水两相流，水箱内部振动、噪声大，管道腐蚀严重。

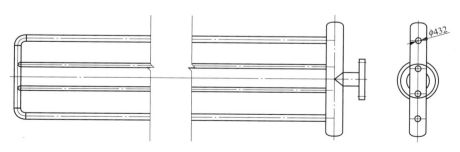

图 6-22 原换热水箱加热蒸汽管图

通过进一步研究，优化、完善加热方案，在两套机组全停机时实施。采用更加耐腐蚀的不锈钢管并采用分层逐级向上布置延长细管，使蒸汽在管内即凝结成水最后进入底部一四周

钻孔的 $\phi100\times2000$mm 的收集联箱，缓慢与热水混合。投入运行后水箱内部振动、噪声、管道腐蚀现象消失，效果显著。

水浴炉系统优化不但改造成本低，投入后各项参数完全满足安全运行需要，而且全自动控制减轻了运行和维护人员的工作强度，消除了水浴炉工作不稳定带来的降出力运行和机组跳闸的隐患，并充分利用了锅炉连续排污水的余热，降低了企业生产成本，同时减少了环境污染。

五、燃气轮机压气机进气过滤芯寿命短事件

1. 事件经过

某燃气轮机电厂为 GE-PG9171E 型燃气轮机机组，投产后压气机进气过滤芯寿命短，更换频繁，导致运行成本增加。2012 年 10 月 14 日 05：39，3 号燃气轮机压气机进气滤芯工作只有 2000h，进气压差达 177mmH$_2$O，燃气轮机发出"透平进气差压高-自动停机"报警，运行人员手动干预降负荷维持燃机运行，后申请停机更换滤芯。

2. 事件原因查找与分析

空气纯净度是提高燃气轮机性能和可靠性的前提。当燃气轮机进气压力降低后，压气机比功增加，出力将更多地消耗于带动压气机，导致燃气轮机的功率和效率降低。

经分析，压气机进气过滤芯寿命短、频繁更换的原因，是由于该燃气轮机电厂区西侧有装卸石子码头且水泥厂灰尘大、春、秋收焚烧秸秆和雾霾天气频繁，空气质量不断下降，尤其是春季周边杨絮漫天飞，更对燃气轮机的安全、经济运行带来影响。虽然 GE 公司 PG9171E 型燃气轮机的压气机进气系统按气流方向分别设置防雨罩、惯性分离过滤器、进气滤芯、消声器等，但在实际运行中，由于无法改变所在地的空气质量，只能被动地根据进气压差适时更换进气滤芯（滤芯寿命只有 2000～3000h），增加了运行成本。

3. 事件处理与防范

为解决当地的杨絮等对燃气轮机的安全、经济运行带来的威胁，电厂通过分析燃气轮机压气机进气滤芯结构，自行设计了压气机进气系统改造方案，图 6-23～图 6-25 是方案的安装使用结构示意，在进气口惯性分离过滤器 2 上部采用压条加装平面板式过滤器，该平面板式过滤器包括外框和滤芯，滤芯为水刺无纺布，水刺无纺布用折叠方式呈 V 字形排列在外框内，整体构成平面板式过滤器作为粗滤。该平面板式过滤器具有以下优点：

（1）水刺无纺布用折叠方式呈 V 形型排列在外框内，可增加有效过滤面积。

（2）在惯性分离过滤器上部加装平面板式过滤器，使压气机进气滤芯有了一层前置过滤，从而提高了压气机进气滤芯的使用寿命，降低由于空气质量不佳频繁更换进气滤芯带来的运行维护成本。

（3）当平面板式过滤器污脏后，可以在短时间内很方便地进行更换。

（4）更换下来的平面板式过滤器清洗后可重复使用，运行成本极低，为企业赢得经济效率，节能减排。

按两台机组一年总运行 9000h 计算，滤芯寿命为 2500h，每套滤芯含税价格为 75 万元，则每年要更换近 4 套进气过滤装置，合计费用 300 万元；2013 年 11 月安装了进气过滤装置后，滤芯寿命将达到 6000h，每年仅需更换 1.5 套 150 万元，增加的板式过滤器寿命为 1500h，每套价格为 2.5 万元，每年需 6 套共 15 万元，合计安装板式过滤装置后总费用为

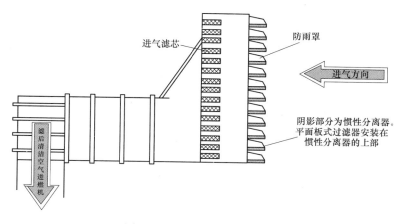

图 6-23　安装使用结构示意

165 万元。在不计算维护成本的情况下，较原来未安装进气过滤装置一年最少可节约滤芯成本达 145 万元。而板式过滤器更换方便，更换后初始压差降低，GE 公司修正曲线表明，燃气轮机的进气压损每降低 500Pa，燃气轮机的出力和热效率可以提高 1%。即使按照提升出力万分之五计算，每年约节约 350 万元（9000h×12＝108kWh×0.65×2）。节能效果显著，同时由于滤芯更换周期延长，设备使用寿命提高、运行维护成本降低。

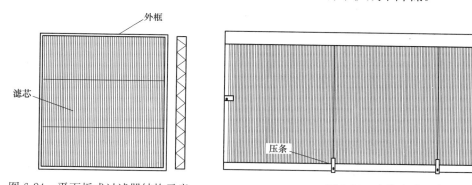

图 6-24　平面板式过滤器结构示意　　　　　　　图 6-25　安装方式示意

　　研究的燃气轮机压气机进气过滤装置，已由滤芯制造厂推广应用在其他电厂机组上，效果良好。

六、余热锅炉进口烟道膨胀系统漏气事件

　　GE-PG9171E 型燃气轮机排气口与余热锅炉进口烟道为内保温的冷护板结构，内侧装有能自由膨胀的不锈钢内衬板，壳体与内衬之间夹装保温材料。来自燃气轮机做过功的高温（温度 570℃左右）排气通过燃气轮机排气口进入余热锅炉进口烟道，流经余热锅炉本体后经余热锅炉出口烟道、烟囱排入大气。

　　1. 事件经过

　　在余热锅炉进口烟道和燃气轮机出口设置有非金属膨胀装置以吸收各部热膨胀量，为防止烟气外泄，用法兰连接后在法兰外口电焊满焊，见图 6-26。

由于膨胀节与上下游设备之间的间隙小（<10mm），无法装填保温材料。燃气轮机排出带有一定压力（2kPa左右）的高温烟气流经此处时，热量通过膨胀节上下游之间的缝隙经外护板传导到烟道外侧，造成外护板温度高（改造前测量1号炉11、12号点温度分别为343.6、333.2℃；3号炉11、12号点分别为330、

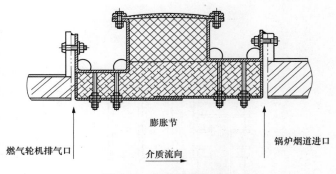

图 6-26　烟道膨胀节示意

337.4℃），大量热量外泄，不仅导致油漆退色，影响现场的文明生产、机组热效率及膨胀节的使用寿命，也增加周围着火危险，是安全运行的一大隐患。

2．事件原因查找与分析

针对烟道膨胀节超温问题，根据厂家提出的处理意见，在厂家技术人员的指导下安装过渡板条，但运行后外护板超温现象几乎没有改变。

通过对同类燃气电厂的调研、与制造厂专家专题深入探讨，分析认为：

（1）膨胀节生产制作过程中，与上下游设备厂家沟通不充分，尺寸数据误差大，造成膨胀节内法兰口局部有错口现象，过渡板条安装不到位。

（2）过渡板条宽度太窄，加上内法兰口有错口问题，也造成过渡板条安装不到位。

（3）设计不合理，膨胀节与上下游设备之间应留有足够的间隙以便填充保温填料。

3．事件处理与防范

专业人员利用机组停用机会进入炉内查看，反复研究、试验、修改，最终设计一种Ω型过渡板，见图6-27。

过渡板采用大小头形式，以分段、搭头的方式安装，过渡板上的6个固定孔采用大孔径（φ45）、小螺栓（M12）带压板方式固定，在内部填充保温棉后可完全覆盖将膨胀节两侧法兰口缝隙，达到阻隔热量外散的效果，同时也不影响膨胀节的自身功能，见图6-28。

在电厂两台机组首次大修时分别安装Ω型过渡板，运行效果显著，具有安全、实用等特点。原先膨胀节附近超温部位经改造后其外壁温度低于100℃。这不仅消除了高温处易着火的安全隐患，降低了机组的热损失，提高了机组的热效率，同时也延长了膨胀节及其上下游和周边设备的使用寿命。

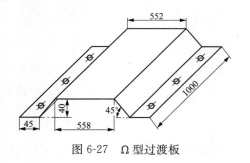

图 6-27　Ω型过渡板

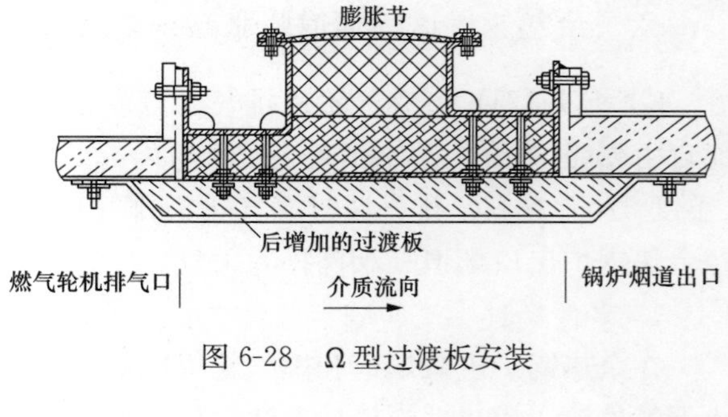

图 6-28　Ω型过渡板安装

七、燃气轮机燃料组分的变化造成燃烧器压力波动大停机事件

1. 事件经过

根据燃气轮机公司设计，某厂燃气轮机的燃烧器，通过调整燃料流量和空气流量来控制燃烧状态。其中，扩散燃烧（值班喷嘴）与预混合燃烧（主喷嘴）的燃料比通过值班燃料控制信号（PLCSO）进行控制；进入燃烧器的空气量通过燃烧器旁路阀（BYCSO）进行控制。为了抑制燃烧振动增加，保持燃烧器最佳连续运行状态，燃气轮机公司设计了燃烧振动自动调整系统，由自动调整系统（A-CPFM）和燃烧振动检测传感器组成。燃烧振动检测传感器共24个，包括20个安装于1～20号燃烧器的压力波动检测传感器和4个分别安装于3、8、13、18号燃烧器的加速度检测传感器。自动调整系统（A-CPFM）根据燃烧振动检测数据和燃气轮机运行参数，对燃烧器稳定运行区域进行分析，并根据分析结果自动对PLCSO和BYCSO进行修正，从而实现燃烧调整优化。

燃气轮机控制系统对燃烧器压力波动传感器和加速度传感器检测数据分为9个不同的频段进行分析，分别为LOW(15～40Hz)、MID(55～95Hz)、H1(95～170Hz)、H2(170～290Hz)、H3(290～500Hz)、HH1(500～2000Hz)、HH2(2000～2800Hz)、HH3(2800～3800Hz)、HH4(4000～4750Hz)。在不同频段针对燃烧器压力波动传感器和加速度传感器分别设置了调整、预报警、降负荷、跳闸限值，其中，调整功能由A-CPFM系统完成；预报警、降负荷、跳闸功能由燃气轮机控制系统实现。当24个传感器中任意2个检测数值超过降负荷限值时，触发燃气轮机降负荷；当24个传感器中任意2个检测数值超过跳闸限值时，燃烧器压力波动大跳闸保护动作。此次燃气轮机跳闸即是由于1、2、3、4号压力波动传感器HH2频段检测数值均超过跳闸限值引起。

2010年6月8日上午，1号燃气轮机机组带250MW负荷正常运行。10:05根据调度命令，机组开始升负荷，负荷目标值355MW。10:10:36机组负荷升至314MW时，TCS发出"1、2、3、4号燃烧器HH2频段越限报警"；10:10:36 TCS发出"燃烧器压力波动大降负荷"信号，10:10:37，1号燃气轮机因燃烧器压力波动大跳闸保护动作停机。

2. 事件原因查找与分析

机组跳机后，立即组织技术人员开展对机组跳闸前后运行数据（图6-29）分析和设备状态的确认检查，同时将相关数据发送给燃气轮机厂家。

燃料数据报告表明燃料组分甲烷含量96.31%，低位发热量为36.17MJ/m³，较以往稍高。运行曲线表明机组运行时空气燃料调整系统动作正常，出现振动后燃气轮机控制系统（ACPFM）立即动作进行调整，振动值达到报警值时RUNBACK功能随后启动，但是由于振动值升高太快，调节系统尚未完全发挥作用，燃烧振动达到跳机定值，导致燃气轮机因燃烧器压力波动越限。现场对燃烧器压力波动传感器和加速度传感器进行检测，正常；同时检查汽轮机燃气轮机状态，确认无异常。当夜，燃气轮机厂家回复认为：运行数据并未反映出燃气轮机性能存在明显异常状况，判断可能由于燃气组分存在瞬时性、大幅度变动；或者燃气温度、进气温度发生较大变化，从而导致HH2频段振动的发生领域接近运行点，造成跳机。认为机组可再次启动、并网运行，但为了安全起见，建议运行时将GT负荷控制在195MW以下，同时尽早对燃气轮机实施燃烧调整。

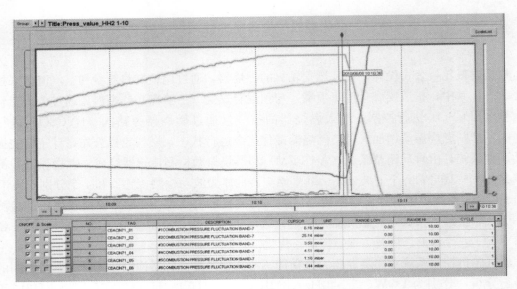

图 6-29　机组跳闸时运行工况分析

机组跳机后，该厂迅速启动锅炉，保证汽轮机轴封系统供汽，维持凝汽器真空，为燃气轮机的随时启动做准备。

在上述原因分析、设备检查确认具备开机条件后，当夜联系调度准备开机，并于 6 月 9 日 12：25 分并网。

经和燃气轮机公司沟通，于 6 月 13 日白天进行燃烧调整，燃气轮机现场工程师收集了运行相关数据。

3. 事件处理与防范

运行中加强对燃气压力波动的监视，控制好燃气轮机进气温度，发现问题及时汇报处理：

（1）当调压站进口压力波动时，应及时与分输站联系，保证压力稳定。

（2）当调压站的调压单元波动，应及时到就地检查确认，检查备用调压单元是否正常投入。

（3）当速比阀动作异常造成燃气压力波动时，应检查排除故障。

（4）制定跳机事故应急处理预案。

八、燃气轮机喷嘴及火焰筒损坏事件

1. 事件经过

2014 年 2 月 15 日，某厂 3、4 号机组启动，此次启动距离上次机组停运间隔 3 个半月，在机组停运期间燃气轮机定期工作正常执行，每周定期盘车，启动前润滑油油质合格，启动前一天燃气轮机进行离线水洗，启动时，由于制冷加热站受循环水温度限制，无法投运，3 号燃气轮机启动时天然气没有加热热源，进气温度较低，调压站出口天然气温度为 7～8℃。

3 号燃气轮机点火并网之后，17：28 在由贫贫模式往预混模式切换时，排气热电偶 18、

19、20 号比其他 21 个热电偶偏低，排气分散度一差 TTXSP1 为 324.46℉，超过允许分散度 323.43℉；随后二差 TTXSP2 为 323.44℉，超过允许分散度 323.24℉，控制发"燃烧故障报警"，燃烧模式无法切至预混模式。联系厂家人员进行原因分析，怀疑 18、19、20 号三支热电偶对应的 8 号火焰筒切换喷嘴有堵塞可能，建议进行停机检查。

2. 事件原因查找与分析

2 月 16 日 3 号燃气轮机停机，并联系厂家技术人员到场进行拆卸检查，在拆卸过程中，发现 8 号燃烧室切换喷嘴烧损 11cm 左右，对应火焰筒二次燃料喷嘴旋流器损坏，随即对其他燃烧室的二次喷嘴进行拆卸检查未见异常。同时对 3 号燃气轮机前置站的运行和备用天然气滤网进行了检查，发现两个过滤器的滤芯除少量细干灰外无其他杂物，底部排污罐没有液体存积。同时对 DLN 阀站内的 Y 形滤网也进行了检查，除了少量积灰外也较干净。

对 3 号燃气轮机 14 个一、二次喷嘴均进行更换，并及时联系了深圳某公司调运一个火焰筒备件，对 8 号燃烧室的火焰筒进行更换。启动前，燃气轮机专业人员通过内窥镜检查切换燃料歧管，未发现堵塞现象，歧管检查未见大面积积灰。在排气室对三级动叶检查，发现三级动叶叶根有颗粒状粉末。8 号火焰筒拆除后检查一级喷嘴的三个叶片，其中一个有麻点。一级叶片孔探孔顶部拆除三个，分别为一排 13 方向、二排 13 方向、三排 13 方向。其中，三排 13 方向有一块氧化痕迹，其余未见异常。二级叶片孔探孔拆除三个，分别为 13、19、43 三个方向。其中，19 方向存在轻微氧化痕迹，其余未见异常。经厂家、燃气轮机公司、电厂技术人员共同确认，该厂领导综合讨论，决定启动 3 号燃气轮机，启动后未发现异常现象。

根据上述情况，原因分析如下：

（1）初步分析为 8 号火焰筒的切换喷嘴在运行中有堵塞的可能，造成天然气流速降低，导致火焰中心后移，从而因热辐射造成切换喷嘴的损坏。

（2）在拆除 8 号火焰筒一次燃料喷嘴时发现有结焦现象并且积碳严重，分析认为是天然气中高烃含量较多（为 0.716%），在温度低时容易形成结焦导致。

（3）可能存在设备本身质量的问题。如果天然气中有杂质，不可能只堵塞一支火焰筒喷嘴，而没有被堵塞其他喷嘴，同时 1 号燃气轮机启动后一切均正常，两台燃气轮机用的是同样的天然气，事件发生时某专家也到现场对 3 号燃气轮机前置站及调压站的滤网进行了排污，并没有液态高烃排出，排出的均是气体。

上述事件暴露出如下问题：

（1）机组长期停运后再次启动初期无天然气加热热源，导致天然气温度低，影响燃烧。

（2）机组水洗完启动前水洗水无法排干净，可能导致最底部燃烧室及燃烧喷嘴积水。

（3）设备本身存在质量问题。

（4）天然气中杂质含量较多，影响燃烧稳定性。

（5）冬、夏季工况变化过大，燃烧不稳定。

3. 事件处理与防范

（1）在制冷加热站至调压站天然气加热管道实施技术改造，增加旁路电热水锅炉。联系设计院设计，并与锅炉厂采购设备，从设备安装、调试整个工期 2 个月左右，2014 年 6 月底前完工。

（2）修改水洗操作票，将水洗完毕恢复安措时间间隔延长 2h，让积水充分流尽；水洗前在压气机抽气至切换喷嘴清吹管路增加堵板，防止水洗时压气机 17 级抽气管道的水进入切换喷嘴的清吹管道，恢复安措时再拆除。

（3）在机组停运时定期对压气机动、静叶片及 14 个燃烧室的一、二次燃料喷嘴进行孔探检查，以便及时发现问题，防止事故扩大。

（4）在机组停运时定期对调压站、前置站、DLN 阀站的滤网进行检查，及时清理和更换；运行人员在机组启动前，对滤网进行排污，防止液体存积，运行中加强对滤网压差的监视，备用滤网能可靠备用。

（5）当运行工况发生较大变化时，应提前联系深圳南港公司派 TA 进厂做燃烧调整。

九、恶劣天气下防结冰系统投入引起 CPFM 振动事件

燃气轮机防结冰系统的主要作用是在气候恶劣情况下，将压气机出口被压缩的高温空气反吹到压气机入口，以提高压气机入口空气温度，从而保证压气机入口可转导叶（IGV）能正常工作。燃气轮机防结冰系统主要包括空气供给阀、空气平衡阀、管路排污阀，以及空气温度调整阀 A、B。

防结冰系统在气候恶劣情况下自动投入运行，将压气机出口被压缩的高温空气反吹到压气机入口，以提高压气机入口空气温度，从而保证压气机入口可转导叶（IGV）能正常工作。

（1）防结冰系统的自动投入条件，见图 6-30。

燃气轮机并网运行：环境温度与压气机入口温度差为 -3～3℃；环境温度为 -4～5℃；相对湿度在 85% 以上。说明相对湿度与室外温度相关联，即相对湿度＝湿度－环境温度下对应的湿度，见表 6-6。

表 6-6   相对湿度与环境温度的关系

环境温度（℃）	相对湿度（%）
-5	100
4	85
55	0

（2）防结冰系统的自动退出条件。燃气轮机跳闸，环境温度小于 -4℃ 或大于 5℃，相对湿度在 85% 以下，压气机出口压力高于防结冰系统压力 0.04MPa，见图 6-31。

1. 事件经过

2014 年 11 月 29 日，1 号燃气轮机带供热运行，机组 AGC 投入，负荷 360MW，热网抽汽量 92t/h。15：30，环境温度 4℃，相对湿度 85.12%，机组防结冰系统自动投入运行。16：07：09，燃气轮机 TCS 系统 9、10、11、12 号燃烧器压力波动 HH2 频段预报警；10、11 号燃烧器压力波动 HH2 频段报警、10 号燃烧器压力波动 HH2 频段跳闸限值，燃烧器压力波动高自动降负荷。16：07：10，1 号燃气轮机 TCS 系统 8 号燃烧器压力波动 HH2 频段预报警、报警、跳闸限值。由于 8、10 号压力波动传感器同时触发跳闸限值，从而造成燃烧器压力波动高跳闸保护动作，机组跳闸、热网抽汽快关阀关闭。

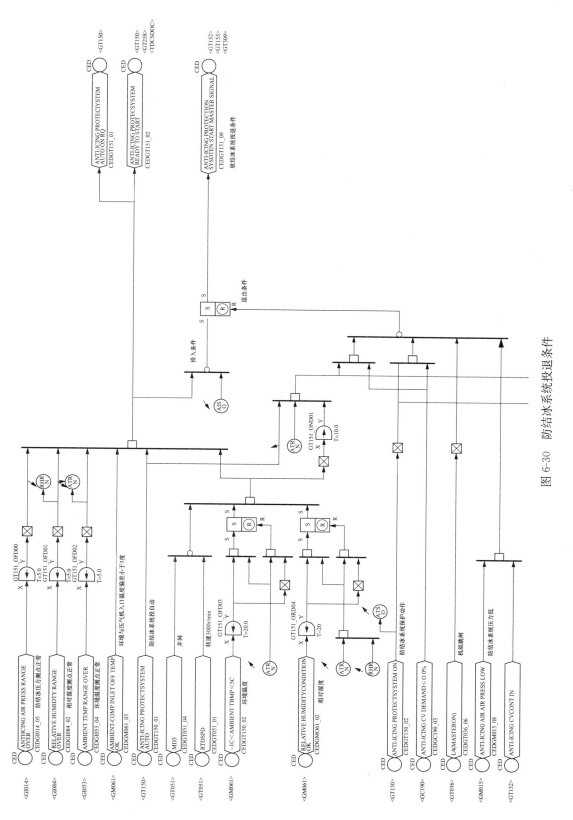

图 6-30 防结冰系统投退条件

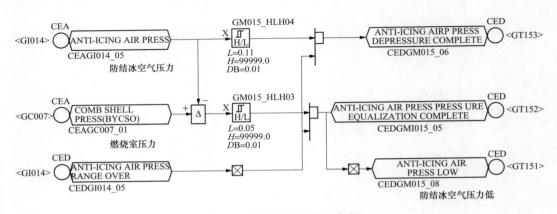

图 6-31　防结冰系统退出条件

2. 事件原因查找与分析

由于 11 月 29 日天气寒冷且湿度大，负荷高，机组 15:11 发生了 H1 频段压力波动，ACPFM 进行了自动调整，PLCSO 由 0.38％增加到 0.6％，向触发 HH2 报警区域靠近。15:30 机组防结冰系统自动投入运行，随着防结冰阀的打开，燃气轮机的进气空气量逐渐减少（相当于 BYCSO 增加），由于燃空比过度变化导致触发 H1 频段 6 号压力波动传感器触发报警；16:01，ACPFM 进行了自动调整，PLSCO 补正由 0.6 增加到 0.76，进一步向触发 HH2 报警区域靠近。16:06 因 6 号压力波动传感器 H1 频段波动再次报警，16:06，ACPFM 继续调整，PLSCO 补正由 0.76 增加到 0.96。

图 6-32 可见，此前 H1 频段燃烧器压力波动偏高。ACPFM 的调整幅度也较大，随着防结冰阀 A 的逐渐打开，加剧了燃气轮机进气空气流量的减少，从而使燃气轮机运行区域非常接近燃烧器压力波动 HH2 频段的越限报警区域。

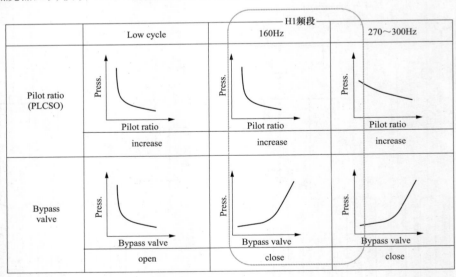

图 6-32　燃烧振动特性（H1 频段的燃烧特性）

16:06，8 号燃烧器压力波动 HH2 频段报警，见图 6-33。虽然 ACPFM 进行了紧急回调，PLSCO 补正由 0.96 减少到 0.75，但仍然无法抑制 HH2 频段的压力波动幅度，16:07，

8、10 号燃烧器压力波动出现大幅增加，最终导致保护动作。

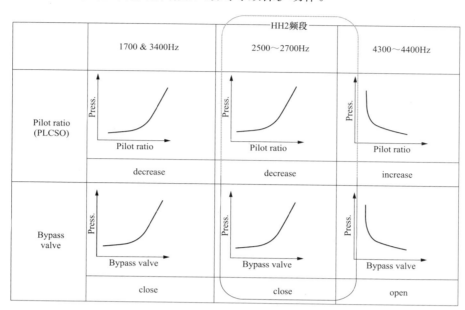

图 6-33　燃烧振动特性（HH2 频段的燃烧特性）

现在装的燃烧器于 2013 年 11 月 B 检中更换，从图 6-34 可以看出，燃烧器在高负荷时存在 PLCSO 调整裕度窄的特性，PLCSO 减少时易触发 H1 频段压力波动报警和调整，PLCSO 增加时易触发 HH2 频段压力波动报警和调整，当旁路阀开度（BYCSO）增大时，易触发 H1 频段压力波动报警和调整。

通过数据分析和燃烧调整报告可以看出，机组跳机的主要原因为：

（1）在役的燃烧器在机组高负荷区域运行时存在燃烧调整裕度较小的固有特性，易引发 CPFM 报警。

（2）燃气轮机防结冰系统为自动控制方式，系统根据逻辑条件判断进行自动投退。但在潮湿、雨雪、雾霾等恶劣天气时，由于压气机进口滤芯的特性影响会造成燃气轮机进气量减少，当 IGV 全开后（空气进气量已达到最大值）若仍不能维持燃空比，则需要减少燃料量以维持燃烧的稳定性，在此工况下防结冰系统自动投入运行，会进一步减少压气机供应燃烧的空气量，进而恶化燃烧器燃空比，从而诱发燃气轮机燃烧器燃烧压力波动（燃空比提高诱发燃烧器 H1 频段报警）。

（3）由于燃烧调节的裕度窄 ACPFM 调整范围有限，而防结冰系统投入使扰动量幅值较大且变化速率快，引起燃烧出现高频振动从而造成机组跳闸。

3. 事件处理与防范

为避免防结冰系统在恶劣天气工况自动投退时影响机组安全运行，对防结冰系统的控制逻辑进行优化外，还采取以下安全措施：

（1）为避免 H1 频段调节频繁、调整过度，对 H1 频段的调整值和调整范围进行修订：将 ACPFM 的 H1 频段调整值（Caution）由 7kPa 改为 7.9kPa；ACPFM 的 PLCSO 的输出补正限制由 $-1\%\sim+1\%$ 改为 $-1\%\sim+0.6\%$，并修改负荷适用范围为 $82.5\%\sim+100\%$（燃机负荷）。

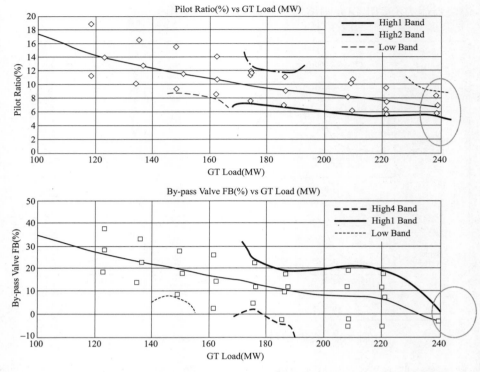

图 6-34　燃烧器的燃烧调整报告

（2）对防结冰系统的自动投入逻辑按图 6-35 进行优化，增加 IGV 位置的限制条件（即 IGV 超出调整余量的范围后不允许防结冰系统投入）。

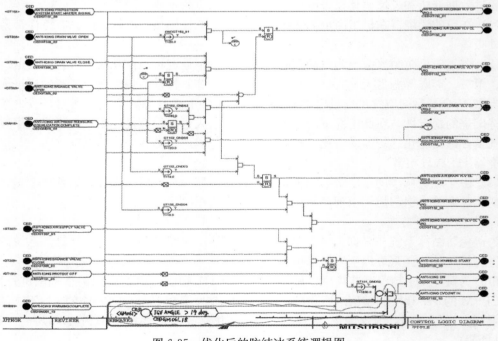

图 6-35　优化后的防结冰系统逻辑图

十、真空低开关一次门未开导致机组跳闸事件

某燃气轮机电厂燃气轮机采用东方电气引进日本三菱 M701F4 型燃气轮机组成"二拖一"机组，总装机容量 859MW，其中燃气轮机 2×300MW、汽轮机 259MW，采用发电机-变压器组单元制接线方式接入 220kV 升压站系统，发电机出口设 GCB 开关。机组纯凝工况，真空保护报警值为－38kPa，真空保护动作值为－28kPa。1 号机和 3 号机分别于 5 月和7 月完成了 C 修工作，期间热控专业拆除排汽装置真空压力开关进行校验。

1. 事件过程

2017 年 8 月 1 日 14：00，1、3 号机组并网。1、3 号机组"一拖一"运行，负荷223MW，机组背压 10kPa。8 月 2 日 21：20，机组发"凝汽器真空低"跳闸报警，3 号汽轮机、1 号燃气轮机跳闸，运行监盘人员检查机组背压（10kPa）正常，派人至就地检查机组真空系统，并汇报省调度中心和股份公司生产值班室。

跳机原因查清，故障排除后经请示省调同意，1 号燃气轮机正常模式启动。8 月 3 日0：25 1 号燃气轮机点火成功，1：00，1 号燃气轮机并网，2：21，3 号汽轮机并网。

2. 事件原因查找与分析

机组跳闸后，运行人员立即检查排汽装置、空冷及抽真空系统，各转机、设备均运行正常；热控人员检查发现跳闸直接原因为 3 号汽轮机凝汽器背压停机开关 1、2 动作（21：17开关 1 保护动作，21：20 开关 2 保护动作，机组跳闸前 DCS 并未发真空低声光报警，开关 1动作值为－28.77kPa，开关 2 动作值为－28.18kPa）。

就地检查发现 3 号汽轮机凝汽器纯凝工况真空低停机开关 1、2 的一次门关闭，开关 3一次门微开；开关 1、2、3 二次门开启，仪表排污门全开。

分析凝汽器纯凝工况，真空低停机开关 1、2、3 排污门通过两端封堵的排污集管连通，形成一个小真空系统，机组启动时由凝汽器纯凝工况真空低停机开关 3 一次门开始抽取真空，后因凝汽器纯凝工况真空低停机开关 3 一次门接近关闭状态（未导通），小系统真空逐渐降低，从而引发保护开关 1、2 相继动作，3 取 2 条件成立，造成保护动作，3 号机跳闸。因 3 号机真空低跳机保护动作，联锁关闭 1 号燃气轮机 TCA 入口关断阀 A、B，导致 1 号燃气轮机 TCA 流量低跳闸。

凝汽器纯凝工况真空低停机开关 3 一次门未导通原因：查阅现场监控未发现人为关闭此阀门，分析由于阀门开度太小，在启机后因运行工况变化，且排汽装置内进入蒸汽后湿度增加，在该阀门处形成水膜，导致阀门未导通。

根据查找分析，事件直接原因是运行人员在恢复安措时，阀门恢复不正确，将凝汽器纯凝工况真空低停机开关的排污阀全开，凝汽器纯凝工况真空低停机开关 1、2 的取样阀关闭；虽由于凝汽器纯凝工况真空低停机开关 3 微开形成小系统后建立起真空，但运行工况变化形成水膜后导致小系统真空逐渐降低，最终机组跳闸。

事件暴露出以下问题：

（1）低真空停机保护系统设计不合理，保护信号取样点没有实现全程相对独立。未按照《防止电力生产事故二十五项重点要求》9.4.3，所有重要的主、辅保护都应采用"三取二"的逻辑判断方式，保护信号应遵循从取样点到输入模块全程相对独立的原则。

（2）运维部工作票管理不到位，工作票执行不严格，在执行过程，工作复役时，值班负责人未能对措施恢复的正确性进行把关，也未能全面掌握值班人员的技术水平，安措恢复人员安排不合理，导致安措恢复错误。

（3）运行培训管理不到位，运行人员对现场系统阀门不熟悉，恢复安措时阀门操作错误，说明运行部门在人员的技术培训上不到位。

（4）运行技术管理不到位，系统检查卡不完善，机组启动前的系统检查不严不细，基础台账不完善，基础管理工作存在漏洞。

（5）运行巡回检查管理不到位，机组启动前未检查真空压力开关的阀门状态，运行中运行人员未检查就地真空系统表计参数的变化异常，对真空等重要参数就地仪表指示与DCS指示未进行核对。

（6）检修专业管理不到位，压力开关1动作后，机组未发出报警提醒；电厂重要保护开关量动作未加入声光报警，说明电厂报警系统不完善。

（7）设备检修管理不到位，检修后的压力开关投运后，检修人员未对设备的运行情况进行检查。

（8）设备隐患排查不到位，低真空停机保护系统设计不合理，保护信号取样点没有实现全程相对独立，低真空停机保护系统仪表仍设置排污门，违反《防止电力生产事故二十五项重点要求》的规定。电厂未严格对照《防止电力生产事故二十五项重点要求》的要求进行自查整改。

（9）各级管理人员岗位职责落实不到位，安全管理职责落实不到位。

3. 事件处理与防范

（1）强化两票管理，认真落实工作负责人、工作许可人、工作联系人相关职责，严格执行工作票的许可、终结、复役程序，提高工作票监管力度。

（2）加强对两票三种人的技能培训，进一步提高人员的技术水平。

（3）加强运行技术管理工作，认真排查完善机组阀门检查卡，落实机组启动前后检查工作。

（4）加强巡检管理，严格执行设备巡检制度，优化巡检路线、完善巡检内容。

（5）加强报警系统管理，梳理并优化DCS报警系统，将重要保护开关量动作加入声光报警。

（6）加强设备管理，落实设备责任人相关职责，强化设备检修、维护、运行的全过程监管。全面梳理热工仪表阀门，进一步明确阀门职责划分。

（7）根据现场具体情况，整改低真空停机保护系统，取消低真空停机保护系统仪表排污门，实现保护信号从取样点到输入模块的全程相对独立。根据《防止电力生产事故二十五项重点要求》9.4.3组织对机组重要主辅保护进行全面隐患排查。

（8）组织梳理完善预控措施，重点是防止检修作业后保护类误动措施，避免类似事件发生。

（9）结合安全大检查活动，在全厂范围内开展安全大讨论，从日常安全生产管理、两票三制、基础管理、责任制落实等方面，深入查找安全生产存在的问题，立行立改。

十一、运行中保洁人员清扫过程误碰氢温控制阀导致机组跳闸

2017 年 4 月 10 日，某厂 3 号燃气轮机 365MW 负荷运行中发电机氢温高导致机组跳闸。

1. 事件过程

事发前发电机氢冷器冷却水出水电动调节阀"自动"模式运行，冷氢温度正常（40℃）。

9:0:45 机组氢温控制阀故障报警；9:01:58 发电机冷氢温度高Ⅰ（50℃）报警，发电机氢温快速上升；9:03:08 发电机冷氢温高保护动作（54℃），发电机开关跳闸。

2. 事件原因查找与分析

事件后运行检查，当 3 号机组"氢温控制阀故障"报警时，运行主值发现后立即切换至 3 号发电机定冷水系统画面，发现 3 号发电机氢冷器冷却水出水电动调节阀在手动模式，开度显示为 0%，尝试对该阀进行远程控制开阀操作，无法开启。发电机氢温快速上升，值长急令机组减负荷，并立即命令值班人员赴现场检查。运行人员现场检查发现：

（1）该电动调节阀"LOCAL""REMOTE"切换开关在"LOCAL"位置。

（2）"OPEN""CLOSE"指令开关在"CLOSE"位置。

将"LOCAL""REMOTE"切换开关置于"REMOTE"位置，就地"OPEN""CLOSE"指令开关置于"STOP"位置后，通过操作员站远程控制开关该阀，动作正常。

热控人员检查 DCS 事件历史曲线见图 6-36，查看事件记录如下：9:00:45，该阀关闭前出"LOCAL OLC"信息（同时撤出该阀自动控制，闭锁操作员站该阀操作界面）；9:00:50，该阀开度 0%；9:01:58，3 号发电机冷氢温度高Ⅰ报警；9:02:38，冷氢温高Ⅱ值保护动作，延时 30s 后，3 号发电机开关跳闸。

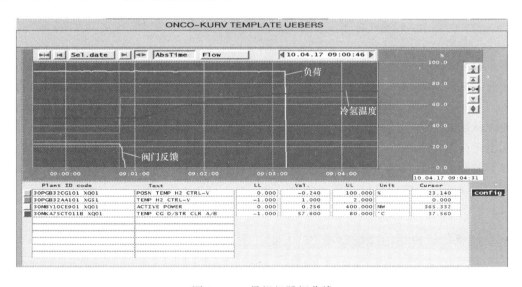

图 6-36　3 号机组跳闸曲线

热控人员对该阀执行机构就地及 DCS 接线、保护逻辑等进行全面检查，并进行相关试验，未发现异常。调取现场场景监控录像，发现在该阀异常关闭前后时间段，该阀所在区域有 1 名保洁人员在进行保洁作业。事件发生后问询该保洁人员，确认对该阀执行机构设备进行了清扫擦拭作业。

根据上述检查，事件原因是外包保洁人员在进行保洁工作时，扩大范围对该阀进行清扫作业，清扫过程中不慎发生误碰。同时该阀采用 EMG 公司 DPMC 319-B-24 型执行机构，表面设置的"LOCAL""REMOTE"切换开关和"OPEN""CLOSE"指令开关缺乏防误碰装置，就地操作手柄较松。综合分析认为由于该阀执行机构本身存在缺乏防误碰装置、就地操作手柄较松的问题，保洁人员清扫作业过程中误碰导致该阀异常关闭，引起跳机事件。

事件暴露出以下问题：

（1）电厂对保洁外包项目的管理存在漏洞，对机组运行状态下的主厂房内保洁工作存在的风险管理不力。

（2）对设备隐患排查不彻底，对该类型执行机构存在的误碰风险辨识不足，防控措施不到位。

3. 事件处理与防范

查明原因后，对保洁人员交代了保洁安全注意事项，检查设备无异常后恢复机组运行，同时针对事件制定了以下防范措施：

（1）加强生产区域保洁作业的日常管理，要求保洁单位定期开展保洁人员的安全教育培训。

（2）对同类型执行机构进行全面排查，加装防误碰装置。同时，对全厂执行机构、事故按钮等设备进行排查，确保防误碰功能可靠。

（3）机务专业对发电机氢冷器冷却水管道系统进行优化，热控专业对发电机氢温高保护逻辑进行优化。

第三节　相关专业故障案例分析

本节收集了相关专业故障案例 8 起，分别为燃气轮机机组的振动分析、启动及停机时进行燃气泄漏试验失败原因分析、FSV 开启时间过长导致燃气轮机爆燃、SRV 故障导致"点火后 p_2 压力高"跳机、清吹故障导致"点火后 p_2 压力高"跳机、一台 9E 燃气轮机机组拆迁安装调试期间点火不成功事件、IGCC 低热值燃气轮机蜂鸣大导致机组跳闸事件、燃气轮机排气温度高跳机事件。

本节案例的分析表明，要提高机组安全、经济运行水平，降低机组故障次数，除热控专业需在提高设备可靠性和自身因素方面努力外，还需要相关专业的协调配合和有效工作，达到对设备的全方位管理。

一、燃气轮机机组的振动分析

（一）燃气轮机机组的振动传感器配置

STAG109FA 单轴联合循环机组由 PG9351FA 型燃气轮机、D10 型三压再热系统的两缸双分流汽轮机、390H 型氢冷发电机和三压再热自然循环余热锅炉组成。燃气轮机、蒸汽轮机和发电机刚性地串联在一根长轴上。燃气轮机进气端输出功率，整个轴系总长达 41m，整套机组共计 8 个轴承，轴配置见图 6-37。

机组有四阶临界转速，分别为 971、1026、1683、1782r/min，具有十分完善的振动分析和管理系统。大型发电机组的振动测量和评定通常使用轴承振动的测量与评定、轴振动的

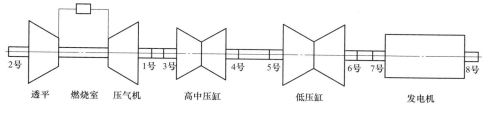

图 6-37 单轴燃气轮机联合循环机组轴配置示意

测量与评定两种方式。

在轴承上作振动测量时，认为振动是发生在轴承或临近轴承处，通常用速度传感器测量，能定性反映振动应力状态和机器内部的运动情况，在中频范围内有很好的频响，测量单位为 in/s 或 mm/s。而按轴的振动状态来评定机组的振动状态更能反映出不平衡量的变化，反映出轴与机壳的径向动态间隙和轴与轴承的过载情况，有精确的低频响应，通常用非接触式振动传感器测量，测量单位为 mils 或μm。

在 S109FA 机组轴系上，配置有表 6-7 所示的速度型和位移型振动传感器。

表 6-7 轴系配置的速度型和位移型振动传感器

传感器代号	传感器的类型	安装位置	设定的报警值
39V-1A/1B	速度传感器	燃气轮机轴承 1 号（燃气轮机进气端）	报警 12.7mm/s 跳机 25.4mm/s
39V-2A/2B	速度传感器	燃气轮机轴承 2 号（燃气轮机排气端）	
39V-4A/4B	速度传感器	发电机	
39VS-11/12	非接触式振动传感器	燃气轮机轴承 1 号（Y/X 轴）	报警 6.0mils（0.15mm） 停机 8.5mils（0.22mm） 跳机 9mils（0.23mm）
39VS-21/22	非接触式振动传感器	燃气轮机轴承 2 号（Y/X 轴）	
39VS-91/92	非接触式振动传感器	发电机轴承 7 号（Y/X 轴）	
39VS-101/102	非接触式振动传感器	发电机轴承 8 号（Y/X 轴）	
VP-3X/3Y	非接触式振动传感器	汽轮机轴承 3 号（X/Y 轴）	
VP-4X/4Y	非接触式振动传感器	汽轮机轴承 4 号（X/Y 轴）	
VP-5X/5Y	非接触式振动传感器	汽轮机轴承 5 号（X/Y 轴）	
VP-6X/6Y	非接触式振动传感器	汽轮机轴承 6 号（X/Y 轴）	
77RP-11	轴角度位置指示器（鉴相器）	燃气轮机轴承 1 号	
96VC-11/12	轴向位移变送器	燃气轮机轴承 1 号	主副推力面工作时 报警±25mils 跳机±30mils
DEDP-1	差胀检测器 1 号	汽轮机轴承 3 号	报警-38mils 或+117mils 跳机-68mils 或+147mils
DEDP-1/2	差胀检测器 2 号	汽轮机轴承 4 号	报警-186mils 或+343mils 跳机-216mils 或+373mils
EP	转子旋转偏心率探头	汽轮机轴承 4 号	报警值 0mils/0.076mm
REDP-1A/1B	转子膨胀检测器 1A/1B	汽轮机轴承 6 号 （汽轮机和燃气轮机侧各一支）	报警-402mils 或+1743mils 跳机-432mils 或+1826mils
SEDP-1A	壳体膨胀探测器	安装在汽轮机中机箱的地基上	

215

由表 6-7 可见，燃气轮机的 1、2 号轴承，蒸汽轮机的 3、4、5、6 号轴承，以及发电机的 7、8 号轴承上，均安装了 2 个非接触位移型探头，且均安装在轴承外壳上半部分。除 1 号轴承处传感器安装在外壳下半部分，一般位于垂直中心线左右 45°位置。

速度型振动传感器测量设备外壳的振动，位移探头测量轴相对于其轴承的振动。蒸汽轮机和发电机采用的轴承安装方法，使得轴承外壳所受到振动的大部分已通过设备地基得以衰减。为此，在振动数据可靠性方面，位移型振动传感器优于速度型振动传感器，在轴转速较低时表现得尤为明显。所以在以下振动现象分析中，均采用位移型振动传感器所测数据。

（二）振动事件的分析

通过对 S109FA 机组几次振动事故分析，明确引起机组振动原因，找出产生问题所在。

（1）振动的起因。专业人员了解几种振动常发生的起因，并且能区分不同起因间的差别和它们的不同征兆，有利于提高运行可靠性。燃气轮机-汽轮机-发电机的振动问题有多种，但基本上可分为强迫振动和自激振动两种。振动问题分类见表 6-8，各种异常振动及其振动频率见表 6-9。

表 6-8　　　　　　　　　　　　　　　振动问题的分类

分类	强　迫　振　动	自　激　振　动
种类	（1）不平衡振动； （2）因脉动引起的振动； （3）2 倍谐波振动属强迫振动	（1）油膜回转自激振动； （2）气流回转自激振动； （3）由内部摩擦而引起的振摆回转
判断	本来是正常的，强度大时为异常振动	本质上是异常振动，要采取措施
措施	外力过大还是共振现象，需分别采取措施	改进引起振动原因的轴承和密封；增加外部减振装置

表 6-9　　　　　　　　　　　　　　各种异常振动及其振动频率

振动原因	振动频率	振动特征和现象	措施
1. 旋转体的不平衡 （1）平衡不好； （2）热旋转体的翘曲； （3）由旋转部分和静止部分的接触而引起的旋转体的翘曲； （4）旋转体磨损及腐蚀； （5）异物的附着或脱落； （6）旋转转体变形及损坏； （7）部件的松弛或连接松动	振动频率与旋转体的频率相一致	（1）用 1：1 和旋转对应振动； （2）由于热负荷而引起振动大小发生变化； （3）由于接触振动激烈增大； （4）随时间变化振动逐渐增大； （5）异物附着使振动逐渐增加，附着物剥离后振动激增； （6）变形时振动缓慢增加，破损时振动激剧增加； （7）由于发热，配合或连接松动而引起振动	（1）进行现场平衡调整； （2）启动时发生热变形，只有温度上升时才使振动增大； （3）考虑热补偿的变化，调整装置使不接触； （4）修复磨损及腐蚀，进行平衡调整； （5）除去异物，并防止异物的附着； （6）更换部件，检查和消除松动
2. 对中不好 （1）不对中； （2）面不对中； （3）由于受热而引起对中不好； （4）基础下沉	（1）一般情况下，振动频率与旋转轴振动频率相同；（2）特殊情况下，频率有时是旋转频率的 2 倍	（1）与不对中一样，面不对中使轴承负荷不一致，易使不平衡振动的灵敏度增高，振动逐渐增大； （2）不对中非常严重时，轴承向上浮起，使一端接触，发生油的起泡和分谐波振动，振动逐渐增大； （3）轴承支承部分或轴承座受热而延伸，产生定中心不准； （4）以上都会使振动逐渐增大	（1）对不对中或面不对中进行修正； （2）考虑受热重新对中

振动原因	振动频率	振动特征和现象	措施
3. 轴系连接不好 （1）连接精度不高； （2）紧固螺栓接触不均匀； （3）齿式联轴器润滑不良； （4）刚性联轴器润滑不良	（1）振动频率与转速一致； （2）伴有特异振动发生	（1）齿面上有发热胶合现象发生，伴有振动加大； （2）有热变形	（1）改善润滑； （2）有发热胶合现象发生时，更换齿式联轴器； （3）改善润滑
4. 基础不良 （1）安装地基不平； （2）地脚螺栓紧固不牢； （3）水泥浆不足； （4）地基刚性不足； （5）基础失效变化	一般情况，振动频率与转速一致	（1）地基刚性差，即使不出现异常的振动，振动也会比较大，问题比较多； （2）在低负荷时流动多呈紊乱，从而发生振动； （3）因地基不同程度下沉，定中心发生偏差	（1）重新安装混凝土模板； （2）拧紧螺栓； （3）重新灌浆
5. 旋转轴的临界转速 （1）临界转速； （2）二阶临界转速	振动频率和轴临界转速一致	在轴的临界转速附近，振动激烈增加	设计时，工作转速要避开各阶临界转速
6. 共振和其他 （1）配管系统的共振； （2）配管的推压； （3）连接系统的共振	振动频率与轴的旋转频率相同	（1）在管道系统中，管道等部件的固有频率接近旋转频率，将发生激烈的振动； （2）由于发热引起管道延伸，配管受压，推箱体而变形或膨胀受阻； （3）轴系临界转速和单独轴的临界速度不同，当轴系临界转速和单独轴临界速度一致，将发生振动	（1）避免共振； （2）改变管道支撑； （3）应计算轴系的轴振动和轴系的扭转振动临界转速
7. 旋转失速和喘振	通常频率为 $f=1/2Nv$（式中：N 为转速；v 为失速团数）	旋转失速和喘振发生在压气机内。当压气机慢速旋转时，叶栅的一部分发剩失速，失速区在圆周方向向上旋转。通常对于多级轴流压气机，失速团以压气机转速的 1/2 速度旋转并与动叶片的旋转方向相同，失速团有数个。当失速区发展，占满全周以后，就发展为喘振	（1）旋转失速的频率与叶片振动频率一致时，叶片发生共振，引起疲劳破坏； （2）使用可转导叶，或者利用抽气方式，使机组工况点远离喘振点

续表

振动原因	振动频率	振动特征和现象	措施
8. 因轴承旋转部分和静止部分的摩擦接触而引起振摆回转	检测出宽频带的剧烈振动。出现与旋转频率同频、低频和二倍频率分量	轴间隙过大且轴承润滑不好时出现"轴偏摆"。由于轴封损坏，大量滑油外泄，轴承内润滑油碳化，转子与轴瓦内表面之间发生干摩擦	改善润滑状况
9. 因松动（摆动、偏斜、间隙）以及非线性因素引起分谐波共振	以相当于轴的回转频率的 $1/2$ 或 $1/3$ 等整数分之一的频率振动	在系统中，含有松动或非线性因素，则发生分谐波共振，产生激烈的振动，特点为： （1）分谐波振动只在规定的强迫振动频率，强迫振动力的某一范围内才发生； （2）对对称形非线性系统，发生 $1/3$，$1/5$ 等奇次分谐波； （3）对非对称形非线性系统，发生 $1/2$、$1/4$ 等偶次分谐波。 从现象上看类似于油起泡现象，用普通的振动分析仪在频率上难以区别	找出系统中松动或非线性因素所在的位置（如连接部分的松动、叶轮的松动、轴承部分的松动等，机体与旋转体的配合状态等），要及时解决
10. 油膜起泡和油旋涡	振动频率为轴的旋转频率的 $1/2$	起因于轴承油膜的自激振动。它具有下列特点： （1）在旋转体一次临界转速2倍以上时发生，称油膜起泡； （2）振动的发生和消失点在转速上升和下降时会有所偏移； （3）振动的发生和消失是突发性的； （4）振动发生后，即使增加转速，振动也不减弱； （5）振动的回转方向和轴转动方向一致，另外，转速在一次临界转速以上，在2倍以下时，轴将出现摆回转。这时振动频率大约是转速的1/2，轴不出现大的弯曲。称为油旋涡	多油楔的可倾瓦轴承、椭圆轴承的稳定性优于圆轴承。发生油振荡时采取措施： （1）从结构上着手： 1）轴瓦车短，降低长径比； 2）在下瓦开环槽或其他形式的沟槽； 3）在下瓦开泄油槽，在泄油槽内开泄油孔； 4）降低顶隙而侧隙不变，相当于圆轴承改为椭圆轴承； 5）增加上瓦巴氏合金宽度，减少上瓦沟槽宽度。 （2）从运行角度上着手： 1）改善转子动平衡状态减少激振力； 2）改变润滑油母管温度和压力。增高油温，改变润滑油的动力黏度，会对振动产生影响。但增高油温使阻尼也随之下降，对振动又不利，故通常选为40℃为好

注 序号 6 为强迫振动，序号 7～10 为自激振动。

（2）轴振动特性。轴振动特性与常见事故原因的关系见表 6-10。

表 6-10　　　　　　　　　　　　常见事故原因及轴振动特性

事故原因	最大轴位移时域变化特征	决定最大位移主要因素	轴振动频率特性	轴心轨迹	轴振动域特征
常规质量不平衡	常数	转速	同转速同频	具有特定形状的椭圆、直线或圆	正弦
热不平衡	启动后在不同的稳定工况下最大位移不同	功率及功率的变化情况	同转速同频	具有特定形状的椭圆、直线或圆	正弦
由锈蚀、冲击污物等原因产生的不平衡	最大位移随时间缓慢变化	转速	同转速同频	具有特定形状的椭圆、直线或圆	正弦
由弹性滞后、阻尼、气隙激振或轴承油膜不稳定产生的自激振动	最大位移产生激烈波动	转速、功率和轴承油温等	频率和含轴承在内的转子系统最低阶临界转速频率相同	不规则，随机的封闭曲线	常为波动的正弦曲线
由叶片等转子零部件损坏产生的不平衡	最大位移急剧增大或减少	转速	同转速同频	具有特定形状的椭圆、直线或圆	正弦
由于联轴节安装不对中或运转受阻产生的强迫力和轴承座松动	常数	转速和功率	转速频率或其倍频，常为两倍频	不同形状的封闭曲线，如"8"字形	周期性曲线
齿轮损坏	常数	转速和功率	主要是齿轮的啮合频率，伴随有驱动和被驱动轴转速频率	不规则，不封闭曲线	常为周期的，但不是正弦曲线
电机和发电机的电磁干扰	常数，有时有周期性波动	功率	转速频率，主频率及两倍主频率和以调制频率出现的主频率或 2 次主频率的差频	常为椭圆曲线	正弦或相当于正弦，有时为调幅正弦曲线

（三）振动实例分析

1. 油膜自激涡动

某 50MW 燃气轮机电厂发电机 3、4 号轴承带负荷运行时，长期存在振动突升突降现象，有不断上升的趋势，危及机组安全运行，只好强迫停机。

分析结果，3 号轴瓦有半频（25Hz）振动分量，而且半频振动分量在上下波动。在燃气轮机负荷 31MW 时，发生突升前后的振动，见表 6-11。3 号轴承已处于油膜自激涡动状态。

表 6-11	发生突升前后的振动峰值		mm/s
负荷（MW）	状态	3 号轴承	4 号轴承
31	发生突升前	3.81	1.78
31	发生突升后	8.02	2.55
31	发生突降前	2.7	1.92

停机检修，采取下列措施：

（1）对发电机定子、转子进行常规电气试验；

（2）对发电机转子进行高速动平衡试验；

（3）更换 3、4 号轴瓦，提高 3、4 号轴承抗失稳能力。

检修后，3 号轴承振动在 1.3mm/s，4 号轴承振动在 0.4mm/s。

2. 转子动不平衡

某燃气轮机大修后振动突然增大。在启动过程中过一阶临界转速时，2 号瓦振动值最大达 20.2mm/s；在基本负荷时，2 号瓦振动值最大达 12.4mm/s，1 号瓦振动值最大达 9.8mm/s；在停机过程中过一阶临界转速时，2 号瓦振动值最大达 30.7mm/s。

频谱分析结果：转子振动频率为 85Hz，和转动频率（5100r/min）相同；振动值随转速上升而上升，随转速下降而下降。振动具有轴振的特征，垂直与水平方向的振动都较大。断定为低频、强迫振动类型，由转子动不平衡引起。

大修时，第一级动叶片更换，为国外返修的叶片。一般来说，叶片质量加工偏差在 2% 以内，当叶片质量变化超过 30～50g 时，不平衡质量对转子的振动会产生明显影响，拆缸后得到证实，第 92 号叶片与缸体复环擦缸。重新排序后机组振动恢复正常。

3. 发电机转子绕组接地故障

某电厂燃气轮机（MS6001B）运行时 3 号瓦突然振动大，机组遮断。根据有功确定，改变励磁电流时振动数据随着急剧变化的现象，可以确定振动是由于电磁原因引起的。测定接地点后修复线圈，恢复发电。后又出现转子绕组接地故障，修复线圈，恢复发电。直到发电机大修后，运行正常。

4. 燃气轮机组喘振

某燃气轮机电厂 PG6541B 燃气轮机在停机过程中发生强烈喘振。中控室、办公楼及职工宿舍都感到振动。究其原因，是在停机过程中 IGV 未关和防喘阀未打开。引起 IGV 未关和防喘阀打不开的原因有：

（1）检查 IGV 的动作，对 IGV 系统做静态试验。启动润滑油和液压油系统，在控制盘上强制打开和关闭 IGV，重复几次。

（2）检查防喘阀故障。

（3）检查防喘阀控制空气管路堵塞。

（4）检查防喘电磁阀故障。

经过检查，查出防喘电磁阀故障引起防喘阀打不开，从而发生机组喘振。

5. 由于受热引起对中不好

一台大型工业燃气轮机安装涡流传感器测量的轴心轨迹，比正常情况下更扁平，而且转速频率的两倍频振动明显增大。经分析判定冷却水未顺利进入燃气轮机的冷却支承，引起对中不好而振动。接通冷却水后，轴心轨迹变正常，两倍频振动减少。

6. 轴承油封或气封失效而引起的温度升高或振动

MS6001B 机组，2 号轴承温度偏高且不稳定，有时波动达 10℃ 左右。在加负荷时，2 号轴承温度不但不升高，反而有下降趋势，这是由启动过程中 2 号轴承密封空气故障引起的。2 号轴承油封和气封间隙增大，滑油外泄量加大，轴承润滑面上的油膜压力降低，润滑效果下降，使轴承温度升高。当 2 号轴承密封气管线发生堵塞后，会造成密封气管线压力和流量下降，并且还会波动，从而引起润滑油泄漏量的变化，使 2 号轴承温度偏高且不稳定。

当加负荷后，压气机压比增加，抽气压力增加，再加上节流孔板磨损增大，使 2 号轴承密封空气压力和流量增大，润滑油外泄量减少，轴承润滑得到改善，2 号轴承温度随负荷增加反而下降。

检查发现：空气分离器内结垢，排污管堵塞；密封气管线部分堵塞，节流孔板磨损增大；解体 2 号轴承油封和气封，发现油封已损坏，气封齿磨损严重。修复后正常。

7. 由于连接管道受阻，受热而引起对中不好

某 CLDS-5800 型能量回收机组，由烟气透平、主风机、汽轮机、齿轮箱和发电机串联而成。现场调试时发生异常振动。经过频谱分析，1、2、4、6 号轴承处，80Hz 基频振动分量明显，二倍频、三倍频振动分量较大，特别是 1、6 号轴承处，二倍频频振动分量比基频振动分量还大，功率谱图的这些特点是机组各转子间对中状态不良的较典型的反映。现场安装时，机组各转子间的对中状态良好。但在运行过程中，主风机进、排气管道变形严重，主风机缸体受到较大的管道力作用，促使对中状态恶化，机组异常振动。

将管道的刚性支撑改为弹性支撑，并在管道上增加柔性管段，异常振动消除。

8. 滑销系统的热膨胀受阻，并发油膜自激涡动

某电厂燃气轮机 L18-3.42-2 汽轮机和 QWFL-18-2 隐极式三相异步发电机，调试时，在升负荷过程中（1～5MW）2、3 号轴承振动首先增大，1、4 号轴承也相应爬升，到 3～5MW 时，1 号轴承振动特别大，达到 0.09mm 以上（最大允许振动为 0.10mm），而且振动发生后，即使降低负荷，振动也不减弱。相反各轴承振动继续升高，最后只得停机。在停机过程中 1 号轴承振动达到 0.20mm 以上。测量有下列现象：

（1）各轴承振动频谱分析具有半波涡动特性。振动突发时半频分量大幅度上升，工频分量反而下降且大多发生在低负荷时。发生油膜自激涡动即使降低负荷，振动也不减弱。发生油膜自激振荡的原因，一是轴瓦瓦面的修刮没有达到弧形油楔的要求；二是汽轮机叶片不均匀顶隙产生的切向分力和迷宫轴封的汽流切向分力诱发油膜自激涡动。

（2）机组滑销系统在热膨胀时受阻。排汽缸中心向左侧偏移 0.45mm，远大于汽缸导板两侧的安装间隙总和（0.08mm），说明后汽缸导板有松动可能。后查明汽缸导板在二次灌浆中未灌实，导致排汽缸左右有较大热位移值，导致转子发生对中偏摆，从而发生轴承座振动，并为油膜自激涡动提供激发作用。采取下列措施：

1）用样轴对各轴瓦进重新修刮，并缩小轴瓦顶部间隙，增大偏心率，降低振动幅值，同时调整了轴瓦紧力，消除轴瓦对机组振动产生的非正常影响。

2）凿开后汽缸导板二次灌浆部分，加工两个螺纹顶杆用于固定预埋托板，在测量和调整好汽缸中心位置后，紧固两个螺钉，将导板固定，并对汽缸导板重新进行二次灌浆。同时顶起后汽缸支座，在滑动面上涂上适当的二硫化钼。

3）在冷态启动过程中适当增加暖机时间。

二、启动及停机时进行燃气泄漏试验失败事件

1. 燃气泄漏试验

启动燃气泄漏试验在机组启动后点火前自动进行，试验分两个过程：

（1）转速上升至 45r/min（L14HT）时，关闭 SRV、Vent Valve，打开 FSV，计时 30s（K86GLT1）内，SRV 后 p_2 压力上升值不超过 100psi（K86GLTA）为合格，否则机组将因泄漏试验不合格触发"L86GLTA"信号跳机，见图 6-38。此试验检验 SRV 的严密性。

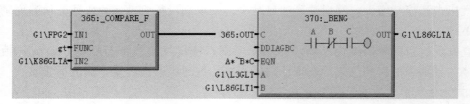

图 6-38 泄漏试验 1 逻辑

（2）SRV 开启，1s（K86GLT2）后关闭，p_2 压力上升，关闭 FSV，数字计时秒（K86GLT3）内，SRV 阀后 p_2 压力下降值不超过 150psi（K86GLTB）为合格，否则机组将因泄漏试验不合格触发"L86GLTB"信号跳机，见图 6-39。此试验检验 GCV 及 Vent Valve 的严密性。

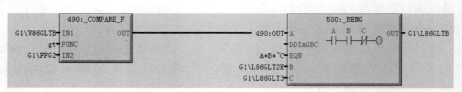

图 6-39 泄漏试验 2 逻辑

2. 燃气泄漏试验失败原因分析

图 6-40 为燃气轮机启动泄漏试验 1 失败的曲线，可以看出，08：19：39，泄漏试验 1 开始，28s 后 p_2 压力超过 100psi；泄漏试验 1 失败，燃机主保护 L4 动作，机组停机。

停机后，机务对 SRV 进行了检查及处理，消除了 SRV 的泄漏。再次启机，泄漏试验成功，机组启动正常。

3. 事件防范

在需紧急开机，且 SRV 泄漏的情况不严重的情况下，可以适当抬高试验 1 的泄漏定值，以使燃气轮机躲过该泄漏试验，保证开机成功；但试验 2 的定值要慎重对待，因为导致试验 2 失败的原因一般是 Vent Valve 泄漏或 GCV 泄漏，Vent Valve 泄漏会造成天然气损失，GCV 泄漏会增加燃烧室爆燃的可能。

停机过程中，在燃气轮机熄火后应再进行一次泄漏试验，其试验过程与启动燃气泄漏试验过程一样。如果停机时燃气泄漏试验失败，则机组停机后一定要对燃烧系统各阀门进行仔细检查，查明原因并及时处理，以确保机组的安全。

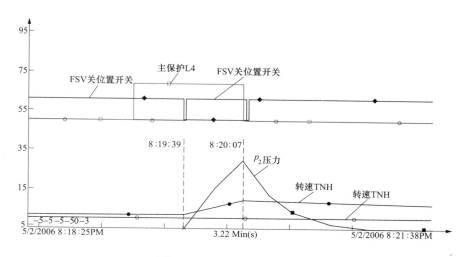

图 6-40　泄漏试验 1 失败曲线

三、FSV 开启时间过长导致燃气轮机爆燃事件

1. 事件过程

某燃气轮机机组清吹结束，转速下降至 L14HM，点火指令发出，点火器打火，FSV 打开使燃气通入，SRV 打开控制 p_2 压力，D5 打开进气（如 30s 内两个以上强度合格的火焰信号发出即点火成功，燃气轮机随后进入暖机状态），但某次启动点火时出现爆燃。

2. 事件原因分析查找

热控人员检查历史曲线（见图 6-41）发现爆燃是因燃气轮机 FSV 开启时间过长导致。

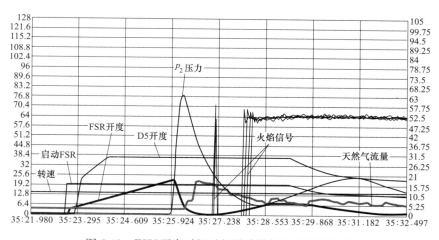

图 6-41　FSV 开启时间过长导致燃气轮机爆燃曲线

历史曲线中虽未有 FSV 的阀位信号，但通过对其他信号的分析能推断出 FSV 存在异常。燃气轮机点火信号发出后，启动 FSR 指令给出后，SRV 开启控制 p_2 压力，D5 开启至 30%；后 SRV 不断增大开度，但 p_2 压力未上升，推断 FSV 此时未打开；之后 p_2 压力出现

突升，天然气流量也瞬间上升，推断 FSV 此时方才打开。综合分析后得出：燃气轮机点火时，由于 FSV 长时间未开启，SRV 后的 p_2 压力不能上升，于是 SRV 不断开大，以试图将 p_2 压力控制至设定值；随后 FSV 打开，p_2 压力又因 SRV 阀位开得过大而迅速上升，过高的 p_2 压力将点着的火焰吹灭，然后又点火成功。从曲线上也能看出，火检信号出现又瞬间消失，随后又再次出现。此过程中运行人员能听到燃烧室中有短暂的轰鸣声。更换 FSV 后，机组再次启动未发生上述爆燃现象。

3. 事件处理与防范

针对 FSV 故障，建立 FSV 检查台账，定期检查 FSV 气动回路并进行阀门开关试验，通过对阀门开关时间历史数据的分析，判断 FSV 是否有劣化迹象，尽早将问题消除在萌芽状态。

四、SRV 故障导致"点火后 p_2 压力高"跳机事件

1. 事件过程

SRV 常见故障是阀门内漏严重，后果将导致开机泄漏试验失败跳机及启动后，燃料流量超限跳机，某电厂机组启动过程中机组跳闸，故障原因是 SRV 故障导致"点火后 p_2 压力高"跳机。

2. 事件原因查找分析

检查 9FA 燃气轮机 MARK Ⅵ 控制逻辑中触发"点火后 p_2 压力高"跳机条件为：燃气轮机点火成功后，如果 p_2 压力高于 43.75psi，且持续 5s 以上，燃气轮机即因"点火后 p_2 压力高"跳机。同样，当 p_2 压力低于 28psi 持续 5s 以上时，MARK Ⅵ 控制逻辑中触发"点火后 p_2 压力低"跳机。

SRV 故障导致"点火后 p_2 压力高"跳机时的历史曲线见图 6-42，可以看出，燃气轮机清吹结束，进入点火进程，SRV 开至 8.5%，D5 开至 30%，燃气轮机点火成功；进入暖机过程，因暖机燃料量小于点火燃料量，D5 逐渐关小。但燃气轮机点火成功后，p_2 压力高于跳机值 43.75psi，为了降低 p_2 压力，SRV 不断关小，p_2 压力从最高 51psi 往下降，但始终未低于 43.75psi 以下。当 SRV 指令低于 3% 时，SRV 卡在了 3% 不再关小，此时 p_2 压力不降反升，5s 后燃气轮机因"点火后 p_2 压力高"跳闸。

机组跳闸后，热控人员对 SRV 控制阀控制回路进行检查：三冗余的伺服阀线圈阻值、绝缘及接地均正常；强制开关 SRV 控制阀，阀门响应迅速、准确，未出现阀位反馈与指令不跟随的现象。随后，机务人员对 SRV 控制阀阀体进行泄漏试验，结果显示 SRV 控制阀阀体严密性合格。从静态试验的结果来看，SRV 控制阀一切正常。但再分析跳闸曲线时发现 p_2 压力与 SRV 控制阀阀位变化的趋势值得推敲——燃气轮机跳闸时，p_2 压力因来不及放散短时上升，但随 p_2 压力上升，卡在 3% 的 SRV 控制阀开始缓慢关闭。p_2 压力上升，改变了 SRV 控制阀阀前 p_1 压力及阀后 p_2 压力的压差。综合以上，推测跳闸的原因为：机组暖机时，燃料量小，SRV 开度较小，阀门前后压差较大，SRV 控制阀油动机不能克服阀门前后压差的影响，未及时将 SRV 控制阀关小，导致 p_2 压力上升至跳机值并因此跳机。

3. 事件处理与防范

（1）在更换 SRV 控制阀油动机，阀位重新标定后，机组再次启动，未出现"点火后 p_2 压力高"跳机。开机曲线见图 6-43，燃气轮机点火成功后，p_2 压力虽短时高于跳机值，但

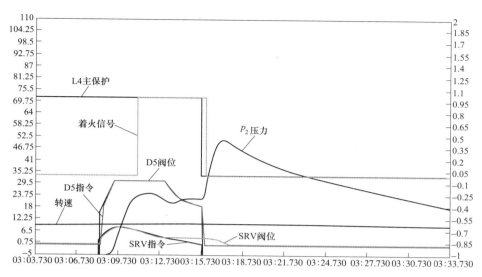

图 6-42　SRV 故障跳机曲线（采样周期 40ms）

随 SRV 控制阀关小，p_2 压力快速降至正常值，机组顺利完成暖机并进入升速阶段。

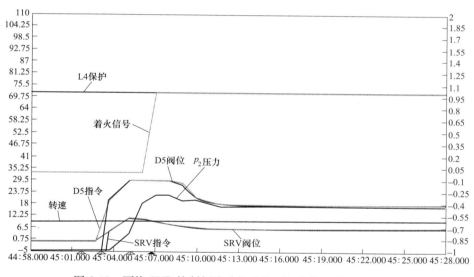

图 6-43　更换 SVR 控制阀油动机后的开机曲线（采样周期 1s）

（2）SRV 控制阀出现故障时，首当其冲的就是 p_2 压力，进而影响燃气轮机燃烧及负荷控制。若机组出现 p_2 压力不稳定，在停机后应对 SRV 控制阀进行重点检查，检查 SRV 控制阀控制回路有无异常、SRV 控制阀线性是否合格、SRV 控制阀泄漏是否严重、SRV 控制阀油动机是否有异常等。

五、清吹故障导致"点火后 p_2 压力高"跳机事件

1. 事件过程

清吹故障是在燃气轮机启停过程中发生概率较高的故障，最常见的故障就是清吹阀关闭时间过长。某燃气轮机机组停机过程清吹时，报警信号显示"ALM GAS PURGE FAULT TRIP"信号，机组跳闸。

2. 事件原因查找分析

故障后，专业人员到现场查看清吹故障跳机时的事件记录，见表 6-12。

表 6-12　　　　　　　　　　　　清吹故障跳机事件记录

Time	S	Point	Typ	Description
22:18:02.797	1	L94X	EVT	Normal shutdown
22:18:02.797	1	L1STOP_CPB	EVT	Master Stop Signal
22:18:02.837	0	L3	EVT	Turbine complete sequence
22:18:02.837	0	L83PS	EVT	Preselected Load Command
22:18:03.756	0	L1STOP_CPB	EVT	Master Stop Signal
22:23:46.358	1	Q 0458	ALM	COMPRESSOR INLET THERMOCOUPLE DISAGREE
22:23:46.358	1	Q 0979	ALM	GAS PURGE FAULT TRIP
22:23:46.358	1	Q 0986	ALM	INTER PURGE VALVE PRESSURE FAULT
22:24:05.399	0	L20FGX	EVT	Gas Fuel Stop Valve Command
22:24:05.399	0	L4	EVT	Master protective signal
22:24:05.399	1	L4T	EVT	Master Protective Trip

清吹系统的作用是利用压气机的排气对未投入使用的燃气管道进行吹扫，以防止燃料在管道中积聚和燃烧回流。D5 管路及 PM4 管路均有清吹系统，其动作机理基本相同，下面以 D5 清吹系统为例介绍清吹故障。图 6-44 为 D5 清吹系统图。

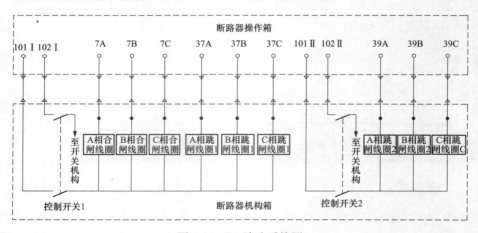

图 6-44　D5 清吹系统图

燃气轮机点火启动，D5 清吹管路关闭，D5 燃料管路投入；随机组负荷增加，TTRF1 温度到达 PPM 至 PM 切换点（2300°F）时，D5 燃料管路退出，D5 清吹管路随即打开；停机时反之，TTRF1 温度降至 PM 至 PPM 切换点（2250°F）时，D5 清吹管路关闭，D5 燃料管路打开。

燃气轮机启动升负荷，PPM 向 PM 切换过程中，考虑到清吹空气短时间内大量进入可能对燃烧稳定造成影响，清吹阀开启不能太快，要求清吹阀 VA13-1、VA13-5 及 VA13-6 从关到开的时间为 35s±5s。

燃气轮机停机时，PM 向 PPM 切换过程中，清吹阀关闭时间不应超过 4s。MARK Ⅵ 逻辑中燃烧模式从 PM 切至 PPM 的设定时间为 8s，即在 8s 内，VA13-1、VA13-2 须关到位，清吹压力开关 63PG-1A、63PG-1B 及 63PG-1C 至少须有两个复归，D5 燃料方才投入。如果 VA13-1 的关闭时间过长，清吹空气会持续进入清吹管路；如果 VA13-2 关闭时间过长，燃烧压力通过 D5 喷嘴会影响到清吹管路。两种情况都会造成排放阀 20VG-2 来不及泄掉 VA13-1 及 VA13-2 之间的压力，清吹压力开关无法复归，从而触发 D5 清吹故障跳机。

清吹阀关闭时间过长的原因有清吹阀控制气源压力低或泄漏、清吹阀放大器故障、清吹阀阀体卡涩等。另外，从图 6-44 分析，产生清吹故障跳机的原因还可能有 20VG-2 故障或是清吹压力开关本身故障或清吹压力开关取压管路堵塞等。

3. 事件处理与防范

GE 公司 9FA 燃气轮机的 DLN 2.0＋燃烧系统较复杂，该系统控制过程中某一细小环节问题就有可能造成机组启动失败或跳闸。应采取以下防范措施：

（1）针对燃烧系统的各设备应制定合理的维护、检修周期及制度，确保系统的各设备始终处于健康的状态，保证机组启停成功及稳定运行。

（2）针对清吹故障，宜制订合适的阀门校验计划。如停运超过一段时间的机组在启动前，须对阀组间的各清吹阀进行试验，以确定各清吹阀处于良好的工作状态。

（3）阀组间的检修工作结束后，热控人员应对清吹阀进行测试，以确定阀组间的检修工作未对清吹阀造成不良影响。

（4）应定期对三个清吹压力开关进行校验。另外，可考虑在清吹管路上增加压力变送器，以便从清吹趋势曲线及早发现清吹系统压力异常。

六、一台 9E 燃气轮机机组拆迁安装调试期间点火不成功事件

1. 点火失败问题

某厂一台 PG9171E 型简单循环燃气轮机拆迁至异地后采用轻质柴油发电，调试期间发生点火不成功故障，包括点火失败及熄火保护动作。由于原因复杂，多次启动不成功。该机组调试过程中主要设备问题有单向阀工作压力不一致、主雾化泵故障、燃油旁通阀卡涩、前置撬压力控制阀电磁阀故障、启动失败泄油阀故障等。由于机组长期停运以及拆装运输等原因，还发生了 IGV 齿条锈蚀卡涩、防喘阀故障、CO_2 灭火装置压缩机故障、MARK Ⅴ 控制系统通道损坏、多处直流接地、热控元件损坏等问题。

整体调试期间，该机组主要问题是点火失败以及点火成功后熄火。一段时间内，该机组多次启动点火，成功率极低，尤其是在更换主雾化泵后，每次启动都不成功。

2. 点火不成功原因分析

从设备和系统本身分析，引起点火失败有三个主要原因：一是燃油系统问题；二是雾化空气系统问题；三是点火变压器、高压电缆及火花塞问题。

引起熄火保护的主要原因是燃油系统与雾化空气系统问题，而从机组启动控制分析，引起点火失败和熄火保护动作的主要原因与点火至并网期间各 FSR 值设置不当有关。

(1) 调试初期点火失败与熄火保护动作原因分析。整体调试初期，机组启动后即点火失败。检查发现因机组停运时间较长，加上拆装过程中的一些问题，点火电缆已损坏，绝缘陶瓷套管多处破损，点火时多处放电，造成点火能量不足。

更换点火高压电缆后启动点火，虽能检测到火焰，但经常是 4 个火检中只有 2 个检测到火焰，另外 2 个检测不到火焰。当 FSR 由 "点火 FSR" 降至 "暖机 FSR" 时，火焰逐渐消失，若消失达 30s 控制系统即发点火失败。经检查，发现有一个点火变压器绝缘不符合要求，同时，根据点火后不能连焰以及燃油分配器出口多路切换阀后压力不一致的现象，在排除火检因素后，分析认为可能是燃油单向阀问题。拆下单向阀，用压力校验台测试单向阀顶开压力，结果发现各单向阀顶开的压力不一致（大到 1.4MPa 小至 0.6MPa），而额定压力应是 0.8MPa。对有问题的单向阀进行调整，同时更换点火变压器后，再次启动成功。

对于当转速达到 1800r/min 时，辅助雾化空气泵停运，主雾化泵工作时，机组即发生低频轰鸣声而熄火保护动作的原因，深入检查后，发现是在天然气运行时，为防止主燃油泵和主雾化泵转动，脱开机械连接，主燃油泵的机械连接可以直接看到，但主雾化泵的机械连接只有将上盖打开后才能看到，因此未发现机械连接这一缺陷。连接好主雾化泵与辅助齿轮箱后，机组启动正常但不能定速，转速达到 3000r/min 后还继续上升，只能停机检查。虽消除了一些安装上的缺陷，但在随后的启动试验过程中，再次发生熄火保护动作，同时现场主雾化泵附近伴随有异声。经检查发现主雾化泵润滑油路堵塞，烧瓦断轴，雾化空气不足，从而造成熄火。

(2) 主雾化泵更换后点火不成功原因分析。

1）更换主雾化泵前后不同点分析。机组更换主雾化泵，每次启动不是点火失败就是熄火保护动作。由于更换前点火成功，因此重点对比检查更换前后机组的不同情况。经过检查，更换主雾化泵前后机组不同状况见表 6-13。

表 6-13 更换主雾化泵前后机组不同状况

对比点	更换前	更换后
气温（℃）	−10～−15	−15～−20
主雾化泵	额定转速高	额定转速低
控制参数	机组不能定速	调整相关参数

燃油温度低会造成燃油流动黏度过大，影响燃油流动性甚至结蜡，检查油库及燃油系统温度，均在允许值内，在末端放出的油稀度也满足要求，因此可以基本排除气温低的影响。

与原雾化泵相比，新雾化泵额定转速低一些，但主雾化泵在 1800r/min 投入，不是点火失败的原因。在辅机间雾化空气管及透平间雾化空气歧管上安装小量程压力表，强制启动辅助雾化空气泵，测得的雾化空气压力、雾化空气温度正常。接着检查燃油系统，确认从燃油供油泵至前置撬和辅机间燃油系统各点压力及差压正常。检查燃油分配器三个测速探头均正常，再检查燃油旁通阀，重新校准行程及位置反馈均正常。

2）燃油控制系统参数排查分析。燃油控制系统中执行燃油流量控制的是三线圈伺服阀

65FP-1，通过旁路主燃油泵出力达到控制燃油目的。三冗余（R、S、T）控制模件表决计算的燃料冲程基准信号（FSR1），通过硬件回路表决输出至 65FP-1。在排除气温及雾化空气系统问题后，将重点放在控制参数上。

更换主雾化泵前因机组不能定速，控制系统参数进行过调整。检查调整过的参数后发现，代表燃油流量的流量分配器转速探头信号在 TCQA 模件的脉冲重复频率（pulse rate）调小了。虽然调小后由转速信号经过折算的流量反馈信号（FQL1,%）比调整之前大了许多，但是启动过程中，在同样的燃油旁通阀伺服阀指令（FQROUT,%）下，通过燃油旁通阀调节的实际燃油流量比调整之前少了许多，从而引起启动点火失败或在点着火后燃烧不稳定直至熄火。

图 6-45 为更换主雾化泵前启动过程曲线，图 6-46 为更换主雾化泵后启动过程曲线，图中 FD_INTENS1、FD_INTENS2、FD_INTENS3、FD_INTENS4 为 4 个火检强度信号。对比图 6-45 和图 6-46，更换主雾化泵后，在由"点火 FSR"降低到"暖机 FSR"后，虽然 FQROUT 基本相同（偏差是因为环境温度低，压气机流量温度校正系数 CQTC 变化了），FQL1 也基本相同，但燃油流量小了很多，燃烧不稳，造成点火失败。

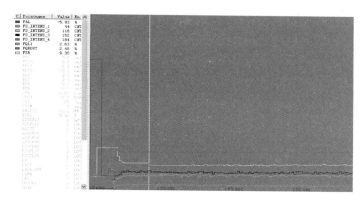

图 6-45　更换主雾化泵前启动过程曲线

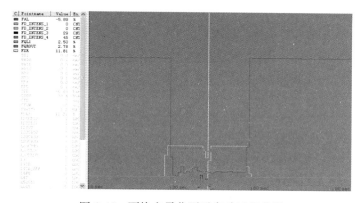

图 6-46　更换主雾化泵后启动过程曲线

重新调整相关参数，提高"暖机 FSR 值"再次启动点火成功，见图 6-47。但很快再次发生熄火保护动作（时间轴约 85s 处），且只能检测到 2 个火检信号。再次检查燃油单向阀，发现各单向阀顶开压力有偏差，简单调整恢复。为了防止单向阀开启压力不一致引起启动失败，将点火转速适当提高，再次启动点火成功，经暖机、升速、定速后并网成功，见图 6-48。虽然仍只能检测到 2 个火检，但约 1000r/min 后连焰成功。

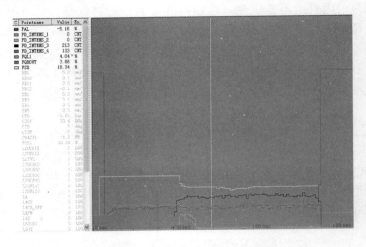

图 6-47 提高"暖机 FSR"值后启动过程曲线

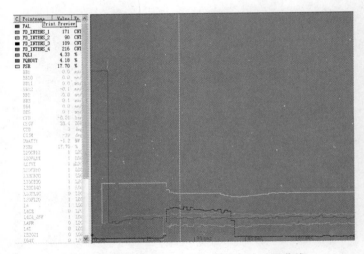

图 6-48 调整"暖机 FSR"值后启动过程曲线

（3）燃油流量波动大分析。调试后期发生燃油流量波动情况，见图 6-49。波动不仅发生在启动过程中，也发生在定速后。

检查燃油系统各点压力未见异常，流量分配器测速探头也无异常。由图 6-49 可知，旁通阀位置反馈（FAL，%）和 FQL1 都有晃动，且在 FSR 由点火 FSR 降至暖机 FSR 后晃动加剧，有时 FQL1 甚至到 0，分析原因为旁通阀伺服模件控制参数作用太强，造成调节振荡。

在无备件可换情况下，通过减少伺服模件增益来降低调节作用，对旁通阀重新标定校准后，燃油流量晃动情况大大减小。

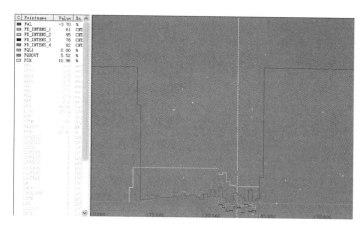

图 6-49　启动过程中旁通阀调整曲线

七、IGCC 低热值燃气轮机蜂鸣大导致机组跳闸事件

某 IGCC（整体煤气化联合循环）示范工程是国家"十一五"863 计划重大项目依托工程，该电站装机容量为 265MW，包括空分系统、煤气化系统、煤气净化系统、硫回收系统、燃气-蒸汽联合循环系统。IGCC 燃气轮机为西门子 SGT5-2000E（LC）型低热值燃气轮机。

1. 蜂鸣保护动作

机组燃气轮机蜂鸣监视系统，采用整套瑞士 VIBROMETER 的 VM600 系统，左右燃烧室各有一路。燃气轮机启动燃料为柴油，主燃料为合成气，因此有两种燃料运行模式，针对不同的燃料有对应的三套蜂鸣保护定值，见表 6-14。

表 6-14　　　　　　　　　　　　　不同的燃料对应的蜂鸣保护定值

燃油工况			合成气工况			混烧工况		
定值	延时	动作结果	定值	延时	动作结果	定值	延时	动作结果
>20mbar	3s	降负荷	>40mbar	1h10s	降负荷	>40mbar	0s	报警
>30mbar	4s	快速降负荷	>60mbar	20s	快速降负荷	>60mbar	35s	切回燃油
>60mbar	5s	跳机	>80mbar	1s	跳机	>80mbar	2s	跳机

注　1bar=0.1MPa。

燃油工况，西门子燃气轮机设计成熟，运行较稳定，故保护定值较小；合成器工况，由于热值较低（设计为 1671kcal/m³，1kcal=4.184kJ），燃烧相对不稳定，所以保护定值较高。混烧过程只允许发生在切换过程（燃油→合成气、合成气→燃油），该过程由于涉及不同风燃比的配比，燃烧过程相对比较复杂，所以保护定值既要兼顾切换进行又要保证机组安全。

在燃气轮机调试及运行中，多次发生蜂鸣大导致燃料切换或跳机事件，引起蜂鸣变化的影响因素很多，通过下面的分析找到规律，来提高低热值燃气轮机的运行稳定性。

2. 蜂鸣大因素分析

（1）温度影响因素。根据图 6-50、图 6-51 可以看出，燃油工况下，蜂鸣高值散布于各个温度点，毫无规律，而合成气工况下，15℃以下发生次数明显密集，这主要取决于合成气的燃烧稳定性。

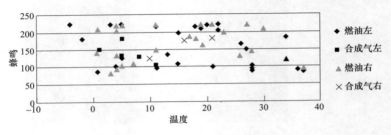

图 6-50　2013 年蜂鸣高值分布点

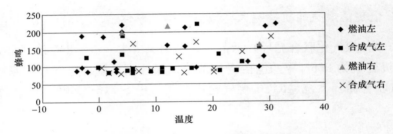

图 6-51　2014 年蜂鸣高值分布点

由图 6-52 可以明显看出温度与蜂鸣的相关性，温度越高蜂鸣变小，温度越低，蜂鸣变大，故冬季气温低时，建议开启除冰阀以提高进气温度，进而提高合成气运行稳定性。

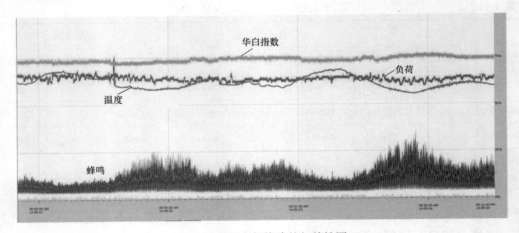

图 6-52　温度与蜂鸣的相关性图

（2）负荷影响因素。通过图 6-53 和图 6-54 的数据可以看出蜂鸣尖波高值集中出现于刚启动（包括升速阶段）时，在机组转入热态正常运行后，尤其在 80MW 以后（正常情况下燃油工况升负荷至 120MW，然后切换为合成气燃料），除了燃烧不稳情况，较少出现尖峰波动。2014 年初由于更换烧嘴调试合成气工况下蜂鸣大出现过多次。

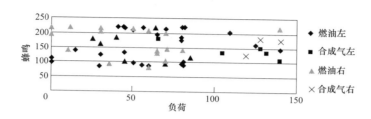

图 6-53　2013 年蜂鸣尖波高值

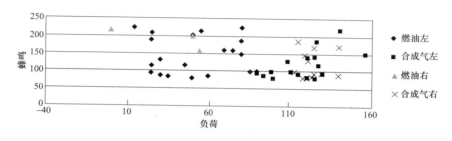

图 6-54　2014 年蜂鸣尖波高值

分析认为，在机组刚刚启动的低负荷阶段，燃气轮机本体冷热态的温度应力变化及快速升负荷中的温度应力变化导致压电传感器产生突变信号，也不排除低负荷时总燃料相对较少，存在个别烧嘴燃料分配不均，局部爆燃导致蜂鸣突变的可能。根据变负荷试验情况，合成气工况下负荷最低降至 40MW 蜂鸣基本无变化，总体来看，燃烧稳定后负荷的变化与蜂鸣变化无相关性。

（3）华白指数影响因素。根据图 6-55 可以看出华白指数变化与蜂鸣变化具有相关性，华白指数越高，蜂鸣越小，燃烧越稳定；华白指数越低，蜂鸣越大，不足以支持稳定燃烧。在不同负荷下，该规律同样适用。

但华白指数不可以无限制升高，首先华白指数升高会提高燃烧温度，可能导致烧嘴温度过热，甚至烧坏；其次过高的燃烧温度也会导致 NO_x 排放升高。华白指数与 NO_x 排放相关性见表 6-15。

表 6-15　　　　　　　　　　　　华白指数与 NO_x 排放相关性

华白指数（100% 对应热值 1870kcal/m³）	NO_x 排放（mg/m³）
120	70 左右
100	30 左右

该项目燃气轮机合成气燃料通过主蒸汽来调节华白指数，故主蒸汽系统要快速准确跟踪合成气量的变化，才能保证华白指数的可控性。

（4）合成气组分影响因素。该项目中以氧气为氧化剂气化生成的合成气，其主要成分为 CO（约占 60%），H_2（约占 25%），CO_2（约占 2%），其他气体（主要是 N_2、CH_4 和水蒸

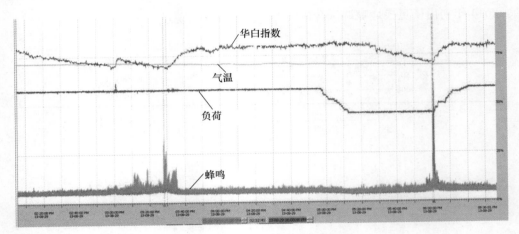

图 6-55　华白指数与蜂鸣变化趋势

气）。其中，各组分的含量随燃料种类的不同而变化，即使是同一种燃料，由于其生成工况波动，各组分也会发生微小变化。

通过图 6-56 可以看出，即使华白指数通过调节蒸汽量保持不变，但当各组分发生急剧变化时，燃烧同样不稳定，蜂鸣变大。所以，保持进燃气轮机前的合成气组分稳定是保证燃烧稳定重要的前提条件。

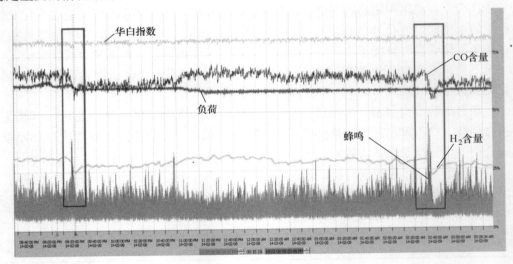

图 6-56　运行中华白指数趋势曲线

（5）烧嘴性能影响因素。该项目燃气轮机烧嘴为根据特定合成气组分设计制造的低热值烧嘴，2013 年初燃烧室检查发现烧嘴稀释孔均有过热现象，见图 6-57，个别相邻小口接近烧穿，燃气轮机无法正常进行燃料切换，合成气燃烧极其不稳定。

如图 6-58 所示，烧嘴结构因过热发生变化后，蜂鸣变得非常大。根据现场实际运行情况该台燃气轮机已陆续更换 V2.0、V3.0 版本烧嘴，目前在装的 V3.0 烧嘴仍然受温度影响明显，冬季工况不稳定。

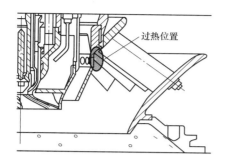

图 6-57　烧嘴稀释孔均有过热现象

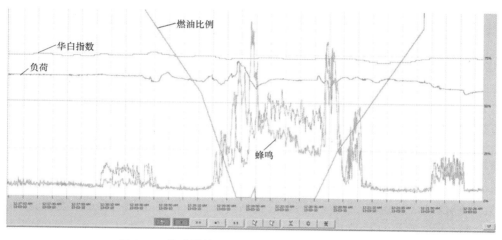

图 6-58　烧嘴结构因过热发生变化后蜂鸣变化曲线

（6）燃气轮机本身特性影响因素。该燃气轮机每次切换前蜂鸣变大，是因为切换前的氮气吹扫导致合成气组分变化，内部燃烧不稳定造成（见图 6-59）；而在混烧即燃料切换过程中，存在类似于汽轮机的临界区，在燃油比例 30％时，蜂鸣变大或开始变大。

3. 故障处理与措施

（1）根据 IGCC 低热值燃机运行数据总结分析，在监视回路正常状态下，启动初期由于热应力变化蜂鸣多发生尖波突变，时间极短，应通过逻辑中设置延时来消除该影响。

（2）进气温度对燃油工况基本无影响，但低温下合成气工况稳定性变差，可以通过开启除冰阀或改变烧嘴设计结构来增加热声学稳定裕度等措施缓解。

（3）合成气华白指数及组分变化与蜂鸣变化有较强相关性，必须保证运行期间华白指数及组分的稳定。

八、燃气轮机排气温度高跳机事件

1. 事件经过

2016 年 3 月 22 日 05：49：59，某厂 1 号燃气轮机排气温度 104 点 B、C 两支元件温度显示均大于排气温度平均值 50℃，触发热点保护动作，1 号燃气轮机、发电机跳闸。

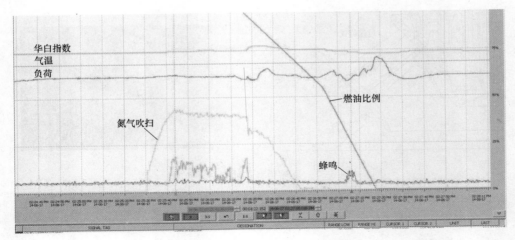

图 6-59　蜂鸣变化与吹扫、燃油间关系

2. 事件原因查找与分析

（1）现场检查。3 月 22 日，1 号燃气轮机跳闸前，1、2 号燃气轮机负荷为 125MW，汽轮机负荷为 170MW，机组总负荷 420MW。天然气组分：氢含量 0%，甲烷含量 94.8%，高热值 38.1%，低热值 34.3%。1 号燃气轮机跳闸前天然气气质无明显变化。

燃气轮机排气温度共 24 个测点，均布于排气扩散段圆周同一截面，在排气扩散段内，迎气流方向 12 点半位置起顺时针依次编号为 101～124，每个测点均为三支热电偶，保护逻辑使用 B、C 两支，A 为备用，当同一测点两支都高于平均温度 50℃时会触发热点保护动作。

经检查，燃气轮机跳机首出为 1 号燃气轮机排气温度 104 B/C 两点均高于平均温度 50℃。05:49:36～05:49:59，104 点 B/C 温度从 614℃上升至 625℃，该时间段内，103 点 B/C 温度为 593℃；105 点 B/C 温度为 589℃，燃气轮机排气平均温度为 575℃，满足热点保护逻辑条件，1 号燃气轮机跳闸。

停机后检查就地排气温度测温热电偶 103、104、124 测点，查询分度表，测点无异常，104B 与 104C 分别布置在不同模件，过程中温度偏差较小，排除测点及回路故障原因。三支热电偶显示温度自检表 6-16。

表 6-16 　　　　　　　　　　　　　　停机后三支热电偶显示温度自检

测点	温度	电压（mV）
103	134	4.5
104	140	4.8
124	147	5.1

（2）原因分析。2 月 22 日，1 号燃气轮机在部分负荷（130～145MW）、IGV 开度约为 10%～15%运行时热点报警，排气温度测点 104B/C 两点出现过超过排气温度平均值 30℃报警，趋势曲线见图 6-60。

2 月 26 日，西门子通过 WIN-TS 数据分析后回复：运行风险低，硬件风险低。西门子提供的 2 月月度诊断报告中未将 1 号燃气轮机发生热点报警事件列为特别注意事项。

3 月 22 日，燃气轮机跳闸前 23.5s 内，排气温度 104 B/C 两点飞升 11℃，见图 6-61。

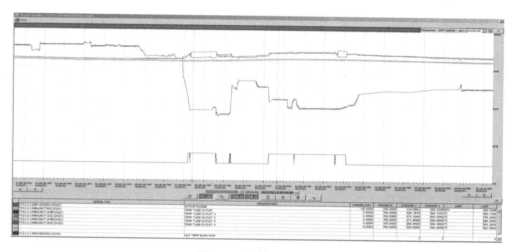

图 6-60　报警趋势曲线

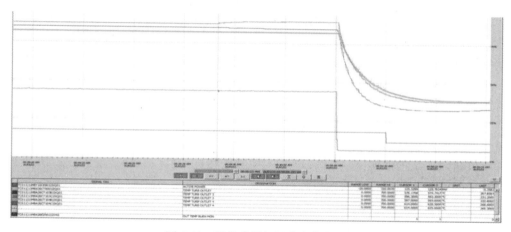

图 6-61　跳机前排气温度变化曲线

1号燃气轮机跳闸后，与西门子工程师沟通分析，造成温度场分布不均及104温度突升的主要原因可能为燃烧器脏污、燃料系统或空气系统中残存异物进入燃烧器，影响燃烧稳定，致温度场分布发生突变所致。经与西门子工程部门多次沟通，并结合参观兄弟电厂同型燃气轮机燃烧器脏污、清洗情况，引起燃烧器脏污的因素主要为燃气质量（如燃气中的S、P、水分等）、燃烧后结焦等。

（3）处理措施。

1）3月22日，西门子工程师基于在2016年5月燃气轮机中修时进行燃烧器清洗的实际状况，给出了将1号燃气轮机热点保护（燃气轮机热点保护用于防止热通道部件遭受交变热应力作用引发部件疲劳损伤）定值由50℃提高到70℃的临时方案，在保证机组设备安全的前提下，避免因热点温差大再次保护动作导致机组停运，当日15:00，完成现场检查及定值修改，1号燃气轮机具备启动条件，17:55，1号燃气轮机转备用。

2）3月24日04:20，西门子工程师再次到场，全程监控1号燃气轮机启动至带负荷过程中热点参数变化情况，一旦发生参数异常变化，以便及时采取处理措施。05:00，1号燃气轮机点火成功，05：58，1号燃气轮机并网，在燃气轮机升负荷至195MW过程中热点温度最高值为32℃（103点），燃烧稳定。

通过上述分析，暴露出如下问题：由于西门子技术封锁，燃气轮机专业人员对西门子燃气轮机深层次技术问题缺乏有效获取途径和方法，对西门子燃气轮机整体认知不足，在燃气轮机长协服务没有给出具体建议和应对措施时，现场生产技术人员缺乏采取有针对性措施的能力。1号燃气轮机排气温度温差大报警现象发生后，相关专业人员联系西门子进行分析，以确认是否对机组运行构成威胁，西门子于2月26日回复"部分负荷运行时热点报警分析报告"，确认"运行风险低，硬件风险低"，在2月的月度诊断报告中未将1号燃气轮机发生热点报警事件列为特别注意事项，燃气轮机专业人员按照厂家说法，认为风险比较小，客观上产生了麻痹思想，对排气温度温差大报警以及可能存在温度飞升没有引起足够重视，对相关信息的分析和跟踪不到位。

3. 事件防范

（1）针对燃烧器脏污造成燃气轮机在部分负荷区间（120～150MW）发生个别排气温度测点过高导致发生热点温度报警，甚至触发燃气轮机保护跳闸的情况，要求运行人员加强热点报警监控，若在运行期间1号燃气轮机排气温度最高点温度与排气温度平均值大于55℃，2号燃气轮机排气温度最高点温度与排气温度平均值大于30℃并持续增大时，联系电网申请提高燃气轮机负荷，尽可能脱离低负荷工况下的燃烧不稳定区，避免燃气轮机排气温差继续增大导致燃气轮机保护跳闸（通过对燃气轮机排气温度历史数据统计、分析发现：在燃气轮机负荷低于160MW运行时，排气温度热点温差值和热点温差变化明显较大，热点温差变化一般均大于7℃；而当燃气轮机温度高于160MW运行时，排气温度温差值和热点温差变化则明显变弱，最大热点温差变化均为2℃以内）。

（2）按西门子工程师建议，安排在2016年燃气轮机中修时对燃气轮机燃烧器进行彻底清洗、流量测试和分配调整，彻底检查、清理燃气及空气进气系统，确保系统清洁，消除燃烧器脏污等影响燃烧稳定的因素。

（3）继续与西门子长协技术团队探讨导致燃气轮机燃烧器脏污的原因、燃烧器脏污的在线监控手段、燃烧器清洗计划周期等问题。

（4）加强与同类型燃气发电企业间的技术交流和沟通，提高对西门子9F级燃气轮机深层次技术问题的认知和把控。

第七章 燃气轮机发电机组热控系统可靠性优化与预控技术措施

燃气轮机发电机组热控系统可靠性，涉及热控系统的控制逻辑，保护信号取样及配置方式，控制系统、测量和执行设备、电缆、电源、热控设备的外部环境以及为其工作的设计、安装、调试、运行、维护，检修人员的素质等，这中间任何一环节出现问题，都会引发热控保护系统不必要的误动或机组跳闸，影响机组的经济安全运行。由此可见，电力可靠性离不开热控系统的可靠性支撑，要提高和深化拓展电力可靠性，就需要重视热控系统各个环节的故障处置与预控可靠性。

本章在贯彻落实 DL/T 774《火力发电厂热工自动化系统检修运行维护规程》和 DL/T 261《火力发电厂热工自动化系统可靠性评估技术导则》等相关标准的基础上，通过调研、收集、深入分析国内燃气轮机机组热控系统存在的问题和引起事故原因，总结、吸收了国内电厂多年从事燃气轮机机组热控技术和监督管理工作的实践经验，进行多年研究和电厂应用实践后提出了"燃气轮机发电机组热控系统可靠性优化"和"燃气轮机发电机组热控系统可靠性预控措施"，为燃气轮机机组进一步贯彻落实"安全第一、预防为主、综合治理"的方针，开展热控系统的设计、安装调试、运行检修维护和管理工作的可靠性技术评估，推动热控系统可靠性过程控制的科学化、规范化，精细化管理提供参考。

第一节 燃气轮机发电机组热控系统可靠性优化

为确保热工自动化设备和系统的安全、可靠运行，可靠的设备与控制逻辑是先决条件，正确的检修和维护是基础，有效的技术管理是保证。燃气轮机发电机组热控系统可靠性，应通过对燃气轮机机组 DCS 系统控制逻辑，保护信号配置，现场维护工作、以及热控技术管理方面的优化完善，使 DCS 热工保护系统的可靠性得到提高。

一、控制逻辑完善

1. 汽包水位保护逻辑完善

国家能源局发布的《防止电力生产重大事故的二十五项重点要求》规定："锅炉汽包水位高、低保护应采取独立测量的三取二逻辑判断方式"。一些机组汽包水位保护逻辑采用差压变送器模拟量通过三取中逻辑后与定值比较，实现汽包水位高、低保护。但逻辑实现过程和《防止电力生产重大事故的二十五项重点要求》中的规定存在不相符现象。在此提出优化后的逻辑（见图 7-1）供参考。

图 7-1 中，经过质量判断的三个补偿后水位测量信号分别与保护定值进行比较，形成三个独立的数字量信号，进行三取二判断后得到汽包水位保护信号。而水位控制、监视信号则通过模拟量信号三取中得到，通过信号质量判断，在输入信号一点有故障的情况下，三取二

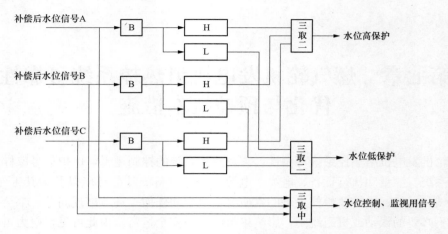

图 7-1 水位保护信号逻辑完善

逻辑自动进行逻辑转换成为二取一的方式，当输入信号二点有故障的情况，保护逻辑转换为一选一模式。通过在 DCS 系统中进行三取二逻辑的改造，以有效防止水位保护拒动和误动。投运后，经试验确认满足优化要求。

2. 三取中模块逻辑完善

为提高信号的可靠性，《火电厂热控系统可靠性配置与事故预控》中要求重要模拟量信号须进行三取中和质量判断后使用。Ovation 系统的三选中模块功能较强，可以直接剔除坏质量状态的信号，并可在信号偏差时自动切换信号为选高值、选低值、平均值中任一预设项。但实际中，这样反而增大了控制系统误动作的可能性。在研究分析 Ovation 系统三取中模块的设置后，对三选中模块的逻辑设置进行修正（见图 7-2）。设置模块控制偏差（CNDB）始终处于最大值，确保三取中模块不剔除偏差大的数值，做到绝对取中。同时根据实际运行工况及设备量程设置合理的报警偏差（ALDB），当一点信号发生偏差时，则产生信号偏差大报警，两点偏差大撤出信号的自动控制，改为手动调节模式，并执行制定的相关安全运行措施。

通过对三取中模块逻辑的完善，确保了信号算法上的冗余安全。

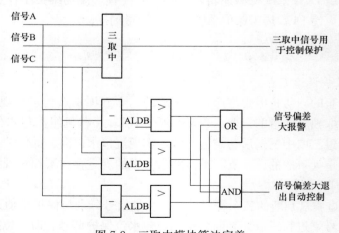

图 7-2 三取中模块算法完善

二、保护信号配置完善

1. 冗余信号配置

重要信号需要做到冗余配置，但由于设计不完善，现场还存在不少单点信号保护情况，如某电厂再热冷段温度保护温度逻辑信号来自单个元件的双支热电偶测点，易发生由于热电偶故障、接线断线、松动和接触不良等情况引起的误动。在机组检修期间增装两支再热冷段温度测点，同时确认三个信号处于不同I/O卡件中，在保护回路上实现三取二逻辑，减少了保护系统因单点信号异常引起误动的可能性。

2. 保护设备信号选择

原有系统存在循泵冷却水系统流量低跳循泵等的保护逻辑，相应的流量开关不能准确地校验设定值，导致该保护回路可靠性差且基本失效。按照"无法实施三选二选择逻辑保护信号，通过对单点信号间的因果关系研究，加入证实信号改为二选二逻辑判断"的原则，在分析热力系统取样信号可行性的基础上，增加冷却水阀门开度信号，采用压力开关信号和冷却水阀门开度信号，进行二选二的方式替换流量开关单点信号，从而提高了该保护回路动作的正确性。

在保护设计中，基本的设计理念采用断电保护方式。然而在部分电磁阀回路中由于正常工作一直处于得电状态中，导致电磁阀老化降低了使用寿命且易故障，同时也由于接线异常易引起线路松动而导致保护误动停机。在对比分析得电保护动作与失电保护动作影响控制系统可靠性利弊的基础上，对部分电磁阀单点信号保护由原来的失电保护模式改为得电保护模式（如旁路阀门保护、二氧化碳保护等）。但对多点冗余的保护回路，仍然保持原有的失电保护方式不变。

3. 辅机温度保护

原有系统中高压给水泵、凝结水泵、循环水泵等主要辅机存在线圈温度、轴承温度等大量温度高跳泵保护逻辑且多数为单点跳泵，保护可靠性较低。根据"无法实施三选二和二选二的单测点信号，通过专题论证，在信号报警后能够通过人员操作处理、保证设备安全的前提下可改为报警"的原则，会同相关专业讨论取消了与泵工作状态关系不大的线圈温度等保护逻辑，对个别信号如高压给泵轴承温度不允许取消保护，则在温度信号中增加速率限制，见图7-3。对辅机温度变化超过每秒5℃的信号自动屏蔽保护功能，避免由于温度元件故障导致温度跳变引起的保护误动现象。同时，对温度元件采用双支元件模式，提高信号可靠性。

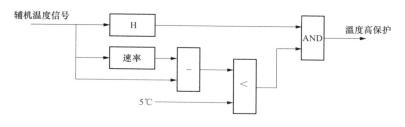

图 7-3　辅机温度保护信号速率限制

1. 做好燃气轮机清吹系统仪表运行维护

燃气轮机热通道的 purge 为清吹，燃料管路的 purge 为吹扫。机组启动前需要对燃气管道进行吹扫，对阀门泄漏和吹扫阀等进行检测。检测吹扫阀的目的是检查燃烧系统 PM4 的吹扫阀是否开关正常，防止机组启动过程中残留积余的燃气在燃气轮机点火时引起爆燃，以保证燃气轮机点火后对未点火的燃烧器喷嘴进行可靠的空气吹扫，防止燃烧器喷嘴高温损坏。

燃气轮机机组的燃气管道上分别设置有燃气清吹阀，见图 7-4。

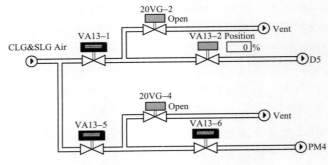

图 7-4　天然气吹扫系统示意

每个管路上各有两个清扫阀（空气侧与燃气侧各一个），在两个清吹阀间还有一个排空阀。其中 D5 清吹燃气侧的清吹阀 VA13-2 是可调气动阀（该阀有关位置、最小清吹位置、清吹位置和最大清吹位置四个位置），其他三个都是全开或全关的气动阀；而 D5 燃气侧清吹阀尤为重要，除了主要的清吹作用，还担负着在 PM 方式下调节清吹空气量，对 D5 燃烧器进行冷却，同时调节助燃空气量的作用。但由于吹扫阀与燃料控制阀都布置在同一阀组间内，空间紧凑狭小、易发生操作超时故障，导致吹扫阀检测失败而跳机。因此应做好燃气轮机清吹系统仪表运行维护工作。

2. 定期检查试验电磁阀

某机组启动升速至 415r/min 时 MARK Ⅵ 进入对燃气轮机的清吹程序，此时要对燃料管路吹扫阀进行检测，吹扫 PM4 喷嘴及其燃料管路进行吹扫的控制阀门实施检测：首先关闭 PM4 喷嘴的吹扫管路泄压排放阀 20VG-4，然后依次打开 PM4 管路、喷嘴的吹扫管路吹扫阀 VA13-6 和 VA13-5，但指令开 VA13-5 阀时，检测到 VA13-5 阀拒开，MARK Ⅵ 系统报燃气轮机吹扫故障，机组启动失败。经检查，确认为 VA13-5 阀的电磁控制阀故障。

由于该设备工作环境恶劣，因此必须定期或利用停机的机会检查、试验电磁控制阀，确保其正常工作。

3. 吹扫阀操控气体泄漏

某机组启动进入燃气轮机吹扫阀检测程序，因出现 VA13-6 阀超时拒开，MARK Ⅵ 系统报燃气轮机吹扫故障，机组启动失败（当时机组转速 698r/min 正在燃气轮机吹扫阶段），此次故障造成机组延迟启动 50min。经检查：发现 VA13-6 阀的仪用气接头由于长时间运行，出现松动漏气；这样当 MARK Ⅵ 发出开 VA13-6 阀指令后，在相同的仪用气压力下，

VA13-6 阀开启变得缓慢而超过规定的延时。

因此应定期或利用停机的机会检查阀组间仪用空气阀门和接头，确保严密。

4. 器件老化故障信号

某机组从 320MW 负荷开始停机，当降至 220MW 时，燃烧方式由预混准备向先导预混切换，D5 吹扫阀关闭，但 VA13-2 吹扫阀阀位显示 0%，阀门状态依然显示为红色，MARK Ⅵ 发"气体燃料吹扫故障"报警，机组跳闸。经检查发现：D5 吹扫阀 VA13-2 的关到位的开关量信号装置的部分塑料件磨损，导致开关量信号装置不动作。

更换后故障清除。

5. 操控气源故障

某机组启动过程中，"吹扫系统压力高"报警，同时机组跳闸。经检查发现，该机组的阀组间模块内的 D5 吹扫管线排空阀位置未在全开状态，几次开启该阀，均有不到位现象。其原因是气源压力不足，造成阀门的气动执行机构动作不到位，D5 吹扫管线内的压力气体不能及时排出。而造成气源压力不足的原因是电磁阀 O 形圈老化使得电磁阀有卡涩情况。

吹扫系统故障不但造成机组非停事故，还包括机组启动失败，由于正常运行中燃气阀组间温度较高，设备的塑料、橡胶件极易老化损坏，因此在机组停运时应加强对这类设备进行检查，并可通过活动性试验以尽早发现这类故障，减少机组出现的非停及启动失败事件的发生。

四、热控管理制度的完善

1. 规程完善

制定和完善了《燃气-蒸汽联合循环发电机组热控设备检修规程》，确认了现有热工自动化设备的检修的项目、应达到的检修标准，是机组热工自动化设备检修维护的基本依据。在机组检修中对规程进行认真验证和完善，并定期学习，提高维护人员在热控设备故障时的处理能力。组织热工保护事故分析，并组织实施反事故技术措施中相关项目。

另外，根据机组设备投运的现状，完善《热工保护联锁试验管理制度》，确认了热工保护的形式和定值，并且对所有热控联锁试验项目、方法有明确要求，确保热控联锁准确投入。

2. 保护投撤设定

根据控制系统故障应急处理的要求，对重要保护系统设置明确的保护投撤方法。在日常故障处理中，按照规定的方法和手续进行保护投撤，确保保护投撤规范准确，避免由于人为失误（如强制错误或误漏强制信号）导致热工保护误动作。

3. 软件管理

制定和完善《热工保护及软件管理制度》，明确保护相关的硬件和软件逻辑设计的更改、定值修改、控制策略异动等热工保护系统维护修改的方法和要求。在机组正常运行工况下，定期检查软件运行状况，发现异常情况及时分析处理，并做好维修记录。

4. 加强现场管理

2012 年 4 月 11 日 09：10，某公司 7 名油漆工进行主厂房设备刷油漆工作，工作负责人于 09：40 办理完检修工作票，带领油漆工开始工作（此前，安生部已对油漆工进行安全教育和安规考试）。09：40 左右，运行值盘人员发现 1 号凝结水泵运行中跳闸、2 号凝结水泵自投成功。立即报告单元长和值长，同时检查报警信号运作情况。单元长派人就地检查，发现凝结水泵电动机上方站着一名油漆工，正在刷管道油漆。经热控人员检查，发现跳闸原因为"1号凝结水泵出口电动门未全开"故障，为油漆工误碰设备使1号凝结水泵出口电动门关闭导致1号凝结水泵跳闸。

认真做好临时工的安全教育工作，强化现场作业行为，确保监护到位。同时检修人员做好对临时工的监护工作。

5. 做好保温伴热工作

保温不可靠，不但影响测量准确度，还可能引起安全事故，如2012年6月5日，某电厂4号机4m层主蒸汽至均压箱手动二次阀保温套冒烟，是由于该阀门内部保温材料安装不实，造成内部热量外泄，高温热气传至保温套表面，造成表面冒烟着火。

2016年1月22~24日，受多年未遇强寒潮影响，我国大部分地区温度普遍突破历史最低值，东北部分地区最低温度达到−40℃，南方地区普遍突破−15℃，山西太原最低气温突破有史以来的最低气温记录，达到−21℃，极端天气对整个机组的安全运行构成极大的威胁，虽然当时电伴热系统已全部满负荷投运，但是针对极端天气效果不明显，如某燃气轮机电厂主蒸汽流量取样管路出现结冻现象，某电厂凝结水流量、主蒸汽压力部分因冻受影响等。据不完全统计，2016年1月，全国范围内由于寒潮原因引起的机组非停就有40多家。因此，为应对极端天气影响，应采用通用性强、造价低廉、可靠性高、功耗低、加热保温效果好的电伴热系统，做好复合伴热工作。

6. 现场设备安装防振

2014年6月16日，某燃气轮机电厂在燃气轮机启动定速并网过程中，二级冷却空气压力（MBH23CP102）出现较大幅度波动，在升负荷过程中出现间歇性变坏点，燃气轮机紧急停机，对测点进行检查。检查发现测点的中间接线盒位于燃气轮机钢梁上，为便于检修时拆除测点，采用航空接头连接。由于机组运行过程中，接线盒处振动较大航空插头连接处有虚接，将航空插头连接改为拧接端子连接。再次启动，故障现象消失。因此，应检查现场接线盒，避免安装不当带来振动影响。

7. 继电器进行检验

某电厂机组为GE公司E级机组，正常运行时，控制系统出现"1705 TCEA LOOP-BACK、RELAY、ETR2"诊断报警，经信号通路检查，分析故障点可能在连接电缆（JLX、JLY、JLZ、JDR、JDS、JDT）、TCTG模件、主跳闸继电器（PTRs）及紧急跳闸继电器（ETRs）。停机时对以上故障点进行检查，发现紧急跳闸继电器（ETRs）动作时，相应触点接触电阻偏大，造成TCEA模件的继电器状态检查回路诊断为继电器动作不正常。更换相应紧急跳闸继电器，故障消除。应利用机组检修机会，对继电器进行检验。

8. 升级改造

某电厂2号机组为三菱机组，自投运以来，多次出现集控室公用OPS短时（约2min）无数据或数据更新滞后现象。检查发现，故障发生时所有公用OPS与ACS通信中断，故障出现的时间一般在并网前后。每次检查都确认各MPS运行无异常，重新启动ACS后公共OPS功能恢复正常。之后针对2号机组ACS进行了升级改造，改造完成后，即使所有公共OPS终端运行，也没有出现过画面无数据的情况，故障消除。

9. 人员培训

生产系统存在着固有危险。然而，这种固有危险都是在人机环境控制下运行的，事故经常是在危急事态下由于人的行为不当导致能量失控而发生的。因此，随着大型机组的不断投产，对热控设备的安全性、可靠性和有效性提出了更高要求。但是无论多先进的设备、多完美的设计和巧妙的控制策略，不可能绝对可靠。可靠性理论认为，有"故障"是绝对的，但故障与事故之间并不是必然关系，关键是如何尽早检测、发现潜在故障，然后软化、控制和排除故障，避免故障进一步扩大和发展。这需要提高和调动全体人员的积极性和责任性，以及对故障的"反应速度"，而运行中出现的异常和辅机故障，若运行操作人员能及时发现、正确判断、迅速处置，同样可以避免异常和故障的进一步扩大，甚至可以化险为夷。

第二节　燃气轮机发电机组热控系统可靠性预控

项目组根据"坚持预防为主，落实安全措施，确保安全生产"的方针，在调研收集的燃气轮机电厂可靠性优化与管理工作中的经验与教训，结合各单位的检修维护和运行实践的基础上，进行了深化管理，完善系统配置，减少燃气轮机热控系统故障，提高燃气轮机热控系统可靠性和机组运行安全稳定性的研究后，编写预控措施，供燃气轮机机组的热控系统基建及改造过程中的设计、安装、调试和生产过程中的检修、维护、运行及监督管理工作中参考。

一、可靠性管理基本要求

1. 技术管理

（1）根据 DL/T 261—2012《火力发电厂热工自动化系统可靠性评估技术导则》的要求，对热工自动化系统与设备，按重要性进行 A、B、C 三类分类，按设备质量和维修质量进行一、二、三级设备可靠性评级、编制清册和统计台账，进行可靠性管理与评估。对因热工自动化系统的设备隐患、故障引起的运行机组和辅机跳闸故障，进行分类、分级统计与管理，并按 DL/T 1340—2014《火力发电厂分散控制系统故障应急处理导则》的要求制订切实可操作的故障应急处理预案，定期进行反事故演习和故障应急处理能力的评估。

（2）根据 DL/T 774—2015《火力发电厂热工自动化系统检修运行维护规程》的规定，结合系统与设备的重要性分类和可靠性级别、在线运行质量和实际可操作性，制定热工自动化系统与设备的维修周期并实施管理。依据法规和标准规定，参考 DCS 制造厂提供的维修文件、同类型机组的检修经验和系统及设备状态评估结果，并综合考虑维修设备配置、维修人员能力、资金投入、技术和管理水平等因素，合理确定控制系统及设备的检修方式、检修周期，制订控制系统运行维护与检修试验工作质量过程控制计划。

（3）控制系统及设备检修，应贯彻"安全第一"的方针，杜绝各类违章，确保安全。应从检修准备开始，制订各项计划和具体措施，完善程序文件，推行工序管理，做好检修、验收和检修后评估工作，实行标准化作业。应按 DL/T 1056—2007《发电厂热工仪表及控制系统技术监督导则》的规定进行全过程技术监督与可靠性管理，并根据作业流程和质量要求设置验收控制点（H 点或 W 点）（涉及控制系统安全性能及重要功能的检修、试验验收项目，应采取"H"验收方式；其他检修、试验验收项目，可采用"W"验收方式）。

（4）对 DCS 内、外部设备（包括软件功能）运行工况实行全方位管理，及时发现与处理运行中发生的设备故障、缺陷和不安全问题，无法处理消除的应采取防止故障与缺陷扩大的防范措施。影响发电机组安全经济运行的遗留缺陷，应制订整改计划并在规定的时间内完成整改。

（5）为保证 DCS 技术管理工作的有效性，应将检修试验、运行维护与技术管理有效结合，制定、健全对应的各项技术规程、规章制度，为专业人员开展检修、运行、维护与管理工作提供依据。

（6）健全专业管理制度，加强专业人员的标准与安全意识教育和专业技能与规范操作培训，确保所有影响分散控制系统和设备可靠性的运行维护与检修试验质量的工作，都由合格的专业人员、使用合格的工具、并在规定的受控条件下，按照相应的技术标准、规程、细则或其他相应文件要求进行，工作过程应实行监护制。

2. 检修与维护

（1）机组热工自动化系统检修、运行与维护工作的主要任务如下：

1）停机定期检修工作，应包括设备和部件的清扫与检查、易损部件的更换、所有接线和接插件紧固、检修后控制系统基本性能与应用功能试验、监控功能核查与动态试验、检修与试验后验收。

2）定期维护工作，应包括测量参数显示与准确度抽查、模拟量控制系统运行品质、开关量控制系统运行状态、当前趋势记录曲线和历史趋势记录曲线检查，相应设备的在线试验、缺陷消除、故障应急处理和故障应急处理演练等。

3）日常维护工作，应包括硬件、软件工作状态巡检、异常状态与故障分析处理，定期试验与部件更换等。

（2）热工自动化系统的检修与试验周期，原则上随机组检修周期进行；但可根据设备运行状况和 DL/T 261—2012 确定的原则及时进行调整与管理，以确保检测参数准确、保护联锁动作可靠、控制策略合理、系统运行稳定。

（3）根据 DL/T 774—2015 的要求，进行控制系统基本性能与应用功能的全面检查、试验和调整，以保证各项指标达到规定要求。检查、试验和调整工作内容与时间，可参考 DL/T 261—2012 要求确定后，列入机组检修计划。

（4）热工自动化系统与设备的配置及维修更换的仪表准确度，应符合 DL/T 261—2012 确定的原则。热工试验室应符合 DL/T 5004—2010《火力发电厂试验、修配设备及建筑面积配置导则》规定，计量仪器配置准确度、数量与范围，应满足机组运行维护、检修与试验的需求。

（5）通过维修管理系统，建立健全技术档案资料，实行从设备选型、使用、检修、维护、检测到报废的全过程计算机管理，及时掌握设备在整个使用过程中的质量。应通过数据统计和设备检定的溯源数据分析，为设备的改造提供依据，以促进设备的完好率、准确率和检修工艺质量的不断提高。

（6）重视维修接口管理工作。实行检修维护外包的电站，所有参与热工自动化系统与设备检修、维护工作的单位，应确定检修、维护项目的工作联系人，以文件形式明确规定各单位和部门的技术管理职责及义务，并确保接口始终处于受控状态。

（7）制定并有效执行各项规程管理规定，认真落实各项热控系统反事故措施，包括：单点信号保护列有清单并已采取有效防误动措施，信号变化率保护设置合理；重要阀门和设备在控制电源失去后的状态列有清单，并充分了解其对机组的安全影响。

（8）对所有进入控制、保护、联锁系统的就地一次检测元件和可能造成机组跳闸的就地部件的安全属性进行分类，通过设备挂牌的颜色予以区别。用于主保护动作的 A 类设备应挂醒目的红色标牌，用于联锁和报警的 A 类设备应可挂黄色标牌，仅提供显示的设备标志可不标注颜色。涉及重要保护的控制盘、柜，可通过盘、柜名称的颜色区别。用于主保护的控制盘、柜名称可用红色标牌。

（9）应采用电源接线挂牌的方式，对同一控制柜内的交、直流电进行区分标识，防止人员误碰、误操作。在 DCS 机柜接线端子排中，应将带有保护、联锁的接线通道用红色字体标红，防止热控人员误拆除带保护、联锁的接线端子。

（10）人员进入电子设备间和工程师站也应采取有效管理措施。

3. 报警信号管理

（1）热工控制系统的报警信号，应至少分成三级（或四级）管理，优先级别逐渐递减，其中：

1）一级报警为关键报警消息，应在短时间（如 2min）内响应处理，该类报警宜设置为自动处理和同时发出声音报警（音调、延续时间、重复报警率应与二级有区别）。

2）二级报警为紧急报警消息，应在较短时间（如 2～7min）内响应处理，该类报警可由操作人员手动处理，宜发出声音报警。

3）三级报警为建议消息，可能需要运行人员手动处理。

4）四级报警为信息消息，该类报警不会对正常运行产生影响，无需对四级报警做出立即响应。

（2）机组集中控制室应设置大屏幕显示器，对各级报警数量做出限制和报警优先级进行合理排序外，一级报警信号应在大屏幕上直接显示，二级报警信号应在大屏公用信号牌显示，点击后有进一步详细报警信号显示；三级报警信号应在显示屏上显示；四级报警信号可存储于系统中用于后续查询。

（3）报警信号系统应以声音、视觉、记录及时正确的响应设备故障、过程偏差或者异常状态信息，应避免信号频繁报警、长时间报警、误报警而导致运行人员疲倦于报警信号的处理，应防止定值设置过大不能起到预告警作用或操作人员忽略高优先级报警而导致操作处理不及时带来的事件扩大，应能在多信号报警发生时为操作人员筛选出首要报警信号，并提供必要的参考信息以帮忙采取正确的操作。

（4）控制系统或装置的报警显示窗口，除显示当前活动的报警信号，应提供分类、过滤、屏蔽、挂起等功能。对于已经分级的报警，宜为每一个报警创建推荐的操作响应指导。宜具有自动创建报警性能数据（如每个区域的报警数量、每小时的报警数量、超过一定次数的同一个报警等）统计报表的功能，用于对报警系统的性能进行评价和改进。

（5）应建立数据平台，对报警管理数据库中大量报警数据，进行统一管理和关联分析，实现报警系统持续改进，根据评估结果得出需要改进的环节，采取修正措施，按照变更管理程序文件的要求检查并实施这些推荐的修正措施。

（6）电厂应在生产技术部门的统一管理下，由检修、运行的各专业技术人员一起，定期对报警系统进行评估，评估的性能指标包括但不限于报警频率、操作人员响应时间和特定操作行为。

4. 定值管理

(1) 热控系统保护与报警信号定值，应由企业最高技术负责人正式签发下达，运行机组应每两年修订一次。更改保护与报警信号定值应由企业最高技术负责人签字批准，并做好记录。

(2) 生产技术部门是热控系统报警、保护定值管理归口部门，负责组织有关专业人员对维护部门编制的报警、保护定值清册的合理性、准确性进行审核，分发经过批准发布的热控系统报警、保护定值清册。

(3) 热控检修维护部门应负责定值清册的编制，并按照批准的定值进行报警、保护设备的校验工作。定值的校验、变更设置工作，应有专人监护，并由热控检修维护部门技术负责人验收。

(4) 新建机组保护与报警信号定值管理工作，从设计阶段开始至机组试运行结束。机组整套启动前，调试人员应根据电厂生产准备部门提供的热控系统报警、保护定值（企业最高技术负责人签发），完成对机组显示参数和报警信号定值分组、分级、分色抽查，开通操作员声音报警，并对所有联锁、保护定值进行试验核对。报警定值抽查正确率应不低于 95%，否则应全部核对；联锁、保护定值抽查正确率应为 100%。机组试运行结束后 30 天内，应由运行和机务人员完成对热控报警、保护定值的重新确认，由热控人员完成对参数量程、报警定值、联锁定值、保护定值和延时时间设置的全面核对、整理和修改。报警定值抽查正确率不应低于 98%，否则应全部核对；联锁、保护定值抽查正确率应为 100%。

(5) 机组联锁、保护与报警信号定值修订应每二年一次。二年期间内，若定值发生变更应做好记录，可在原定值清册上修改，但应加盖部门技术负责人或部门印章并注明修改日期。机组大修时，应对联锁、保护与报警信号定值进行全面核对，联锁、保护与报警信号定值设置正确率应为 100%。

二、过程可靠性控制与技术监督

1. 基本要求

热控系统过程可靠性控制与技术监督，应贯穿于电力建设（从机组设计、安装调试、整套启动到试运行）和电力生产（商业运行、维护、检修）整个生命周期，定期按照 DL/T 261—2012 要求进行评估，并在充分掌握控制模件特性的基础上，制定 DCS 故障处理和模件更换的安全措施与操作步骤并经实际验证可靠。

2. 机组基建过程

(1) 设计阶段可靠性控制与技术监督，应按 DL/T 261—2012、DL/T 5175—2003《火力发电厂热工控制系统设计技术规定》、DL/T 5182—2004《火力发电厂热工自动化就地设备安装管路、电缆设计技术规定》要求进行，并收集、分析、总结同类型投产机组控制系统可靠性控制经验与教训，用于过程设计优化。

(2) 安装、调试阶段可靠性控制与技术监督，应按 DL 5190.4—2012《电力建设施工技术规范 第 4 部分：热工仪表及控制装置》、DL/T 261—2012、DL/T 774—2015 要求进行，结合施工前收集、分析、总结的以往机组安装调试过程可靠性控制经验与教训，用于施工前的专业人员培训，指导施工过程中的检查与整改，整套启动前的质量可靠性评估、投入商业运行前的考核指标与质量可靠性全面评价。

3. 机组生产过程

（1）热控系统与设备的试验、校验和维修周期，应按照国家、行业标准和制造厂推荐的规定，结合系统与设备的重要性分类制订，并根据可靠性评估结果动态修订。

（2）不宜在机组运行过程中进行组态下装。如必须在机组运行过程中下装时，应将控制模件所控制的设备尽可能全部切至就地手动操作、隔离该控制模件的所有通信点，并强制与之对应控制模件的联锁关系点和不同控制柜间的硬接线点。

（3）对于严重影响安全、经济和环保运行的问题，应及时安排机组停机处理。若无法及时处理，在做好充分的安全措施和技术措施，确保热控系统和设备不会对机组安全、经济和环保运行造成影响的前提下，应约定时间并在约定的时间内完成处理。

（4）机组运行中，易受干扰的测量部件与设备（如 TSI 探头、超声波仪表等）处应贴有警示牌，严禁磁性物体接近测量元件。在离测量元件 5m 处严禁使用步话机通话。除非经过抗干扰性能测试证明可靠，否则不宜在运行机组的控制系统电子设备间、工程师站内使用步话机和手机。

（5）应运行大数据分析功能对 MIS、SIS 中蕴藏着大量的数据进行分析，将测试数据与规程规定的值比，与出厂测试数据比，与历次测试数据比，与同类设备的测试数据比，从中了解数据的变化趋势，做出正确的综合分析、判断，然后采取有效的防范措施。

三、控制系统可靠性优化措施

1. 选型原则

（1）热控系统和设备选型，应贯彻"安全可靠性、经济适用"的原则，除燃气轮机岛控制系统由设备制造厂配套提供外，汽轮机岛控制系统可采用经过工程实践检验可靠性价格性能比高、软件功能修改方便、备件供货快捷、服务响应及时的不同品牌分散控制系统。

（2）主机厂配套提供的其他监测、控制装置和设备，宜选择在火力发电厂普遍使用、长期运行可靠、无备品备件后顾之忧的产品。

2. 燃气轮机控制系统

（1）燃气轮机机组或联合循环机组的主控制系统和后备保护系统，均应采用冗余控制器。主控系统和后备保护系统任一控制器失效时，均应不影响机组的控制和保护功能，同时应提供可靠的报警诊断信息。机组运行中应关注控制器诊断报警，及时分析并排除故障。

（2）控制器的对数或组数，应严格遵循机组重要保护和控制分开的独立性配置原则，不应以控制器能力提高为由，减少控制器的配置数量而降低系统的可靠性。为防止一对或一组控制器故障而导致机组被迫停运，重要的并列或主/备运行的辅机（辅助）设备控制，应分别配置在不同的控制器中。

（3）为了防止控制器在失电时随机存储器（RAM）中的数据丢失，应定期检查或更换控制器电池，在更换之前应记录所有 RAM 中数据。同时所有控制器，包括紧急（后备）保护控制器以及硬跳闸保护控制器，均应具备数据存储和检索功能。对于三冗余控制系统，宜定期通过燃气轮机在部分转速情况下进行控制器冗余试验，以验证控制器三冗余配置可靠性。

（4）I/O 模件的冗余配置，应根据不同制造厂的分散控制系统结构特点和被控对象的重要性来确定，推荐配置原则参见《燃气轮机电厂热控系统可靠性优化与故障预控》（中国电力出版社）。

（5）对于燃气轮机控制采用一对或一组控制器的控制系统，冗余配置的 I/O 信号宜分配在不同的控制器机架中，以防止失去控制或失效引起保护误动与拒动。采用辅助判断或证实的同类型保护信号，不宜配置在同一 I/O 模件上。对于单点控制的伺服阀，宜采用冗余的伺服控制 I/O 模件来控制，确保单个伺服控制模件失效或故障时，仍能正常控制和操作伺服阀。

（6）与跳闸相关的保护测量信号宜单独设置报警窗口，冗余配置保护测量信号应设置偏差报警，三冗余保护信号宜在不同控制器中分别设置偏差报警。

（7）单独设置的重要公用或辅助系统控制装置，其主要运行监视、操作和保护信号应以硬接线方式接入机组控制系统，并设置监控画面。

（8）因隔离或增加容量等，需要在测量和控制系统的 I/O 回路中加装隔离器时，宜采用无源隔离器，否则隔离器电源宜与对应测量或控制仪表的电源为同一电源；应采取有效措施，防止积聚电荷而导致信号失真、漏电流导致执行器位置漂移、电源异常导致测量与控制失常；隔离器安装位置，用于输入信号时应在控制系统侧，用于输出信号时宜在现场侧。

（9）采用分组保护逻辑（每组中任一探头检测信号达跳机值，且另一组中任一探头检测信号达跳机值）的危险气体探头信号，应接至不同的模件。危险气体装置至保护系统的输出信号，应三重冗余配置在不同的输出模件上。

（10）控制系统网络通信负荷应满足 DL/T 774—2015 要求，应具有时间发布和时间管理功能；采用工业以太网时宜采用交换式以太网和全双工通信，以确保工业以太网的实时响应时间达到机组控制和保护的要求；应冗余配置，网络上任一节点故障、任一链路断开，应均不影响控制系统正常运行，并具有可靠的自诊断和故障报警功能。

（11）与控制系统连接的所有相关系统（包括专用装置）的通信接口设备应稳定可靠，应提供开放的端口和协议，以方便可靠地与第三方系统进行通信。与其他信息系统联网时，应按照 DL/T 924—2016《火力发电厂厂级监控信息系统技术条件》、《电力二次系统安全防护规定》（国家电力监管委员会第 5 号令）和相关法规的要求，配置有效的隔离防护措施。正常运行时，应闭锁操作员站的闲置外部接口功能和工程师站的系统维护功能。

（12）交换机等通信控制器的电源应冗余配置，并定期进行电源切换试验；所处位置应有良好的散热空间，保证散热应良好，防止因过热造成网络通信故障。

（13）控制系统中的操作员站、工程师站应采用可靠的冗余控制方式，对于一台/套机组，单轴机组采用一体化控制系统，应至少配置 2 台操作员站（不包括就地配置的操作员站）。一拖一多轴机组采用一体化控制系统时，应至少配置 3 台操作员站（不包括就地配置的操作员站）。N 拖一多轴机组采用一体化控制系统时，应至少配置 N+2 台操作员站（不包括就地配置的操作员站）。采用混合控制系统时（燃气轮机采用 TCS，余热锅炉、汽轮发电机和 BOP 采用其他 DCS），宜在上述配置基础上适当增加操作员站。为便于检修和维护，工程师站宜具备操作员站显示功能，否则宜在工程师站中配置仅开放显示功能的操作员站。同时配置就地操作员站或工程师站的系统，应设置操作闭锁功能和操作提醒功能，以防止同时操作产生冲突。

（14）历史站完成历史数据的定义、收集、存储、显示和导出，以满足电厂发生事故时的调查分析以及平常机组运行状况的记录。用于报警、联锁、自动停机（包括自动减负荷）

和跳闸的信号（包括处理前、后），应能在历史数据库中查询以便动作后进行原因分析。相同控制系统的历史站宜具备网络冗余和硬盘冗余，不同控制系统采用不同的历史站时宜分别冗余配置，数据存储时间不少于 3 年。

3. 公用与辅助控制系统

（1）天然气、水、空气、脱硝等热控系统的自动化水平，应按照 DL/T 5227—2005《火力发电厂辅助系统（车间）热工自动化设计技术规定》的规定，综合考虑控制方式、系统功能、运行组织、辅助车间设备可控性等因素进行设计。保证各控制区域系统（包括专用装置）的供电电源、中央处理单元、交换机、上层主交换机及网络连接设备分别冗余配置，充分考虑辅助系统（车间）分散、距离较远的特点，确保其控制网络的通信速率、通信距离满足监控功能的实时性要求。并经实际试验证明可靠。

（2）无人值班车间（区域）应设置闭路电视监视系统，并与主厂房闭路电视监视系统统一考虑，确保对就地设备监视。

（3）采用母管制的循环水系统、空冷系统的冷却水泵、开闭式冷却水泵、仪用空气压缩机及辅助蒸汽等重要公用系统（或扩大单元系统），宜按单元或分组纳入单元机组 DCS 中，以免因公用 DCS 故障而导致全厂或两台机组同时停止运行；不宜分开的，可配置在公用 DCS 中，但不应将控制集中在一对或一组控制器上，以免因控制系统故障而导致对应设备全部跳闸。采用单元制的循环水系统，循环水泵应配置独立的控制器，并合理分配循环水泵房数字量输出（DO）通道，使一块 DO 模件仅控制一台循环水泵。

（4）循环水泵房采用远程 I/O 时，远程 I/O 柜应采用冗余电源供电，且两路电源应分别来自机组 UPS 和保安段或两路 UPS。

（5）在两台及以上机组的控制系统均可对公用系统进行操作的情况下，必须设置优先级并增加闭锁功能，确保在任何情况下，仅一台机组的控制系统可对公用系统进行操作（设计的自动联锁功能除外）。

（6）公用与辅助控制系统应设置必要的就地操作功能，以便在控制系统故障的紧急情况下，可通过就地手操功能维持公用系统运行。

（7）独立的压气机进口反吹控制、水洗控制和天然气调压站控制、天然气处理控制，宜采用 PLC 控制，当采用远控方式时，与主控制系统的联系信号应采用硬接线方式。其控制器、电源应冗余配置，电源宜采用与主机控制系统电源同一电源。

4. 主重要测量信号与报警信号配置优化

（1）根据热工保护"杜绝拒动，防止误动"的基本配置原则，所有重要的主辅机保护信号，应尽可能采用三个相互独立的一次测量元件和输入通道引入，并通过三选二（或具有同等判断功能）逻辑实现；不满足要求的，应进行优化。

（2）触发主设备跳闸的热工保护信号测量仪表应单独设置；当与其他系统合用时，其信号应首先进入优先级最高的保护联锁回路，其次是模拟量控制回路，顺序控制回路的优先级最低。控制指令应遵循保护优先原则，保护系统输出的操作指令应优先于其他任何指令。

（3）主保护、后备保护、ETS、GTS 间的跳闸指令，必须至少有两路信号，通过各自的输出模件，并按二选一或三选二逻辑启动跳闸继电器。主保护、后备保护、ETS 的出口继电器，均宜设计成相互独立的两套系统，或采用三选二冗余逻辑。当 TCS、DEH 总电源消失时，应直接通过主保护和 ETS 的输出继电器，自动发出停机指令。此外，润滑油压力低信号，应直接接入事故润滑油泵的电气启动回路，确保事故润滑油泵在没有 DCS 控制的情况下能够自动启动，保证机组的安全。

（4）为避免单个部件或设备故障而造成机组跳闸，在新机组逻辑设计或运行机组检修时，应采用容错设计方法，对运行中容易出现故障的设备、部件和元件，从控制逻辑上进行优化和完善，通过预先设置的逻辑措施来避免控制逻辑的失效。

1）通过增加测点的方法，将单点信号保护逻辑改为信号三选二选择逻辑。

2）无法实施 1）的，通过对单点信号间的因果关系研究，加入证实信号改为二选二逻辑。

3）无法实施 1）和 2）的单测点信号，通过专题论证，在信号报警后能够通过人员操作处理、保证设备安全的前提下可改为报警。

4）实施上述措施的同时，对进入保护联锁系统的模拟量信号，合理设置变化速率保护、延时时间和缩小量程（提高坏值信号剔除作用灵敏度）等故障诊断功能，设置保护联锁信号坏值切除和报警逻辑，减少或消除因接线松动、干扰信号或设备故障引起的信号突变而导致的控制对象异常动作。

（5）对热工保护联锁信号进行全面梳理，从提高动作可靠性的角度出发进行优化。如：

1）通信网络传输的重要保护联锁系统的开关量信号，通过加延时与对应的硬接线保护信号组成与逻辑等方法来确保信号的可靠性，减少信号瞬间干扰造成保护系统误动作。

2）设置三重冗余信号的保护回路，若具有坏质量判断功能，宜设计为信号全部正常采取三取二逻辑，单点故障时自动转为二取二（或二取一，根据防护要求确定）逻辑并发出报警，两点故障时自动转为一取一逻辑并发出报警。

3）用于保护和控制的独立装置，应有程序断电保护功能，在装置电源消失时能保证系统程序不丢失；当系统复位信号存在时刻出现跳闸信号时，应能优先跳闸控制对象。

4）保护信号宜全程冗余配置，任一过程因素故障应报警但不会引起系统拒动或误动。

5）通过控制系统（或远程控制器）控制且对于独立控制装置（电动门、辅机电动机、泵等）的控制对象的启动、停止指令，应采用短脉冲（特殊要求的除外）信号，并在每个控制对象的就地控制回路中实现控制信号的自保持功能。

6）受控制系统控制且在机组停运后不应马上停运的设备，如开闭式冷却水泵、重要辅机的油泵等，应采用脉冲信号控制，以防止控制系统失电而导致机组停运时引起这些设备误停，造成重要辅机或主设备损坏。

（6）冗余设计的模拟量信号，应分别对其越限判断、补偿计算进行独立运算处理，避免采用选择算法模块对信号进行处理。

（7）调节系统下游回路输出受到调节限幅限制或因其他原因而指令阻塞时，上游回路指令应同步受限，防止指令突变与积分饱和。在系统被闭锁或超驰动作时，系统受其影响的部分也随应跟踪，在联锁作用消失后，系统所有部分应平衡在当前的过程状态，并立即恢复其正常的控制作用。

（8）参与控制的反馈信号，在控制系统内，应设置执行机构控制信号和阀门位置反馈信号间偏差值的延续时间和延续时间超过全行程时间的故障判别功能，并及时发出明显的报警信号，同时将系统由自动切为手动。

（9）当模拟量控制系统的输出指令采用 4～20mA 连续信号时，气动执行机构应根据被操作对象的特点和工艺系统的安全要求选择保护功能，当失去控制信号、仪用气源或电源故障时，应保持位置不变或使被控对象按预定的方式动作。电动执行机构和阀门电动装置失去控制信号或电源时，应能保持位置不变，并具有供报警用的输出节点。

（10）自动控制系统及控制子系统，在正常调节工况下的偏差切手动保护功能以及阻碍辅机故障减负荷（RB）动作方向质量变化的大偏差指令闭锁功能，在 RB 工况下应能自动解除，防止被控参数超出正常波动范围时将响应的控制系统撤出自动模式。

（11）应用高压变频器作为给水泵、凝结水泵等辅机的自动转速调节时，应确保变频器的工作环境满足要求，变频器的参数整定应充分考虑系统电压波动的影响。

（12）所有重要的模拟量输入信号必须采用"坏值"（开路、短路、超出量程上限或低于量程下限规定值）等方法对信号进行"质量"判别。在有条件的情况下，还应采用相关参数来判别保护信号的可信性，并及时发出明显的报警。为减少因接线松动、元件故障引起的信号突变而导致系统故障发生，参与控制、保护联锁的缓变模拟量信号，应正确设置速率变化保护功能。当变化速率超过设定值时，自动屏蔽该信号的输出，使该信号的保护不起作用，并输出声光报警信号提醒运行人员。当信号恢复且低于设定值时，应自动解除该信号的保护屏蔽功能，通过人员手动复归屏幕报警信号。

（13）对于三选中或三选平均值的模拟量信号，任一点故障时，均应有明显报警和剔除功能。

（14）控制机柜内热电偶冷端补偿元件，至少应在输入模件的每层端子板上配置，不允许仅在一机柜内设置一个公用补偿器。其补偿功能应通过实际试验，确定满足通道精度要求。

四、现场设备可靠性优化

1. 基本原则

流量开关精度不宜低于满量程的±1％，根据对应系统的要求，其响应时间应不大于10s。温度开关宜选用温包式，温包材料选用不锈钢，填充介质以硅油或无毒油为宜，不应选用填充水银的温度开关。温度开关的设定值应满量程可调，精度不小于满量程的±1.5％。行程开关宜选用非接触的接近开关，当选用或使用设备、阀门配套的接触式行程开关时，应提供开、关方向各两副以上触点的防溅型行程开关。采用相邻测量元件用于保护的，应配置在不同的输入模件，且应有测量故障报警，以防止保护拒动或误动。

2. 用于报警和保护的开关量信号回路技术要求

（1）当采用开关仪表信号直接接入继电器跳闸回路时，必须三重冗余配置且定期进行试验；不允许使用死区和迟滞区大、设定装置不可靠的开关仪表信号用于保护联锁。

（2）用于机组保护的发电机和电动机的断合状态信号，宜直接取自断路器的辅助触点。

（3）反映阀门、挡板状态的行程开关，由于受自身质量和工作环境的影响，容易误发信号，是保护系统中可靠性较差的发信装置。有条件时，应采用其他能反映阀门、挡板状态的工艺参数代替或进行辅助判断（如通过执行机构位置反馈作为挡板的行程状态判别），最大限度地防止保护拒动或误动，并做好行程开关的防进水措施。

（4）控制回路的信号状态查询电压等级宜采用 24～48VDC。当开关量信号的查询电源消失或电压低于允许值时，应立即报警。当采用接点断开动作的信号时，还应将相应的触发保护的开关量信号闭锁，以防误动作。

3. 电磁阀回路可靠性要求

（1）紧急跳闸电磁阀、抽汽止回阀的电磁阀、汽轮机紧急疏水电磁阀以及燃料紧急关断电磁阀等具有故障安全要求的电磁阀，应采用失电时，使工艺系统处于安全状态的单线圈电磁阀（若气动阀应按失气安全的原则设计），控制指令应采用持续长信号（另有规定时除外）；没有故障安全要求的电磁阀，应尽量采用双线圈电磁阀，控制指令宜采用短脉冲信号。

（2）抽汽止回阀应配有空气引导阀。抽汽止回阀、本体疏水阀等宜从热工仪表电源柜取电，采用单线圈电磁阀失电动作，确保控制系统失电引起汽轮机跳闸后，抽汽止回阀和本体疏水阀的压缩空气被切断，抽汽止回阀能够关闭，本体疏水阀能够打开，机组能够安全停机。

（3）燃料控制阀、IGV 伺服阀以及主蒸汽（再热）控制阀 LVDT 应采用冗余配置，其供电电源应取自不同的伺服模件。

（4）ETD 电磁阀应三取二设计，宜每周进行试验，以清除杂物或在非紧急情况下发现电磁阀故障。

（5）将重要电磁阀回路检查和滤网更换纳入到定期工作中，确保电磁阀仪用气路通畅无泄漏，滤网无堵塞现象，仪用气品质应符合相关要求。

4. 其他设备应满足要求

（1）应逐步开展重要系统继电器性能检测，确保 ETS、大机润滑油泵、顶轴油泵、抗燃油泵、定冷泵等重要辅机的指令继电器性能指标满足规定要求。

（2）汽轮机高中压调节阀 LVDT 应采用冗余配置，其供电电源应取自不同的伺服模件。

（3）汽轮机控制回路中，宜取消用来防止执行器和伺服机构滑阀长时间处于静态时出现动作迟滞现象而设置的伺服回路高频偏压，以防止执行器和阀门使用寿命的降低。

五、监控仪表与装置

1. TSI 装置

（1）TSI 装置应采用两路可靠的电源冗余供电并通过双路电源模件供电，实现直流侧无扰切换。当保护电源采用厂级直流电源时，应有确保寻找接地故障不造成保护误动的措施。当 TSI 装置与其他系统（如危险气体监测）集成在一个系统时，应配置在独立的框架（机架）内，且模件、电源及通信接口也应独立。当运行中必须对集成在一起的其他系统进行维护、校验时，应有防止干扰影响 TSI 正常运行的措施。

（2）TSI 装置宜采用容错逻辑设计方法，对运行中易出现故障的设备、部件和元件，从控制逻辑上进行优化和完善：

1）保护动作输出的跳机信号，宜采用常开（闭合跳机）且不少于两路输出信号至 ETS 系统组成或逻辑运算。

2）轴向位移保护，原为单点信号或为二选二逻辑的，在条件允许的前提下，宜通过增加探头改为三选二（或具备同等判断功能）逻辑输出。

3）宜采用轴承相对振动信号作为振动保护信号源，当任一轴承振动信号达到保护动作设定值，且除保护动作信号外的任一轴承振动信号增量大于设定值（综合平时振动的运行值和机组启动过临界时的值确定）时保护输出。为防止优化后保护逻辑的拒动，原设计的保护定值 250μm 改为 175μm；报警定值 125μm 改为 100μm 甚至更小；在 DCS 上显示的振动信号宜设置偏差报警信号；任一轴承振动到达报警或动作值时，都应有明显的声光信号（以便振动值瞬间变化过快或有单点振动达到跳闸值时，提醒运行人员加强监视，必要时及时手动停机）。

4）发电机组高、中、低压胀差为单点信号保护的，为防止干扰信号误动，可设置 10～20s 延时（较长的延时时间可在 ETS 或 DCS 中设置）。为加强信号坏点剔除保护功能，建议胀差信号量程不高于跳机值的 110%。如设计有多点胀差信号，其保护信号宜采用与门逻辑。

5）TSI 的输入信号通道，应设置断线自动退出保护逻辑判断功能。当保护逻辑采用证实信号时，保护信号和证实信号应分配在不同模件内。

6）机组启动过程中，当机组超过临界转速时，其振动有可能比正常运行时大很多，为避免出现人为投切保护，应充分利用装置的定值倍增功能或自适应功能。

7）超速保护信号，应采用三路全程独立的超速信号进行三选二逻辑判断（在 TSI 框架内或 DEH 内）。

（3）安装、检修时，应做好以下工作：

1）安装前置放大器的金属盒应选择在较小振动并便于检修的位置，盒体底座垫 10mm 左右的橡皮后固定牢固（避免传感器延长线与前置器连接处由于振动引起松动造成测量值跳变），盒体要可靠接地。

2）传感器支架的自振频率应大于被测量工频 10 倍以上；当探头保护套管的长度大于 300mm，设置防止套管共振的辅助支承；保证传感器与侧面的间隙达到安装要求避免造成对传感器感应线圈的干扰；传感器支架设计和安装应使传感器垂直对准被测面表面，误差不超过±2°。

3）检修更换传感器时，应选择传感器与延伸电缆一体化（不带中间接头）且为铠装电缆的传感器；否则须有可靠措施（如安装前，中间接头用丙酮或其他挥发性强的液体清洗，确保拧紧并用热缩套管进行绝缘密封处理），确保传感器尾线与延长电缆的同轴电缆连接头绝缘，延伸电缆的固定与走向合理，无损伤隐患；机组引出线处确保密封，至接线盒的沿途信号电缆，应远离强电磁干扰源和高温区，并有可靠的全程金属防护措施。

4）测量位移值时，要保证电涡流传感器的线性范围大于被测间隙的 15% 以上。

5）延伸电缆穿缸接头的位置尽量选择在油流冲击小的地方；穿缸接头可以采用在缸内加装向下的导流管引导润滑油回流到轴承箱内；接头密封和尾线穿出处加工螺纹密封接头和橡胶块加密封胶进行密封（带铠装的电缆可以把穿缸部分铠装剥去）。

6）轴振延伸电缆应紧固在轴承外壳上，电缆敷设尽可能独立走线，避开油流冲击的路线和高电压、交流信号等可能引起的干扰，且固定和走向应不存在磨损的隐患。延伸电缆不宜用 PVC 扎带进行捆扎和固定，以防浸油导致扎带脆化，应采用 1mm² 的铜线进行捆扎。延伸电缆至接线盒全程应避开高温区域。

7）传感器外壳应接地，发电机、励磁机的轴振和瓦振安装时，底部应垫绝缘层并用胶木螺栓固定，铠装电缆不能与外壳直接接触。

8）前置器应不与接地的金属接线盒直接接触，屏蔽电缆的两头屏蔽层分别连接前置器 COM 端和仪表机架的 COM 端（或 Shield 端上），全程连通且不与大地相连。机柜地线单独接入电气接地网；检查接口和接线应紧固；输出信号电缆宜采用（0.5～1.0mm²）普通三芯屏蔽电缆（环境温度超过50℃时，应选用耐高温阻燃屏蔽电缆），若采用四芯屏蔽电缆，备用芯应在机柜端接地。

9）严格按照厂家要求进行安装，间隙电压误差不超过±0.25V，磁阻式传感器间隙值误差不超过±0.1mm；为防止传感器在机组运行中松动，尽量采用两个锁紧螺母锁紧。

10）为确保测量的准确性，轴向位移、差胀传感器的调试应向机务确认转子位置，并做全行程试验，所有传感器的安装都必须做好记录，记录间隙电压和间隙值。

11）缸胀与窜轴的报警和跳闸输出，选择了总线输出方式时，应进行断开检查确认。

12）COM端与机架电源在出厂时，通常缺省设置为导通，整个TSI系统是通过电源接地，因此与其他系统连接时，应把TSI系统和被连接的系统作为一个整体系统来考虑，并保证屏蔽层为一点接地。如通过记录仪输出信号（4～20mA）与第三方系统连接时，须确认COM端在第三方系统中的连接，如果COM端浮空（作了隔离处理），则可保持各自的独立接地；如COM端需要浮空，TSI供电的电源地仍旧保留以保证安全，但此时电源地只作安全地，不再兼作仪表地。

13）汽轮发电机组应安装两套转速监测装置，并分别装设在不同的转子上。对于单轴联合循环发电机组，应分别在燃气轮机、汽轮机转子上装设两套转速监测装置。

14）安装在燃气轮机轴承下部的轴振探头，每次检修重新安装时，宜在轴承盖安装前调整好。如无法观察到探头，在调整过程中应将探头顺时针旋至与轴面接触，再反方向退至所要求的间隙电压（−10.0V），并反复调整，每次探头进退过程中应观察间隙电压变化是否相同。

15）轴向位移、差胀传感器的安装、检修、调试应在机务的配合下进行，并在安装、检修、调试记录中签字。

（4）维护时，应做好以下工作：

1）首次安装前或者检定周期到期后，应送具有检定资质的机构送检，出具正式的检验合格报告。经实验室检定合格的传感器，在实际测量现场要根据DL/T 656—2016《火力发电厂汽轮机控制及保护系统验收测试规程》要求，通过真实物理量变化对每个测量回路进行校准。

2）定期检查各传感器的间隙电压和历史曲线，有信号异常及时检查处理，机组停机期间紧固各测点的套筒、螺母，偏离标准间隙电压较大的测点在条件允许的情况下，应重新安装。

3）为防止电源故障、电缆受力或振动造成接线松动隐患，应将接线端子紧固和老化的接线端子更换、电源切换试验和有劣变趋势的电源模块更换、电缆绝缘检查，列入检修常规项目。

4）为防止干扰而在TSI信号输入端增加隔离器时，应对隔离器电源接入方式的可靠性和引起信号衰减或失真的程度进行验证。

5）加强日常巡检，保证设备运行安全、通风正常，定期对高温区域电缆进行测温检查。一旦出现信号扰动要做全面检查。

6）辅机振动单点保护信号，在有可能的情况下，改为三选二优选逻辑或二选二与逻辑。

2. 二氧化碳灭火（火灾保护）装置

（1）二氧化碳灭火装置采用独立的控制装置时，控制器应冗余配置。

（2）二氧化碳灭火装置应采用两路可靠的冗余电源并通过双路电源模件供电，实现直流侧无扰切换。当保护电源采用厂级直流电源时，应有确保接地故障不造成保护误动的措施。

（3）二氧化碳灭火装置至控制系统的跳闸信号，应采用硬接线且宜三取二逻辑处理方式。

（4）布置在就地的天然气控制和处理控制柜应密封完好，具有防潮、防灰措施。

（5）温感探头和火焰探头的工作温度应符合燃气轮机各区域实际温度。

（6）火灾检测和温度检测回路，宜设计有故障报警功能并在报警事件中能够正确显示。

（7）当发生故障时，机组运行中不宜将该点退出保护，应停机后进行检查并消除故障。

（8）应定期对火灾保护系统的火焰检测探头、温度检测探头和可燃气体探头进行检验。

3. 燃烧脉动监测装置

（1）燃烧脉动监测装置应能实现燃烧室动态连续的在线监控，并能及时预警。

（2）用于燃烧脉动监测的动态压力与振动传感器等，应能在高温环境下可靠连续工作。

（3）信号传感器的安装、连接和接线应符合说明书要求；传感器的安装支架应牢固，有足够刚性；安装支架的固有频率应是测试最大频率的 10 倍以上，当探头保护套管的长度大于较大时，应有辅助支承，以防止套管共振。

（4）探头延伸电缆应与探头和前置器配套使用，其固定与走向不存在损伤电缆的隐患；探头电缆连接延伸至接线盒的全程应远离强电磁干扰源和高温区，并有可靠的全程绝缘和金属防护措施，盘放直径应不小于规定值。

（5）燃烧脉动探头安装完毕锁位时，锁位线的固定方向应与探头紧力方向一致，并保证探头每个方向所受拉力均等，与测量表面接触应可靠，与延伸电缆连接应紧固。

（6）信号处理器应安装在透平间外侧，符合 NEMA4 规范。

（7）参与机组控制的燃烧脉动监测装置的输出信号应以硬接线方式连接至机组控制系统；参与机组保护的传感器应设计信号故障报警功能。

4. 危险气体探测装置

（1）危险气体检测探头应能满足在工作区域环境温度下长期可靠地正常工作。

（2）当与 TSI 装置或其他装置集成在一个系统时，应配置在独立的框架（机架）内，且模件、电源及通信接口也应独立。当运行中必须对集成在一起的其他系统进行维护、校验时，应有防止干扰、影响 TSI 装置或其他装置正常运行的措施。

（3）当危险气体检测探头因环境温度过高而采取降温措施，应不影响其测量的准确性和代表性。

（4）危险气体保护逻辑中，同一区域保护采用分组保护逻辑（每组中任一探头检测信号达跳机值且另一组中任一探头检测信号达跳机值）的，分配在一组的探头信号应接至不同的模件。

（5）危险气体装置至保护系统的输出信号应三重冗余配置且不应在同一块输出模件。

（6）危险气体探测装置宜设计有故障报警功能并在报警事件中能够正确显示。当发生故障时，机组运行中不宜将该点退出保护，停机后应进行检查并消除故障。

（7）为保证危险气体检测的准确性和可靠性，应确保传感器探头正对于气流方向（传感器平行于气流方向）。

5. 执行机构

（1）定期检查采用旋转式操作的电动执行机构的开关旋钮和远方就地切换钮的状态，确保电动执行机构的开关操作旋钮置于停止位，并采取机械方式锁位的方法杜绝误碰。

（2）若无特殊需求，可取消电动执行机构的自保持功能。这样可以防止因信号干扰等因素引发的偶发性短脉冲指令误发导致的电动门全行程误动作（但上位机驱动级应改为长脉冲指令）。

（3）根据实际运行需求，优化电动门反馈的表征逻辑（如采用开反馈信号取非和关反馈信号组成与逻辑，可防止反馈信号误发导致的联锁误动；采用开反馈信号取非和关反馈信号组成或逻辑，可防止反馈信号未及时发出导致的联锁拒动）。

（4）梳理重要或公用系统的电动和气动执行机构，设计有断电/断气/断信号保位功能的，在失电、失气、失信号时（简称"三失"），执行机构的开关状态和开度应保持不变（或动作至预置的安全状态）。热控专业在设备管理过程中，应通过执行器"三失"性能实际试验，对不具备保位功能且直接影响机组安全运行的的阀门定位器、执行器进行改造。重点开展调节型、开关型气动执行器的"三失"性能试验工作，依据执行器"三失"特性，合理选择执行器开、关类型，在定位器、仪用气源故障时，将气动执行器置于安全的缺省工作位置，为运行调整和检修赢得时间。

（5）电动执行器应重视重新上电时执行器状态信号的检查，防止重新上电时信号出现翻转，触发保护联锁误动作。对于出现开、关信号瞬时跳变的执行器，应及时更换执行器控制模块或在软件组态上增加延迟处理等防范措施，防止执行器状态翻转引起主要辅机设备跳闸。此外对电动门的操作保持功能进行检查，防止点动后设备单向持续动作影响机组正常运行。

（6）检查重要阀门或挡板在失电后的状态输出情况，对失电后开反馈和关反馈均失去的设备，应确认其反馈状态已合理用于联锁逻辑，避免状态失去联锁其他设备误动作。

（7）将重要阀门挡板与执行器间连杆、各类行程开关反馈连杆、执行器定位器反馈连杆、气动执行器气缸固定销、执行器底座固定螺栓等的防止松脱、卡涩、弯曲变形等措施，以及操作按钮防人为误动措施的可靠性检查列入检修和定期巡检内容，同时提高振动较大地点设备的巡检频次。

（8）烟囱挡板执行机构行程开关应采用防溅型行程开关，力矩开关应设置正确，力矩保护动作可靠，防止过力矩损坏执行机构或机械齿轮箱。宜采用执行机构位置反馈进行辅助判断，和行程开关采用三取二逻辑判断开、关位置，最大限度地防止保护拒动或误动。

（9）重要执行机构的位置反馈信号、重要行程开关的同向位置偏差信号，均应设置故障报警。

6. 现场总线

（1）安装时应认真核对设备类型和通信协议，防止设备类型使用错误带来系统异常。

（2）防止设备参数设置不当，应用现场总线仪表时，修改网段的波特率后应进行设备断电重启，更换设备时要认真核对配置位置，确保参数设置正确，防止信息配置错误情况发生。

（3）保证设备运行环境满足要求，由于现场总线设备选择余地小，无法根据设备现场应用情况选择可靠性高的设备作为预防措施，现场可做的是保证应用环境符合要求，防止外界因素导致设备损坏。

（4）防止接线或设置错误，应用现场总线仪表时，重视电缆接线的正确性，防止线路短路、松动，接触不良等情况的发生。

六、辅助系统

1. 燃气轮机进排气系统

（1）用于保护的压气机进口滤网、进气管道与压气机进口的压差开关，应三重冗余配置。

（2）用于压气机压比测量的压气机进口压力变送器，应至少二重冗余配置。

（3）用于自动停机的压气机进口温度测量，应三重化冗余配置。

（4）用于燃料、IGV 调节修正等的压气机进口温度测量，宜三重化冗余配置。

2. 燃气轮机通风及冷却系统

（1）通风风机出口微压开关，应按照测压膜片的安装方向安装在水平或垂直平面上，不应由于安装角度影响测量精度。

（2）通风风机出口微压开关取样点位置，应能正确反映风道内压力变化。

（3）风道出口风门行程开关动作应可靠，露天安装时应有防雨措施。为提高机组运行时防止开关不能正确动作而进行的位置改动，应保证隔舱通风量满足设计要求。

3. 气体燃料系统

（1）重要的保护信号（如速关阀的关闭信号、分离器液位高高等），应采用硬接线方式送至主机控制系统，并进入 SOE 系统，非重要信号可采用冗余通信方式送至主机控制系统。

（2）调压站速关阀电磁阀电源应冗余配置，电源宜与主机控制系统电源一致。冗余电源切换时间应能保证电磁阀在切换瞬间不会动作。采用冗余电磁阀配置时，宜每年进行不少于两次的电磁阀切换试验，以确认电磁阀处于工作状态。

（3）调压站气动执行机构气源质量应符合要求，宜在调压站区域设置压缩空气储罐并配置自动疏水装置。

（4）天然气调压站采用就地控制装置时，其控制器、电源应冗余配置，电源宜与主机控制系统电源一致。控制器和 I/O 模件应按要求进行配置。

（5）采用性能加热器系统时，其温度控制阀应采取保护措施（如设置最小阀位限止措施等），防止调节阀气蚀。

（6）布置在调压站和前置模块区域的控制、电源箱柜，应采用防爆型。

（7）测量天然气介质的压力、流量等变送器，与取样管对接的孔应与取样管接头同心，且无安装径向应力。

（8）应定期对天然气性能加热器各个气动门进行开关活动试验，以确认行程开关工作可靠。

4. 燃料阀及清吹系统

（1）燃料调节伺服阀采用单线圈时，应在控制系统输出回路进行冗余配置，防止伺服控制信号失去造成燃料中断。

（2）控制系统宜设计有自动燃料泄漏监测功能，启动时自动泄漏监测失败时，不应随意修改用于判定泄漏的压力定值以及阀门的开、关到位时间定值。

（3）机组启动过程中清吹阀故障，不应随意修改用于判定清吹阀故障的阀门开、关到位（包括中间位置）时间定值。

（4）清吹阀控制气源宜采用仪用压缩空气。仪用压缩空气至放大器管路中如设置有节流阀，宜在调整好控制气压力后固定（或用明显标记标注）。

（5）对确因燃料阀站内温度过高无法解决的，可将清吹阀电磁阀移至阀站外，以免因环境温度过高造成电磁阀漏气、卡涩等故障。

七、燃气轮机控制系统

1. 燃气轮机启动可靠性优化

（1）对于设计有燃料泄漏试验控制逻辑的机组，启动、停机过程宜自动进行燃料泄漏试验，并在规定时间内完成泄漏试验后自动退出。

（2）当燃气轮机使用液体燃料运行时，应定期检查连接一级和二级清吹空气回路的漏气警告器。

（3）不宜为了燃气轮机的启动成功，随意修改燃料泄漏试验控制逻辑中（如压力、阀门行程时间等）的定值设置。

（4）宜设计有压气机防喘阀自动试验控制逻辑，以便在启动过程中自动进行防喘阀活动性试验。

（5）机组经过大修、小修、热通道检修，燃料控制阀检修、更换，或者机组运行时出现排气分散度偏大、振动偏大、季节性温度变化超过规定值等情况时，应进行燃烧调整。

2. 机组保护逻辑优化

（1）保护回路中不应设置运行人员可投、撤保护和手动复归保护逻辑的任何操作手段。

（2）保护逻辑组态时，应合理配置逻辑页面和正确的执行时序，注意相关保护逻辑间的时间配合，防止由于取样延迟和延迟时间设置不当，导致保护联锁系统因动作时序不当而失效。

（3）表征燃气轮机或汽轮机跳闸的信号发出且发电机出现逆功率信号时，应立即解列对应的发电机。内部故障导致发电机解列时，应立即连跳对应的燃气轮机或汽轮机；电网外部故障导致发电机解列时，除非机组具有快速甩负荷功能，否则应立即连跳对应的燃气轮机或汽轮机。

3. 其他控制组态优化

（1）对于具有预设功能（如阀门异常时，可预设在开位、关位或中间位）的控制功能块，应逐一检查，并确保异常时该功能块的输出能使得机组安全运行，并发出明显的报警信号提醒运行人员。

（2）为减少单点保护信号误动，单点保护信号优化时，有的改为三选二，有的增加证实信号改为二选二。但为防止系统或装置内部软件设置不当或维护不及时导致保护误动，宜将装置内部的信号保护复归改为自动方式，信号报警改为手动复归，同时将次一级的报警信号通过大屏上设立的综合报警信号牌报警。

八、电源、气源和油系统

1. 电源

（1）控制系统必须有可靠的两路独立电源供电，优先采用单路独立运行就可满足控制系统容量要求且有不小于30%的裕量的二路不间断电源（UPS）供电，分别供给主/从站和I/O站电源模块的方案，正常运行时各带一半负荷同时工作，确保电源切换或任何一路电源失去时不会对系统产生影响。当采用一路UPS和一路保安电源供电时，应通过电源系统判断功能，保证正常运行中采用UPS供电。当采用一路直流、两路交流电源输入的控制系统，直流电源宜优先采用机组蓄电池电源（电压等级不一致时可采用降压措施，但需保证不影响供电可靠性）。当采用N+1电源配置时，应定期检查确认各电源装置的输出电流维持均衡，防止因电源装置负荷不均造成个别电源装置负荷加重而降低系统可靠性。

（2）操作员站、工程师站、实时数据服务器和通信网络设备的电源，应采用两路电源供电，通过双电源模块接入，否则操作员站和通信网络设备的电源应合理分配在两路电源上。TPS、ETS、GTS等执行部分的继电器逻辑保护系统，独立配置的重要控制子系统（如ETS、TSI、危险气体检测、火灾保护、天然气首末站、调压站、增压站、循环水泵等远程控制站及I/O站、ESD电磁阀、循环水泵控制蝶阀等），应有两路互为冗余且不会对系统产生干扰的可靠电源供电。公用控制系统电源，应取自两台机组控制系统的UPS电源。

（3）独立于控制系统的安全系统的电源，以及要求切换速度快的备用电源切换〔如硬接线保护逻辑的供电回路、安全跳闸电磁阀的供电回路、后备（紧急）保护或独立保护装置的供电回路〕，应采用硬接线回路实现，且提供硬接线回路电源的切换装置的切换时间应不大于60ms。

（4）除有特殊要求的控制系统外，UPS供电主要技术指标应满足DL/T 774—2015的要求，并具有防雷击、过电流、输入浪涌保护功能和故障切换报警显示，且各电源电压宜进入故障录波装置或相邻机组的DCS系统以供监视；UPS的二次侧不经批准，不得随意接入新的负载。

（5）控制系统应设立独立于自身的电源报警装置。机柜两路电源及切换/转换后的各重要装置与子系统的冗余电源均应进行监视，发生任一路总电源消失、电源电压越限、两路电源之间偏差大、风扇故障、隔离变压器超温和冗余电源失去等异常时，控制室内电源故障声光报警信号均应正确显示。DI通道设置有熔断器时，宜设计有熔断器故障报警（DI通道回路报警）。

（6）重要的双路供电回路，应取消人工切换开关；按照DL/T 261—2012中的规定，所有的热控电源（包括机柜内检修电源）必须专用，不得用于其他用途。严禁非控制系统用电设备（如检修、照明、机柜风扇、电磁阀、伴热带）或干扰大的设备（如呼叫系统）使用DCS电源。保护电源采用厂用直流电源时，应有发生系统接地故障时，不会造成保护误动和拒动的预控措施。

（7）UPS电源装置应与DCS的电子机柜保持空间距离，自备UPS的蓄电池，应定期进行检查维护和充放电试验。所有装置和系统的内部电源应切换（转换）可靠，回路环路连接紧固，任一接线松动不会导致电源异常而影响装置和系统的正常运行。

（8）应将热控交、直流柜和控制系统电源的切换试验，电源熔断器容量和型号（应采用速断型）与已核准发布的清册的一致性，DI 通道熔断器的完好性，电源上下级熔比的合理性，电源回路间公用线的连通性，所有接线螺栓的紧固性，动力电缆的温度和各级电源电压测量值的正确性检查和确认工作，列入新建机组安装和运行机组检修计划及验收内容，并建立专用检查、试验记录档案。

（9）应制定不同电源中断后的恢复过程操作步骤与安全措施。部分电源中断后，在自动状态下的相关控制系统应即刻切手动为妥，恢复过程应在密切监视下逐步进行。

（10）控制系统在第一次上电前，应对两路冗余电源电压进行检查，保证电压在允许范围之内。一路电源为浮空时，应检查两路电源的零线与零线、火线与火线间静电电压不大于70V，防止在电源切换过程中对网络交换设备、控制器等造成损坏。有条件时，应将浮空的电源一端接零线，防止切换瞬间浮空电源与另一路电源之间电压差引起的拉弧放电损坏切换接触器甚至造成短路跳闸情况发生。

（11）机组 C 级检修时应进行 UPS 电源切换试验（试验不应仅仅满足二十五项反措要求"采用断电的形式对电源切换功能进行试验"，而应在大于系统设备运行需求的电压下限进行），机组 A 级检修时应进行全部电源系统切换试验，并通过录波器记录，确认工作电源及备用电源的切换时间、直流供电的维持时间满足设计要求（前者不大于 5ms，后者不小于30ms），确认电源电压满足指标要求。

（12）一用一备、几用一备等的重要辅机动力电源，应分别接至不同电气母线段，操作电源也应接至不同的母线段。

（13）单线圈电磁阀供电电源，采用交流电源时，宜由两路电源输入经电源切换装置后供电；采用直流电源时，宜由两路电源分别经 AC/DC 变换后再经电源切换装置供电，且切换装置的切换时间应保证电磁阀不会动作；双线圈电磁阀供电电源，采用交流电源时，宜由两路电源输入分别供电；采用直流电源时，宜由两路电源分别经 AC/DC 变换后供电。

（14）电源熔断器容量和型号（应速断型）应与已核准发布的清册的一致性，保证电源上下级熔比的合理性。

（15）通常电源模块的寿命要小于 DCS 控制器和 I/O 模件，应记录电源的使用年限，宜在 5～8 年左右进行更换，最长不宜超过 10 年。

2. 气源

（1）仪用空气压缩机应冗余配置，气源母管及控制用气支管材质应满足防腐、防锈要求；所有用气支管和测量仪表均应有隔离阀门，气源储罐和管路低点应装有自动疏水器。

（2）仪用压缩空气系统的运行、压力、故障等信号，引入辅助车间控制系统或就地独立控制装置的同时，还应引入对应单元控制系统进行监控并进入声光报警系统。仪用压缩空气最远端应设计压力信号供监视和报警。为防止输出继电器、通道或中间控制回路失常而导致仪用空气压缩机系统运行异常；控制系统中，空气压缩机的启停指令应为短脉冲信号，空气压缩机就地控制装置应具有自保持功能。

（3）气源管路途经温度梯度大的场所（高温到低温或室内到室外）时，其低温侧管路应有良好的保温。布置于环境温度有可能低于 0℃ 的设备，所处位置的气动控制装置应有防冻措施（增设保温间和伴热等），防止结露、结冰引起设备拒动或误动。

（4）仪用气源母管以及送到设备使用点的气源压力，应自动保持在 450～800kPa 范围内，满足气动仪表及执行机构工作的压力要求。气源（包括燃气轮机压气机排气或抽气）质量应符合 GB/T 4830—2015《工业自动化仪表　气源压力范围和质量》中有关规定和指标。为保证气源质量，燃气轮机压气机排气或抽气不宜作为气动执行机构的气源。

（5）应定期清理或更换过滤器滤网，保持装置通风良好；定期维护并检查、确认气源仪控设备和管路无泄漏、自动疏水功能和防冻措施可靠，气动设备前的减压过滤装置工作正常。

（6）应定期试验，确认报警和保护功能正常；当仪用空气压缩机全部停运时，储气罐容量能保持仪控设备正常工作时间不少于 10min。

（7）仪用气源不得挪作他用，当用杂用气源作为后备气源时，应有相应的安全措施付诸实施。仪用气源质量应在每年入冬前进行检测。

（8）仪用气源管路、阀门的标志，应齐全且内容准确。

（9）采用天然气作为气源的执行机构，其气源回路材质应采用不锈钢管，管间连接不宜采用卡套接头。

3. 油系统

（1）润滑油压力测点应选择在油管路末端压力较低处（禁止选择在注油器出口处），以防止末端压力低而取样点处压力仍未达到保护动作值，造成保护拒动的事故发生。

（2）为保证机组在失去交流电或失去润滑油压力跳闸时，不因失去转速信号而停止直流润滑油泵运行，宜延长润滑油泵的运行时间，此延时时长可参考机组从额定转速减速至零转速所需的时间。

（3）独立的控制系统应单独设置压力开关，将润滑油压力低信号直接接入事故润滑油泵的电气启动控制回路，确保事故润滑油泵在不依赖控制系统控制的情况下能够自动启动，以保证机组的安全。

（4）润滑油压低报警、联启油泵、跳闸保护、停止盘车等信号的测点安装位置及定值，应按制造商要求安装和整定，整定值应保证机组安全跳闸停机的同时，保证直流油泵联启；应采取现场源点处通过物理量变化的试验方法进行压力开关的系统校验，当润滑油压低时应能正确、可靠地联动交流、直流润滑油泵。

（5）应采用测量可靠、稳定性好的液位测量方法和三取二信号判断方式，设置主油箱及 EH 油箱油位低跳机保护，保护动作值应考虑机组跳闸后的惰走时间。

（6）单轴联合循环机组中，为防止某些工况（包括试验）下，油动机（如主汽阀和主蒸汽调节阀）较大动作时引起油压变化而影响其他油动机正常工作，宜在油管路末端对液压油压力进行监视和报警。

（7）应定期将伺服阀送至有资质和能力的单位进行检查、清洗和校验，以防止因伺服阀故障而导致阀门失控或系统控制不稳。检修单位或人员不具备专业知识及设备时，不得擅自分解伺服阀。备用伺服阀应按制造厂的条件要求妥善保管。

（8）采用三分之二停机模块的电液系统，应将电液系统三分之二停机模块的压力补偿流量控制孔更换为固定的节流孔。

（9）位置反馈信号应设置故障报警，行程开关同向位置偏差也应设置故障报警。

九、检修

1. DCS 系统

（1）DCS 的检修应健全规范化的检修工艺和流程，做好风险评估和防范措施，保证

DCS停送电顺序、模件拔插、绝缘测试及通道测试流程正确，防静电或高电压串入损坏模件。

（2）机组检修时，确保拔插模件及吹扫时的防静电措施可靠，吹扫的压缩空气有过滤措施（保持干燥度，最好采用氮气），吹扫后保证模件及插槽内清洁，以防止模件清扫后故障率升高。将控制系统内的风扇运转、模件状态等情况的检查列入巡检内容。

（3）检修时应重点做好如下检修维护工作：控制模件标志和地址检查，组态拷贝，清除废弃软件；检查屏蔽接地及系统接地，端子接线紧固检查，电源电压等级及接地电阻测试；冗余设备的切换试验；报警及保护功能测试；模件精度校验等。认真做好检修、测试记录，并对检修后DCS的总体状况做出评估。

（4）电源线路及元件检修和清扫，组装后的系统要进行切换试验和性能测试。应仔细检查电源模件的冷却风扇工作状况是否良好，并对其积灰进行清洗、吹扫，发现异常及时更换，以防运行中因机柜温度过高，诱发模件工作不稳定或故障。

（5）通信系统检修中，应检查数据高速公路接插件的连接情况，清除积灰及污垢，检修结束后进行切换试验，确保通信系统有效。

（6）操作员站检修维护。操作员站检修内容包括清扫、画面切换时间和操作响应时间测试等。操作员站的硬件检查程序、受电试验、诊断、软件装载试验等，应严格按照厂家程序进行。

（7）加强外围DCS及公用系统的检修隔离措施检查，避免相邻机组或设备在检修施工中的对热工信号的相互干扰影响。

（8）在现场开展计划性作业前，应由有资质的人员制定详尽的技术措施，列出检修应注意的安全事项〔如在有爆炸危险的区域工作前，应在静电释放球处释放静电，使用铜质（防爆）工具，交出火种和移动通信设备，着装符合防爆要求；接触控制系统模件前应戴防静电手环或采取相应防静电措施；工作前应仔细核对设备名称及编码无误后方可工作等〕，在监护人员监护下严格落实。

（9）系统停运前，检查画面和现场，不符合要求的应做好详细记录（如显示的工艺流程及参数与工艺流程不符、同参数显示偏差不大于测量系统允许综合误差、系统中坏点信号等），列入检修项目。机组检修后，投运前应检查确认记录的缺陷已消除，且所有机械连接紧固件、电缆接线无松动且接触可靠。

（10）应对测点所属系统进行分类（如主蒸汽系统的测点、易燃易爆的介质测点、与系统介质直接接触的测点等），以便检修时，明确测点与就地系统的连接关系，及时采取可靠的防范措施，防止因错用工器具或检修方法错误而引发不安全现象（如检修氢气系统的测点时，必须使用铜制工具；检修燃油、润滑油管道或设备上的温度测点时，必须考虑测点是否直接插在油内，如果直接接触就不能擅自拆卸测点以防止跑油等）。

（11）对于处于振动环境中的接线端子和接插件，应定期进行紧固。

2. 设备检修

（1）提高和改善热控设备的环境条件，就地设备接线盒（如执行机构）要求密封防雨、防潮、防腐蚀，必要处加装防雨罩。热控设备安装尽量远离热源、辐射、干扰；热控设备尽量安装在仪表柜内，必要时对取样管和柜内采取防冻伴热等措施。

（2）在大雨、大雾天气或过后，应对现场安装的热控设备进行检查、测量或试验，以便及时掌握设备状况，保障安全运行。对安装在比较潮湿、具有腐蚀性环境下的热控设备，应适当增加测试次数。

（3）加强控制系统环境维护，严格控制电子间温湿度要求，避免温度偏高、设备积灰影响设备寿命。应编制控制系统专用检查表，做好定期设备巡检工作。当燃气轮机控制系统控制柜温度较高时，应完善控制柜的通风设计，必要时可在控制柜边增加空调。同时增加控制柜内温度测量和报警，在燃气轮机操作画面中显示控制柜温度。

（4）火焰检测取样套管间以及与冷却水管的连接应密封可靠，确保冷却效果良好。

（5）测量取样装置及管路安装，应符合 DL/T 774—2015、DL/T 261—2012 和 DL/T 1925—2018《燃气-蒸汽联合循环机组热工自动化系统检修运行维护规程》。冗余配置的信号，从取样点（包括取样装置、仪表阀门、取样管路等）到测量仪表的全程，均应互相独立配置，一次阀门应便于操作，标志牌内容安全等级色标正确。

（6）机组真空、给水泵汽轮机排汽压力及气体测量取样回路的布置，应确保倾斜向上，避免取样管路的 U 型布置。取样管径应适当加大，保证凝结水流动不影响测量取样的准确性。

（7）对长期处于高温下运行的热工设备（如火焰检测放大器、燃料阀模块电磁阀等）应移位或增加散热措施，以保证热工设备运行正常。

（8）当传感器引出线与电缆采用航空插头连接时，应保证焊接可靠，拧紧航空插头接头，航空插头电缆出线应用耐油密封胶密封牢固。

（9）检修维护装配过程中，应防止遗留杂物、螺栓固定未放弹、簧片旋得不紧或过紧、机械连接时开口销未开口、串并联压力开关盒盖错、用错材料、接线错误等隐患的发生。

3. 电缆与接线

（1）所有进入 DCS 系统控制信号的电缆，应采用质量合格的屏蔽阻燃电缆。电缆的敷设应符合 DL 5190.4—2012 和 DL/T261—2012 的要求，敷设过程不应受到挤压、紧夹或受力拉伸，应避免穿过剧烈弯曲的套管、电缆槽或使电缆接线片、螺纹孔受损情况发生。

（2）应有可靠的控制措施，防止信号电缆外皮破损、电缆敷设不当、老化及绝缘破损、槽盒进水、电缆中间接头锈蚀、现场接线柱受潮、端子生锈等情况发生。应定期检查燃气轮机危险区域电缆导管、接头、接线盒穿线孔密封完整。

（3）防止电缆渗水，如电缆有潮湿现象，应用热空气枪或吹风机进行干燥处理；应防止抛光操作产生的金属屑、溢出油脂、指纹污渍留存点火电缆与点火电极的连接处；清除污渍时，不能用白色玻璃纤维材质的布物擦拭；应确认高电压部件至接地设备之间的安全距离不小于 7mm。

（4）检修中，做好热工控制柜内接线的紧固检查、回路绝缘检查。制定电缆屏蔽、接线端子连接定期检测、紧固制度并实施。防止航空插头松动和航空插头虚焊、探头延伸电缆连接处防护不当、靠近高温油、采用自黏胶带密封不严导致的接头松动、接头内含有杂质以及就地和机柜接线端子松动或接线端子氧化情况的发生。

（5）应尽可能避免同一端子上接入三个及以上信号线，以免虚接带来信号异常情况发生，如同一信号必须接多个信号线时，宜采用扩展端子；如实施不了时，应采用线鼻子压接方式（但注意单根与多股信号线，应采用不同的工业标准线鼻子，如用多股线缆的线鼻子压接独股线时，易产生信号不稳定现象）。

(6) 将检查接插件、电缆接线、通信电缆接头、接线规范性（松动、毛刺、信号线拆除后未及时恢复等现象）、重要系统电缆的绝缘测量等，列入机组检修的热工常规检修项目中，检修后进行抽查验收，用手松拉接线确认紧固，如发现松动等不规范问题时，应扩大抽查面直至全面检查，确保消除因接线松动等而引发保护系统误动的隐患。

(7) 电源、重要保护联锁和控制电缆，汽轮机和锅炉处在高温、潮湿等恶劣环境下的热控设备电缆，在机组检修期间应进行电缆绝缘检测，记录绝缘电阻并建档且溯源比较，如有明显变化应立即查明原因，必要时应及时更换问题电缆，以减少因为电缆短路、断路而造成的热控系统误动、拒动事件的发生。

(8) 在设备拆卸时应做好相应的标记，做好定值等相关原始记录，在接线端子拆线前应对每一根线都做好清晰的标记，在恢复接线过程中应防止漏接和接错线，造成设备误动或拒动。

4. 设备防护

(1) 应根据控制系统或设备要求，确定控制系统接地连接方式。对于要求一点接地的控制系统，应确保控制系统涉及范围内一点可靠接地且控制系统接地电阻符合 DL/T 774—2015 的要求。对于要求多点接地的控制系统，应在控制系统涉及范围内敷设等电位带，保证所有接地点为等电位连接。接地连接应采用铜接线片冷接（或焊接）和镀锌钢制螺栓，并采用防松和防滑脱件紧固，保证全程接地连接点正确、牢固，并具备良好的导电性。

(2) 控制机柜内各类接地连接，应直接连接接地汇流排或接地点，不应以机柜内支撑架、接线端子固定支架等作为逻辑地、信号地的公共接地点。各类接地连线中严禁接入开关或熔断器。

(3) 机组检修中，检查确认热控电缆屏蔽层接地方式应符合控制系统设计要求。其中要求单点接地的控制系统，单端接地点的选择应按取用原则来处理，如从电气专业送到控制系统盘柜的反馈信号（位置、故障和模拟量信号），均应在控制系统侧做单端接地或通过隔离器输入；从控制系统盘柜送出给电气专业的控制指令（合、跳闸或其他指令），应在电气保护盘侧做单端接地，通过隔离器输出的信号电缆可以采用两端接地。

(4) 由于电焊机作业可能造成的谐波污染干扰热控系统的防范措施。机组运行中，参与保护联锁的现场设备和机柜，在试验确定的距离内，不宜进行电焊作业，不宜使用手提机械转动、切割工具进行作业（如必须进行作业，需制定并做好相关的安全防护措施）。对可能引入谐波污染源的检修段母线电源、照明段母线电源等加装谐波处理装置，以防止其他设备使用检修段电源时，产生的谐波污染干扰热控系统工作。

(5) 现场及控制台、屏上的紧急停机停炉操作按钮，均应有防误操作安全罩。紧停操作按钮信号采用动断触点串接进入保护回路时，任一触点松动即引起保护动作。应加强定期维护，利用机组停运机会进行紧固。

(6) 应利用机组检修机会，认真排查梳理现场标识牌的准确性，对测点安全属性（保护、控制、报警等）进行分类，确认现场仪表阀、表计和执行设备、就地变送器柜及压力开关柜、电子室机柜、端子排接线的标识满足要求。

(7) 机柜内电源端子排和重要保护端子排应有明显标识。在机柜内应张贴重要保护端子接线简图以及电源开关用途标志名牌。线路中转的各接线盒、柜应标明编号，盒或柜内应附有接线图，并保持及时更新。

（8）停机时定期对排气温度热电偶元件进行检查，对于磨损严重的应更换。

（9）加强防护措施的监督管理，定期检查热工自动化设备涉及的防腐、防水、防高温、防干扰、防尘和保护用设备的防人为误动措施，应完好、有效；对电缆入口朝向不合理的仪表、保护管进行位置调整或防护，消除渗漏隐患。

（10）冬季来临前，应及时试验和投用现场仪表伴热系统，消除伴热带开路、短路、绝缘下降，蒸汽伴热管道锈蚀、阀门泄漏等隐患，并定期检查汽、气、水测量管路的伴热效果满足防冻要求（或在伴热管线上加装测温元件，实时监测仪表管实际温度，运用于伴热切投自动控制）。严寒天气时，应严密监视主蒸汽压力、给水流量、汽包水位等信号的运行状态，一旦发现仪表管受冻征兆迅速处理。为保证伴热系统的适应性，有效应对极寒天气的影响，伴热系统的设计应具备一定的裕度。可设置多回路电伴热、蒸汽伴热措施，使伴热系统具备可调节的伴热等级，依据环境温度需要，选择适当的伴热系统投用方式。

5. 信息安全

（1）应建立有针对性的控制系统防病毒措施，未经测试确认的各种软件严禁下载到已运行的控制系统中使用。

（2）强化电力二次系统安全防护和等级保护相关工作。按照电力二次系统安全防护规定及相关网络安全管理要求，对监控系统开展安全评估测评工作，切实保证机组监控网络与信息系统的安全稳定运行。

（3）加强网络与信息安全管理。提高网络与信息安全认识，加强组织领导，完善相关工作制度、流程，增强信息安全防范意识，派送技术人员参加相关信息安全培训，切实提高网络与信息安全管理水平。

（4）完善网络与信息安全应急预案。规范编制应急预案，并及时进行应急演练并对发现的问题进行整改，提高网络与信息安全应急管理水平。

（5）对机组生产监控系统进行排查，对国内外电力生产监控系统信息安全状况开展专题研究，提出切实可行的风险防控及安全防护措施，避免类似事件（事故）的发生。

十、技术管理

1. 制订切实可操作的故障应急处理预案

（1）应对因控制系统的设备隐患、故障引起的运行机组和辅机跳闸故障，按 DL/T 261—2012 的规定进行分类、分级统计与管理。

（2）当全部操作员站出现故障时（所有上位机"黑屏"或"死机"），若主要后备硬手操及监视仪表可用且暂时能够维持机组正常运行，则转用后备操作方式运行，同时排除故障并恢复操作员站运行方式，否则应立即停机。若无可靠的后备操作监视手段，应停机。

（3）当部分操作员站出现故障时，应由可用操作员站继续承担机组监控任务（此时应停止重大操作），同时迅速排除故障，若故障无法排除，则应根据当时运行状况酌情处理。

（4）当系统中的控制器或相应电源故障时，应采取以下对策：

1）辅机控制器或相应电源故障时，可切至后备手动方式运行并迅速处理系统故障，若条件不允许则应将该辅机退出运行。

2）调节回路控制器或相应电源故障时，应将自动切至手动维持运行，同时迅速处理系统故障，并根据处理情况采取相应措施。

3）涉及机组保护的控制器故障时应立即更换或修复控制器模件，涉及机组保护电源故障时则应采用强送措施，此时应做好防止控制器初始化的措施。若恢复失败则应紧急停机。

2. DCS 及保护操作管理

（1）工程师站、DCS 电子间等场所，应制定完善的管理制度，有条件的应装设电子门禁，记录出入人员及时间。

（2）对 DCS 控制系统设置操作权限，划分相应的操作级别，严格管理权限密码，防止逾越权限发生操作。

（3）规范控制系统软件和应用软件的版本管理，软件的修改、更新、升级必须履行审批授权及责任人制度。在修改、更新、升级软件前，应对方案进行评估，对软件进行备份。

（4）控制系统的信息安全防护工作应满足要求。

（5）应制定详细的热工保护投退及热工保护定值校验修改操作方法（如制作投退保护操作卡、操作人员与监护人员职责等），并经实际验证正确可靠；规范和统一热控检修人员的标准操作行为，防止误投、误退保护和误修改保护定值事件发生。

（6）热工保护与自动调节共用变送器（如测量水位、压力、流量等信号并经三取二逻辑实现保护逻辑功能的系统）时，在进行变送器问题处理前，应进行设备名称及 KKS 编码核对，确认自动和保护系统已正确退出，不应在运行过程中随意对变送器的测量取样管路进行排污。

（7）实行热工逻辑修改、保护投撤、信号的强制与解除强制过程监护制（监护人对被监护人的操作进行核实和记录）。在机组检修期间对 DCS 系统控制逻辑的修改，应制定相关下装逻辑制度和三措两案并严格执行。对 DCS 控制逻辑下装及修改进行权限设定和密码保护，并由热控专人按相关管理制度执行；组态好的逻辑应及时编译，没有任何报错后进行下装，下装后要做好逻辑的备份。

（8）严禁在历史站对设备进行操作。对 DCS 控制系统设置操作权限，划分相应的操作级别，并严格的管理权限密码，严防逾越权限发生操作。

3. 巡检与监督检查

（1）制定设备巡检管理制度，编制日常巡检卡，并根据各厂的具体情况制定应特别关注的设备或信息清单；对巡检路线、巡检内容和巡检方法进行细化、明确。

（2）完善 DCS 工作环境监测，通过日常巡检及时发现问题并处理，确保 DCS 工作环境条件满足要求，并借助红外热成像仪定期进行电源模件、电源电缆及重要接线端子的运行温度情况进行检测并建立档案，通过对比发现温度变化异常时及时处理。

（3）专业人员应认真履行每天的例行巡视检查工作，保证巡回检查不流于形式，坚持看、听、摸、测、查、调的现场设备巡检法，记录 DCS 电子间的电源、CPU、I/O 以及现场设备的工作状况，查阅 DCS 系统事件记录、系统报警信息以及详细报告，发现控制器、通信模件、网络、电源等异常时，及时通知运行人员并迅速做好相应对策后及时处理，切实将现场设备的隐患消灭在萌芽状态之中。管理人员应加强对巡检质量的监督和检查。

（4）完善 DCS 系统设备台账，包括设备的使用时间、设备的性能、设备的软硬件版本（包括备品备件）、设备异常/故障情况登记表、DCS 设备投停档案及装置模件损坏、更换、维护档案。定期分析 DCS 系统运行情况和存在问题，开展模件设备寿命评估，不断提高系统的可靠性。

（5）根据 DCS 特点制定相应的运行维护方法。如工作站停电时一定要先执行软件停机程序后再断电，严禁随意进行工作站停、送电操作。要加强数据高速公路的维护保养，不得随意触动数据高速公路的接插件，更不允许碰撞数据高速公路线缆，以免威胁机组的安全运行。

4．安全风险有效识别

（1）应通过技术监督管控，从人员、设备、技术等环节对热控系统存在的安全风险进行有效识别，对重要测量元件、信号回路、模件、软件功能进行排查，采取有针对性的风险防范措施并指导热控设备运行维护工作，提高风险预控能力。

（2）对于热控设备出现的故障缺陷，应严格执行缺陷管理制度，及时消缺并做好风险管控措施，防止故障影响范围扩大。在检修工作中，重视元件校验和系统定期试验工作，以周期性检定、校核、试验等手段保证热控设备的完好性。

（3）在 DL/T 774—2015 和 DL/T 1925—2018 的基础上，编写适合本电厂实际需求的热工自动化系统检修运行维护规程，付诸实施。

5．定期试验与管理

（1）机组 A 级检修后，均应根据 DL/T 659—2016《火力发电厂分散控制系统验收测试规程》和 DL/T 774—2015 的要求，进行控制系统基本性能与应用功能的全面检查、试验和调整，以确保各项指标达到要求。

（2）应根据 DL/T 774—2015 规定，结合系统与设备的重要性分类和可靠性级别、在线运行质量和实际可操作性，制定热工自动化系统与设备的试验周期并实施管理。

（3）控制系统在调试及检修后（或停机时间超过 30 天后、启动前），应对所有保护回路、控制器、网络和电源的冗余切换，分别进行试验。

（4）热工保护联锁试验中尽量采用物理方法进行实际传动，如条件不具备可在测量设备校验准确的前提下，在现场信号源点处模拟试验条件进行试验，但禁止在控制柜内通过开路或短路输入端子的方法进行试验。

（5）规范热工保护联锁系统试验过程，减少试验操作的随意性，确保试验项目或条件不遗漏；保护联锁系统试验应编制规范的试验操作卡（操作卡上对既有软逻辑又有硬逻辑的保护系统应有明确标志）；检修、改造或改动后、停机时间超过 30 天后的控制系统，均应在机组启动前，严格按照修改审核后的试验操作卡逐步进行试验；保护联锁系统中某个元件或部件检修后，必须经试验合格后才能投运。

（6）应每三个月对易燃气体探头进行校验，当探头暴露在超过爆炸浓度下限值的易燃气体中超过规定时间，或在系统发生易燃气体超限报警后，或新更换探头、模件后，均应重新校验探头或系统。

（7）TSI 的涡流探头、延长电缆及前置器，须成套校验并随机组大修进行，但瓦振探头的校验周期不宜超过 2 年。

（8）联锁试验时，对每个轴振保护进行一一确认（对既有硬逻辑又有软逻辑的保护系统，联锁试验单上要特别注明，并分别进行试验）。

（9）宜每三个月定期检测转速探头的电阻值，如超过 250Ω 应分析原因并做可靠消缺处理，有效减少机组设备非计划停运的发生率。

6. 运行维护与管理

（1）运行中定期检查与自动保护相关的测量信号历史曲线，若有信号波动现象，应引起高度重视，及时检查处理（检查系统中设备各相应接头是否有松动或接触不良、电缆绝缘层是否有破损或接地、屏蔽层接地是否符合要求等）。任何时候，一旦出现信号异变，热工人员应及时检查原因并保存异常现象曲线，注明相关参数后归档。

（2）应定期测量各 TSI 测点的间隙电压，并结合当前状态与以前的记录进行分析，一旦偏差超过规定值，应及时利用停机机会进行调整，并做好记录。

（3）基于直流电压对控制系统的重要性，在日常维护中要定期进行信号电源板电压的测量，通过系统诊断对模件直流电压进行检查，当模件电压不正常时，及时进行分析，消除故障点。

7. 基础管理

（1）技术资料管理，参考 DL/T 774—2015、DL/T 261—2012 和 DL/T 1925—2018。

（2）热工人员是提高热控系统可靠性最关键的因素，控制人员的不安全行为是消除人为事故最根本的保证。因此，总结热控检修人员防误操作的方法、经验与教训，贯穿于平时全员技术培训工作中，规范热控人员的正确操作方法，提高检修人员安全意识、专业水平和防误能力。

（3）应重视生产监控系统厂商技术交底，包括系统原理结构、网络设计、通信原理、设备配置等方面进行详细彻底的技术交底，做好相关技术培训。

（4）开展技术操作比武竞赛，出台激励政策，调动热工专业人员自觉学习和一专多能的积极性，功底扎实的专业和管理技能，提高机组监控系统自主运行维护能力，减少对制造厂商的依赖。

（5）增强电厂网络与信息安全专业技术力量。对相关岗位维护人员进行专业能力培训考核，增强其对网络设备配置、系统网络原理、网络与信息安全等专业技术水平。

（6）加强对外包维修人员技术水平的评价与鉴别，认真做好外包维修工作的验收把关工作，以降低一些技术水平低、待遇差的外包维修人员可能造成的热控设备可靠性下降的影响。

（7）提高人员素质、培养良好习惯是一项持之以恒的工作，应鼓励专业人员外出学习、接受更多的培训，积极收集更多的典型故障案例，组织对典型故障案例的发生、查找与处理过程的分析讨论，通过积极探讨然后去制定适合本厂的预控措施。

8. 备品备件贮存

（1）热工备品备件应贮存在温度不超过 $-10 \sim +40℃$，相对湿度不超过 $10\% \sim 90\%$（或满足制造厂的要求）环境中，无易燃、易爆及无腐蚀性气体，且无强烈振动、冲击、强磁场和鼠害方。

（2）对需要防静电的模板，必须用防静电袋包装或采取相应的防静电措施后存放。存取时应采取相应的防静电措施，禁止用手触摸电路板。

（3）对于有特殊要求的备品备件，应按制造厂要求进行储存和定期检查。

（4）已开封检验的备品备件或已检修后的计算机备品备件，宜每半年检查一次，检查内容有：

1）表面清洁、印刷板插件无油渍，元件无异常；

2）软件装卸试验正常；

3）各种模拟量、开关量输入、输出模件，装入测试软件正常工作不少于 48h 以上；

4）冗余模件的切换试验正常；

5）检查后应填写检查记录，并贴上具有试验日期的合格标志。

（5）建立事故备品管理制度，影响机组运行的重要模件需列入事故备品清册进行储备，并专人管理，采购时做好验收工作。

（6）当控制系统生产厂家对系统升级时，如仅对模件内软件升级，应同时对备品备件进行升级。

9. 做好专业间配合工作

（1）热工保护系统误动作的次数，与有关部门的配合、运行人员对事故的处理能力密切相关，类似的故障有的转危为安，有的导致机组停机。一些异常工况出现或辅机保护动作，若运行操作得当，可以避免 MFT 动作。因此，运行人员应做好事故预想，完善相关事故操作指导，提高监盘和事故处理能力。

（2）有关部门与热控专业良好的配合，可减少误动或加速一些误动隐患的消除；因此除热控专业需在提高设备可靠性和自身因素方面努力外，需要热工和机务的协调配合和有效工作，达到对热工自动化设备的全方位管理。